基于 STCW 公约的海船轮机专业课程设计论证研究

高 炳　王 磊　董胜先　著

U0285401

哈尔滨工程大学出版社

Harbin Engineering University Press

内 容 简 介

轮机专业课程确认是 STCW 公约和我国船员培训管理规则规定的一项明确要求。开展海船轮机专业课程设计论证工作是对海船船员教育和培训机构质量管理体系建设的有效补充,有利于促进培训机构整合教学资源,保障船员培训质量。本书基于 STCW 公约、《中华人民共和国船员培训管理规则》等上位法规的要求,论述了在主管机关及专家的指导下开展海船轮机专业课程设计论证研究的情况,内容包括轮机专业培训项目相关的总体安排、制度及保障措施管理制度、培训计划、教学大纲和详细的教学方案、模拟器培训论证材料、培训课程论证等。

本书可为船员培训机构及相关院校开展海船轮机专业课程论证及确认提供参考,促进提升船员培训教学质量,促进航运业高质量发展和海洋强国战略实施。

图书在版编目(CIP)数据

基于 STCW 公约的海船轮机专业课程设计论证研究/
高炳,王磊,董胜先著. —哈尔滨:哈尔滨工程大学出版社,
2022.6
　　ISBN 978 – 7 – 5661 – 3519 – 3

　　Ⅰ.①基…　Ⅱ.①高…②王…③董…　Ⅲ.①海船 –
轮机 – 课程设计 – 研究　Ⅳ.①U676

中国版本图书馆 CIP 数据核字(2022)第 086789 号

基于 STCW 公约的海船轮机专业课程设计论证研究
JIYU STCW GONGYUE DE HAICHUAN LUNJI ZHUANYE KECHENG SHEJI LUNZHENG YANJIU

选题策划　张志雯
责任编辑　卢尚坤　刘海霞
封面设计　李海波

出版发行	哈尔滨工程大学出版社
社　　址	哈尔滨市南岗区南通大街 145 号
邮政编码	150001
发行电话	0451 – 82519328
传　　真	0451 – 82519699
经　　销	新华书店
印　　刷	北京中石油彩色印刷有限责任公司
开　　本	787 mm × 1 092 mm　1/16
印　　张	24.25
字　　数	604 千字
版　　次	2022 年 6 月第 1 版
印　　次	2022 年 6 月第 1 次印刷
定　　价	98.00 元

http://www.hrbeupress.com
E-mail:heupress@ hrbeu.edu.cn

前　言

STCW 公约,即《海员培训、发证和值班标准国际公约》(*International Convention on Standards of Training, Certification and Watchkeeping for Seafarers*)。STCW 公约 Section A - I/2 证书和签证(certificates and endorsements)在马尼拉修正案中增加了证书的签发与登记(issue and registration of certificates),其中第 6 段是关于培训课程的认可论证(approval of training courses)。从 STCW 公约原文可以看出,公约要求缔约国主管机关对各培训机构(含设有航海类专业的院校)开展的培训课程进行确认论证,并且建议各缔约国在准备培训课程时尽可能覆盖国际海事组织(IMO)示范课中详细的教学目标。

2019 年 9 月 27 日,中华人民共和国海事局关于印发《<中华人民共和国船员培训管理规则 >实施办法》(海船员〔2019〕340 号),为船员培训课程确认论证的全面开展发布了规范要求。开展课程确认论证工作是落实《中华人民共和国船员教育和培训质量管理规则》和《海船船员培训大纲》的要求,是对海船船员教育和培训机构质量管理体系建设的有效补充,有利于促进培训机构整合教学资源、合理设计教学内容、提高培训机构教学水平和培训实效,保障船员培训质量。

基于 STCW 公约、《中华人民共和国船员培训管理规则》等上位法规的要求,在中华人民共和国海事局的指导监控下,设有航海类专业的广东某高等职业院校开展了海船轮机专业课程设计论证工作,实践研究了轮机专业培训项目的安排、制度及保障措施管理制度、培训计划、教学方案、模拟器培训、各门教学课程的论证等,探讨了课程确认论证对航海类院校及船员培训机构在培训教学、培训管理、培训计划的制订及模拟器教学等方面的影响。

交通运输部等部门积极服务国家重大战略实施,深化"放管服"改革,完善了船员管理法规体系,从顶层设计方面持续提升船员适任能力,提高船员管理和服务水平,优化船员职业发展环境,促进航运业高质量发展和海洋强国战略实施。在具体实施操作层面,应该说推进动作不断,相关方也做了不少努力,但是仍然存在不少问题。

结合课程确认设计论证实践,我们想进一步明确课程确认论证的目的和初心,分析当前船员培训课程确认论证实践中存在的问题,为相关政策和做法提出合理的改进建议。一方面,需要进一步总结反思海事主管机关、培训机构、相关院校、行业企业如何更好、更主动地服务国家重大战略,推进实施海员培养建设的课题。另一方面,船员管理法规体系日趋完善。比如主管机构制订或修订了船员适任培训和考试大纲。但是需要进一步明确个别项目的船员适任标准和考试要求,强化船员安全责任意识和职业操守,切实提升船员培训、培养质量。

基于 STCW 公约、《中华人民共和国船员培训管理规则》等上位法规的要求,团队在主管机关及专家的指导下开展了海船轮机专业课程设计论证研究。通过对海船轮机专业课程设计论证研究成果的梳理,撰写成书,期望为船员培训机构及相关院校开展海船轮机专业课程论证,以及确认、促进航运业高质量发展和海洋强国战略实施等热点问题的研究尽点绵薄之力。

基于 STCW 公约的海船轮机专业课程设计论证研究工作由广东交通职业技术学院高炳、王磊、董胜先等人完成。在研究工作的执行及本书的撰写过程中,团队人员付出了辛勤的劳动,同时还得到各级海事主管机关、行业企业及院校培训机构等诸多单位和部门的指导,以及大力支持和帮助,在此深表谢意!

本人学识浅薄,虽说针对本课题学习和研究多年,但面对新时代、新形势,实难驾驭航海类专业教育培训管理之趋势。本书不足及不当之处仍在所难免,还期盼各位专家和广大读者不吝指正,余当不胜感激。

高　炳

2022 年 3 月

目　　录

第1章 培训项目相关的总体安排

1.1 课程介绍

本项目课程总体安排依据《中华人民共和国船员条例》《中华人民共和国船员培训管理规则》(中华人民共和国交通运输部令 2019 年第 5 号)、《海船船员培训大纲(2016 版)》(简称《培训大纲》)、中华人民共和国海事局关于印发《〈中华人民共和国船员培训管理规则〉实施办法》的通知(海船员〔2019〕340 号)、《中华人民共和国船员培训和船员管理质量管理规则》(2019 年 10 月 1 日实施)等规定制订,目的是有效履行《1978 年海员培训、发证和值班标准国际公约》(STCW 公约)马尼拉修正案,进一步规范海船船员培训行为,提高培训质量。

经中华人民共和国海事局的核准,广东某高等职业院校具有"750 kW 及以上船舶三管轮"培训资质,培训规模为 40 人/班×4。

"750 kW 及以上船舶三管轮"课程分三年(6 个学期)完成,理论课程教学安排两个班合班(40×2)进行授课,实操课程分班交叉进行。

"750 kW 及以上船舶三管轮"课程分为理论课程 40 门,整周实操课程 11 门,共 51 门课程。

"750 kW 及以上船舶三管轮"课程总课时为 2 688 课时,其中理论课时为 1 436 课时,实操课时为 1 252 课时;专业课程总课时为 1 120 课时,其中理论课时为 752 课时,实操课时为 368 课时;专业合格证(小证)总课时为 244 课时,其中理论课时为 136 课时,实操课时为 108 课时。

《海船船员培训大纲(2016 版)》要求的课程总课时为 946 课时,其中理论课时为 625 课时,实操课时为 321 课时,该学院"三管(无限航区)"培训课程满足大纲课时要求。课程安排符合培训大纲的要求,采用的培训教材和培训内容覆盖国家规定的培训大纲和水上交通安全、防治船舶污染等要求;培训内容的理论和实操课时安排合理;师资的数量满足培训规模的需要,教学能力满足既定的培训目标,模拟器训练方案满足相应的训练要求,达到相应的训练目标,培训采用的授课方法、手段、程序和资源保障科学有效,能达到规定的适任标准和规模要求。

1.2 课程进程计划表

1.2.1 三年制轮机工程技术专业教学进程计划表

三年制轮机工程技术专业教学进程计划表见表1.1。

表 1.1 三年制轮机工程技术专业教学进程计划表

课程类型	课程模块	课程名称（代码）	课程代码	学分	总课时	理论课时	实操课时	考核方式	一 16周	一 16周	二 15周	二 14周	三 20周	三 20周	备注
公共课程	公共基础课模块（必修）	思想道德修养与法律基础（含廉洁修身）	411004B	2.5	44	38	6	C	2×11	2×11					其中廉洁修身 8 课时
		毛泽东思想和中国特色社会主义理论体系概论	411050B	3.5	60	60	0	C			2×15	2×15			
		形势与政策（含军事理论）	411051B	2	40	34	6	C	1×10	讲座(2×5)	讲座(2×5)	讲座(2×5)			
		军事理论	411049B	1.5	24	20	4	C	24						采用在线开放课程，混合式教学
		思想政治教育实践课	411052B	1	16	0	16	C		2×4	2×4				第 2 学期与基础课衔接
		大学体育	411033B	1	22	2	20	C	2×11						分模块教学，未含体质测试、校运动会
		大学英语	411037B	6	104	60	44	S	4×11	4×15					分类分级教学
		高等数学	411022B	2.5	44	44	0	S	4×11						分类分模块教学

表 1.1(续 1)

课程类型	课程模块	课程名称（代码）	课程代码	学分	总课时	理论课时	实操课时	考核方式	一 16 周	一 16 周	二 15 周	二 14 周	三 20 周	三 20 周	备注
		大学数学（海事模块）		1.5	30	30	0	C		2×15					分类分模块教学
		计算机应用基础	411012B	2	32	18	14	S		2×16					分类教学
		大学生心理健康	411017B	0.5	10	8	2	C	1×10						
		创新基础	411018B	0.5	10	8	2	C	2×5 或 1×10						
		创业就业指导	411056A	1	16	10	5	C				2×8 或 1×16			
		马克思主义中国化进程与青年学生使命担当	411056A	1	20	20	0	C	2×10						
	通识课与公共选修课模块（选修）	通识课分为人文社科、自然科学与工程技术、交通行业、创新创业、美育艺术 5 类		8	144	116	28	C	第 2 学期至第 5 学期,根据专业特点,按规定进行选修						
		公共选修课分为兴趣特长、专业能力拓展 2 类													

表 1.1（续 2）

课程类型	课程模块	课程名称（代码）	课程代码	学分	计划课时			考核方式	各学年周课时分配						备注
					总课时	理论课时	实操课时		一		二		三		
									16周	16周	15周	14周	20周	20周	
专业基础课/基本技能课	群内课程模块（必修）	航海心理学	322003B	1.5	22	20	2	C	2×11						
		航海体育健康	322001B	1.5	28	8	20	C		2×14					分模块教学
		电工电子技术	143033B	2.5	46	46	0	C		3×15					
		专业(群)导论	482002B	1	16	16	0	C	讲座(2×2)	讲座(2×2)	讲座(2×2)	讲座(2×2)			每学期讲座2次
	跨群课程模块（必修）	海洋观	352001B	1.5	28	26	2	C		2×14					
	职业专项技能课（必修）	基本安全（Z01）	482004B	3	100	60	40	S		3周					
		精通救生艇筏和救助艇（Z02）	482007B	1	40	14	26	C			1周				
		高级消防（Z04）	482007B	2	46	20	26	C			2周				
		精通急救（Z05）	482006B	1	34	20	14	C			1周				
		船舶保安意识与职责（Z07/Z08）	482005B	1	24	22	2	C				1周			
专业课/综合技能课	专业课模块（必修）	机械制图	143034B	2.5	42	32	10	C	3×14						
		主推进动力装置（机械基础）★	143035B	2	38	38	0	S	3×13						
		船舶辅机（热工与流力）	143030B	2.5	48	48	0	S		3×16					

表 1.1（续 3）

课程类型	课程模块	课程名称（代码）	课程代码	学分	总课时	理论课时	实操课时	考核方式	一 16周	一 16周	二 15周	二 14周	三 20周	三 20周	备注
集中实践课/特色技能课	专业限选课模块（选修）	主推进动力装置★	143011B	5	86	86	0	S		4×14	2×15				
		船舶辅机★	143017B	6	106	106	0	S			4×15	3×15			
		船舶电气与自动化★	143016B	8.5	150	140	10	S			5×15	5×15			
		船舶管理★	143001B	8.5	152	140	12	S			5×15	6×13			
		轮机英语★	143009B	5.5	100	76	24	S			4×15	3×13			
		船机检修工艺	143052B	1	14	10	4	C				1×14			
		船舶动力装置节能减排技术	143054B					C							
	整周实训、课程设计/特色技能课（必修）	军训（含入学教育）	414001C	2	48	4	44	C	2 周						
		公益劳动	414002C	1	24	0	24	C		1 周					
		金工工艺	144085C	6	100	16	84	C					6 周		
		船舶电工工艺与电气设备	144066C	2	36	0	36	C				2 周			
		动力设备拆装	144072C	3	74	0	74	C				2 周	1 周		
		动力设备操作	144076C	2	48	0	48	C					2 周		
		电气与自动控制	144068C	2	22	0	22	C					2 周		
		机舱资源管理	144093C	1	24	0	24	C					1 周		
		轮机英语听力与会话	144079C	2	48	20	28	C					2 周		

表 1.1（续 4）

课程类型	课程模块	课程名称（代码）	课程代码	学分	总课时	理论课时	实操课时	考核方式	一 16 周	一 16 周	二 15 周	二 14 周	三 20 周	三 20 周	备注
	毕业考核（必修）	毕业测试（适任证书考试/专题论文）	484004C	2	48	20	28	C					6 周		
	毕业顶岗实习（必修）	毕业顶岗实习（必修）	484002C	20	480	0	480	C						20 周	
第二课堂项目（选修）	分科技活动、文化艺术、社会实践、其他项目 4 类		—	10	—	—	—		第 1 学期至第 5 学期内完成						
合计					145	2 688	1 436	1 252	25	24	18	18			

必修课程总学分	126	必修课程总课时	2 530
选修课程总学分	19	选修课程总课时	158
第一课堂学分	135	第二课堂学分	10
总课时数 2 688	理论总课时 1 436	实操总课时	1 252
理论课占总课时比例	53.42%	实操课占总课时比例	46.58%

1.2.2　整周的实操课程进程安排表

整周的实操课程进程安排表见表 1.2。

表 1.2 整周的实操课程进程安排表

学期	实操课程	人数	1	2	3	4	5	6	7	8	9	10	11	12	13	14	15	16	17	18	19	20
第5学期	轮机工程技术（一）	40	金工工艺（车工）	金工工艺（车工）	金工工艺（钳工）	金工工艺（钳工）	金工工艺（焊工）	金工工艺（焊工）	动力设备操作	动力设备操作	电气与自动控制	电气与自动控制	机舱资源管理	机舱资源管理	轮机英语听力与会话	轮机英语听力与会话						
	轮机工程技术（二）	40	轮机英语听力与会话	轮机英语听力与会话	金工工艺（车工）	金工工艺（车工）	金工工艺（钳工）	金工工艺（钳工）	金工工艺（焊工）	金工工艺（焊工）	动力设备操作	动力设备操作	电气与自动控制	电气与自动控制	机舱资源管理	机舱资源管理						
	轮机工程技术（三）	40	机舱资源管理	机舱资源管理	轮机英语听力与会话	轮机英语听力与会话	金工工艺（车工）	金工工艺（车工）	金工工艺（钳工）	金工工艺（钳工）	金工工艺（焊工）	金工工艺（焊工）	动力设备操作	动力设备操作	电气与自动控制	电气与自动控制						
	轮机工程技术（四）	40	电气与自动控制	电气与自动控制	机舱资源管理	机舱资源管理	轮机英语听力与会话	轮机英语听力与会话	金工工艺（车工）	金工工艺（车工）	金工工艺（钳工）	金工工艺（钳工）	金工工艺（焊工）	金工工艺（焊工）	动力设备操作	动力设备操作						
第6学期	轮机工程技术（一）	40	毕业顶岗实习（必修）	毕业顶岗实习（必修）	毕业顶岗实习（必修）	毕业顶岗实习（必修）	毕业顶岗实习（必修）	毕业顶岗实习（必修）	毕业顶岗实习（必修）	毕业顶岗实习（必修）	毕业顶岗实习（必修）	毕业顶岗实习（必修）	毕业顶岗实习（必修）	毕业顶岗实习（必修）	毕业顶岗实习（必修）	毕业顶岗实习（必修）	毕业顶岗实习（必修）	毕业顶岗实习（必修）	毕业顶岗实习（必修）	毕业顶岗实习（必修）	毕业顶岗实习（必修）	毕业顶岗实习（必修）
	轮机工程技术（二）	40	毕业顶岗实习（必修）	毕业顶岗实习（必修）	毕业顶岗实习（必修）	毕业顶岗实习（必修）	毕业顶岗实习（必修）	毕业顶岗实习（必修）	毕业顶岗实习（必修）	毕业顶岗实习（必修）	毕业顶岗实习（必修）	毕业顶岗实习（必修）	毕业顶岗实习（必修）	毕业顶岗实习（必修）	毕业顶岗实习（必修）	毕业顶岗实习（必修）	毕业顶岗实习（必修）	毕业顶岗实习（必修）	毕业顶岗实习（必修）	毕业顶岗实习（必修）	毕业顶岗实习（必修）	毕业顶岗实习（必修）
	轮机工程技术（三）	40	毕业顶岗实习（必修）	毕业顶岗实习（必修）	毕业顶岗实习（必修）	毕业顶岗实习（必修）	毕业顶岗实习（必修）	毕业顶岗实习（必修）	毕业顶岗实习（必修）	毕业顶岗实习（必修）	毕业顶岗实习（必修）	毕业顶岗实习（必修）	毕业顶岗实习（必修）	毕业顶岗实习（必修）	毕业顶岗实习（必修）	毕业顶岗实习（必修）	毕业顶岗实习（必修）	毕业顶岗实习（必修）	毕业顶岗实习（必修）	毕业顶岗实习（必修）	毕业顶岗实习（必修）	毕业顶岗实习（必修）

表 1.2（续 1）

学期	实操课程	人数	1	2	3	4	5	6	7	8	9	10	11	12	13	14	15	16	17	18	19	20
	轮机工程技术（四）	40	毕业顶岗实习（必修）	毕业顶岗实习（必修）	毕业顶岗实习（必修）	毕业顶岗实习（必修）	毕业顶岗实习（必修）	毕业顶岗实习（必修）	毕业顶岗实习（必修）	毕业顶岗实习（必修）	毕业顶岗实习（必修）	毕业顶岗实习（必修）	毕业顶岗实习（必修）	毕业顶岗实习（必修）	毕业顶岗实习（必修）	毕业顶岗实习（必修）	毕业顶岗实习（必修）	毕业顶岗实习（必修）	毕业顶岗实习（必修）	毕业顶岗实习（必修）	毕业顶岗实习（必修）	毕业顶岗实习（必修）
第4学期	轮机工程技术（一）	40	船舶保安意识与职责(Z07/Z08)	船舶电工工艺与电气设备	船舶电工工艺与电气设备	动力设备拆装	动力设备拆装															
	轮机工程技术（二）	40		船舶保安意识与职责(Z07/Z08)	船舶电工工艺与电气设备	船舶电工工艺与电气设备	动力设备拆装	动力设备拆装														
	轮机工程技术（三）	40			船舶保安意识与职责(Z07/Z08)	船舶电工工艺与电气设备	船舶电工工艺与电气设备	动力设备拆装	动力设备拆装													
	轮机工程技术（四）	40					船舶保安意识与职责(Z07/Z08)	船舶电工工艺与电气设备	船舶电工工艺与电气设备	动力设备拆装	动力设备拆装											

表 1.2（续 2）

学期	实操课程	人数	1	2	3	4	5	6	7	8	9	10	11	12	13	14	15	16	17	18	19	20
第3学期	轮机工程技术（一）	40	高级消防(Z04)	高级消防(Z04)	精通急救(Z05)	精通救生艇筏和救助艇(Z02)																
	轮机工程技术（二）	40		高级消防(Z04)	高级消防(Z04)	精通急救(Z05)	精通救生艇筏和救助艇(Z02)															
	轮机工程技术（三）	40				高级消防(Z04)	高级消防(Z04)	精通急救(Z05)	精通救生艇筏和救助艇(Z02)														
	轮机工程技术（四）	40						高级消防(Z04)	高级消防(Z04)	精通急救(Z05)	精通救生艇筏和救助艇(Z02)											
第2学期	轮机工程技术（一）	40	基本安全(Z01)	基本安全(Z01)	基本安全(Z01)																	
	轮机工程技术（二）	40		基本安全(Z01)	基本安全(Z01)	基本安全(Z01)																

表 1.2(续 3)

学期	实操课程	人数	1	2	3	4	5	6	7	8	9	10	11	12	13	14	15	16	17	18	19	20
	轮机工程技术（三）	40							基本安全（Z01）	基本安全（Z01）	基本安全（Z01）											
	轮机工程技术（四）	40										基本安全（Z01）	基本安全（Z01）	基本安全（Z01）								
第1学期	轮机工程技术（一）	40																				
	轮机工程技术（二）	40																				
	轮机工程技术（三）	40																				
	轮机工程技术（四）	40																				

1.3　专业课程设置与《海船船员培训大纲(2016 版)》对照

专业课程设置与《海船船员培训大纲(2016 版)》对照见表 1.3。

表 1.3　专业课程设置与《海船船员培训大纲(2016 版)》对照表

培训内容	大纲总课时	大纲理论课时	大纲实操课时	对应课程设置	实际课时	理论课时	实操课时
职能 1:轮机工程	377	293	84		490	380	110
1.1 保持安全的轮机值班	28	24	4	船舶管理、机舱资源管理	32	24	8
1.1.1 保持轮机安全值班（6 h）		6	0	船舶管理		6	0

表 1.3(续 1)

培训内容	大纲总课时	大纲理论课时	大纲实操课时	对应课程设置	实际课时	理论课时	实操课时
1.1.2 安全及应急程序(6 h)		6	0	船舶管理		6	0
1.1.3 轮机值班时的安全及快速反应措施(6 h)		6	0	船舶管理		6	0
1.1.4 机舱资源管理(10 h)		6	4	机舱资源管理		6	8
1.2 以书面和口语形式使用英语	80	48	32	轮机英语、轮机英语听力与会话	148	100	48
1.2.1 专业英语阅读(32 h)		32	0	轮机英语		76	0
1.2.2 专业书写(16 h)		16	0	轮机英语		24	0
1.2.3 专业听说(32 h)		0	32	轮机英语听力与会话		0	48
1.3 使用内部通信系统	4	2	2	船舶电气与自动化	4	2	2
1.3.1 船舶内部通信系统(4 h)		2	2	船舶电气与自动化			
1.4 操作主机和辅机及其相关的控制系统	251	210	41		290	244	46
1.4.1 主辅机械设备的基本结构及工作原理							
1.4.1.1 船用柴油机	57	57	0	船舶辅机(热工与流力)、主推进动力装置	80	80	0
1.4.1.1.1 热机循环(16 h)		16	0	船舶辅机(热工与流力)、主推进动力装置		20	0
1.4.1.1.2 理想气体循环(12 h)		12	0	船舶辅机(热工与流力)、主推进动力装置		16	0
1.4.1.1.3 柴油机燃油的雾化与燃烧(8 h)		8	0	主推进动力装置		10	0
1.4.1.1.4 柴油机类型(1 h)		1	0	主推进动力装置		2	0
1.4.1.1.5 柴油机原理(4 h)		4	0	主推进动力装置		6	0
1.4.1.1.6 柴油机基本结构(12 h)		12	0	主推进动力装置		18	0

表 1.3(续 2)

培训内容	大纲总课时	大纲理论课时	大纲实操课时	对应课程设置	实际课时	理论课时	实操课时
1.4.1.1.7 柴油机电子控制技术(4 h)		4	0	主推进动力装置		8	0
1.4.1.2 船用蒸汽轮机(如适用)	16	16	0	船舶辅机(热工与流力)	16	16	0
1.4.1.2.1 郎肯循环(4 h)		4	0	船舶辅机(热工与流力)		4	0
1.4.1.2.2 基本结构(6 h)		6	0	船舶辅机(热工与流力)		6	0
1.4.1.2.3 工作原理(6 h)		6	0	船舶辅机(热工与流力)		6	0
1.4.1.3 船用燃气轮机(如适用)	15	15	0	船舶辅机(热工与流力)	16	16	0
1.4.1.3.1 运行原理(8 h)		8	0	船舶辅机(热工与流力)		8	0
1.4.1.3.2 基本结构(7 h)		7	0	船舶辅机(热工与流力)		8	0
1.4.1.4 船用锅炉	10	10	0	船舶辅机	10	10	0
1.4.1.4.1 蒸汽锅炉的燃油雾化及燃烧(2 h)		2	0	船舶辅机		2	0
1.4.1.4.2 船用锅炉基础(2 h)		2	0	船舶辅机		2	0
1.4.1.4.3 船用锅炉结构(3 h)		3	0	船舶辅机		3	0
1.4.1.4.4 船用锅炉附件及蒸汽分配(3 h)		3	0	船舶辅机		3	0
1.4.1.5 推进轴系及螺旋桨	6	6	0	主推进动力装置	6	6	0
1.4.1.5.1 推进轴系(3 h)		3	0	主推进动力装置		3	0
1.4.1.5.2 螺旋桨(3 h)		3	0	主推进动力装置		3	0
1.4.1.6 其他辅助设备	38	38	0	船舶辅机	40	40	0
1.4.1.6.1.1 泵的工作原理(1 h)		1	0	船舶辅机		1	0
1.4.1.6.1.2 泵的类型(10 h)		10	0	船舶辅机		12	0

表1.3(续3)

培训内容	大纲总课时	大纲理论课时	大纲实操课时	对应课程设置	实际课时	理论课时	实操课时
1.4.1.6.2.1 船舶制冷循环 (1 h)		1	0	船舶辅机		1	0
1.4.1.6.2.2 制冷工作原理 (2 h)		2	0	船舶辅机		2	0
1.4.1.6.2.3 制冷压缩机 (2 h)		2	0	船舶辅机		2	0
1.4.1.6.2.4 制冷系统组件 (2 h)		2	0	船舶辅机		2	0
1.4.1.6.2.5 盐水冷却系统 (1 h)		1	0	船舶辅机		1	0
1.4.1.6.2.6 冷藏室(1 h)		1	0	船舶辅机		1	0
1.4.1.6.3 空调及通风系统 (5 h)		5	0	船舶辅机		5	0
1.4.1.6.4 换热器(2 h)		2	0	船舶辅机		2	0
1.4.1.6.5 船用海水淡化装置(2 h)		2	0	船舶辅机		2	0
1.4.1.6.6 空压机及系统原理(3 h)		3	0	船舶辅机		3	0
1.4.1.6.7 分油机及燃油处理(4 h)		4	0	船舶辅机		4	0
1.4.1.6.8 热油加热系统 (2 h)		2	0	船舶辅机		2	0
1.4.1.7 舵机	14	14	0	船舶辅机	14	14	0
1.4.1.7.1 液压基础(10 h)		10	0	船舶辅机		10	0
1.4.1.7.2 舵机工作原理 (1 h)		1	0	船舶辅机		1	0
1.4.1.7.3 舵机电气控制 (1 h)		1	0	船舶辅机		1	0
1.4.1.7.4 液压动力舵机系统(2 h)		2	0	船舶辅机		2	0
1.4.1.8 自动控制系统	21	13	8	船舶电气与自动化	24	16	8
1.4.1.8 自动控制系统(13 h)		13	0	船舶电气与自动化		16	0

表 1.3(续 4)

培训内容	大纲总课时	大纲理论课时	大纲实操课时	对应课程设置	实际课时	理论课时	实操课时
1.4.1.8.1 熟练操作与管理冷却水温度自动控制系统(1 h)		0	1	船舶电气与自动化		0	1
1.4.1.8.2 熟练操作与管理分油机自动控制系统(1 h)		0	1	船舶电气与自动化		0	1
1.4.1.8.3 熟练操作与管理船舶辅锅炉自动控制系统(1 h)		0	1	船舶电气与自动化		0	1
1.4.1.8.4 熟练操作与管理船舶燃油黏度自动控制系统(1 h)		0	1	船舶电气与自动化		0	1
1.4.1.8.5 熟练操作与管理主机(包括传统柴油机和电子控制柴油机)及其遥控系统(2 h)		0	2	船舶电气与自动化		0	2
1.4.1.8.6 熟练操作与管理机舱监测报警系统(1 h)		0	1	船舶电气与自动化		0	1
1.4.1.8.7 熟练操作与管理火灾报警系统(1 h)		0	1	船舶电气与自动化		0	1
1.4.1.9 滑油系统、燃油系统和冷却水系统的液流特性(6 h)	6	6	0	船舶管理	6	6	0
1.4.1.10 甲板机械	8	8	0	船舶辅机	8	8	0
1.4.1.10.1 锚机与绞缆机(2 h)		2	0	船舶辅机		2	0
1.4.1.10.2 起货机(5 h)		5	0	船舶辅机		5	0
1.4.1.10.3 救生艇吊(1 h)		1	0	船舶辅机		1	0
1.4.2 推进装置及控制系统的安全操作	19	9	10	船舶管理、动力设备操作	22	10	12
1.4.2.1 主机的安全保护项目与安全保护功能(4 h)		2	2	船舶管理、动力设备操作		2	4
1.4.2.2 主锅炉的安全保护项目与安全保护功能(4 h)		2	2	船舶管理、动力设备操作		2	2

表 1.3(续 5)

培训内容	大纲总课时	大纲理论课时	大纲实操课时	对应课程设置	实际课时	理论课时	实操课时
1.4.2.3 电力故障(全船停电)(7 h)		3	4	船舶管理、动力设备操作		4	4
1.4.2.4 其他设备及装置的应急程序(4 h)		2	2	船舶管理、动力设备操作		2	2
1.4.3 机械设备及控制系统的准备、运行、故障检测及防止损坏的必要措施	41	18	23	主推进动力装置、船舶辅机、动力设备操作	48	22	26
1.4.3.1 主机及相关辅助设备(12 h)		6	6	主推进动力装置、船舶辅机、动力设备操作		6	6
1.4.3.2 锅炉及相关附件、蒸汽系统(6 h)		3	3	主推进动力装置、船舶辅机、动力设备操作		4	4
1.4.3.3 副机及相关系统(4 h)		2	2	主推进动力装置、船舶辅机、动力设备操作		2	2
1.4.3.4.1 分油机及燃油处理(4 h)		2	2	主推进动力装置、船舶辅机、动力设备操作		2	2
1.4.3.4.2 空压机(3 h)		1	2	主推进动力装置、船舶辅机、动力设备操作		2	2
1.4.3.4.3 船用海水淡化装置(3 h)		1	2	主推进动力装置、船舶辅机、动力设备操作		2	2
1.4.3.4.4 制冷(4 h)		2	2	主推进动力装置、船舶辅机、动力设备操作		2	2
1.4.3.4.5 空调(3 h)		1	2	主推进动力装置、船舶辅机、动力设备操作		2	2
1.4.3.4.6 液压舵机装置的操作与管理(2 h)		0	2	主推进动力装置、船舶辅机、动力设备操作		0	2

表 1.3(续 6)

培训内容	大纲总课时	大纲理论课时	大纲实操课时	对应课程设置	实际课时	理论课时	实操课时
1.4.3.4.7 液压甲板机械的操作与管理(2 h)		0	2	主推进动力装置、船舶辅机、动力设备操作		0	2
1.5 燃油系统、滑油系统、压载水系统和其他泵系及其相关控制系统的操作	14	9	5	船舶辅机、动力设备操作	16	10	6
1.5.1 泵与管系的工作特性(包括控制系统)(3 h)		2	1	船舶辅机、动力设备操作		2	2
1.5.2 泵系统的操作(7 h)		5	2	船舶辅机、动力设备操作		6	2
1.5.3 油水分离器及类似设备的操作(4 h)		2	2	船舶辅机、动力设备操作		2	2
职能 2:电气、电子和控制工程	201	156	45		226	168	58
2.1 操作电气、电子和控制系统	148	130	18		166	138	28
2.1.1 电气工程基础	92	81	11	电工电子技术、船舶电气与自动化、船舶电工工艺与电气设备	102	86	16
2.1.1.1 电气理论(16 h)		16	0	电工电子技术		18	0
2.1.1.2 交流电基础(30 h)		30	0	电工电子技术		32	0
2.1.1.3 发电机(17 h)		12	5	船舶电气与自动化		12	8
2.1.1.4 电力分配系统(8 h)		6	2	船舶电气与自动化		6	4
2.1.1.5 电动机(8 h)		8	0	船舶电气与自动化		8	0
2.1.1.6 电动机启动方法(4 h)		2	2	船舶电气与自动化		2	2
2.1.1.7 高电压设备(2 h)		2	2	船舶电气与自动化		2	2
2.1.1.8 照明设备(2 h)		2	0	船舶电气与自动化		2	0
2.1.1.9 电缆(1 h)		1	0	船舶电气与自动化		2	0
2.1.1.10 蓄电池(2 h)		2	0	船舶电气与自动化		2	0

表 1.3（续 7）

培训内容	大纲总课时	大纲理论课时	大纲实操课时	对应课程设置	实际课时	理论课时	实操课时
2.1.2 电子设备	28	24	4	船舶电气与自动化、船舶电工工艺与电气设备	32	26	6
2.1.2.1 基本电子电路元件（8 h）		8	2	船舶电气与自动化、船舶电工工艺与电气设备		10	2
2.1.2.2 电子控制设备（12 h）		12	2	船舶电气与自动化、船舶电工工艺与电气设备		12	2
2.1.2.3 自动控制系统流程图（4 h）		4	0	船舶电气与自动化、船舶电工工艺与电气设备		4	2
2.1.3 控制系统	28	25	3	船舶电气与自动化、电气与自动控制	32	26	6
2.1.3.1 自动控制原理（3 h）		3	0	船舶电气与自动化、电气与自动控制		4	0
2.1.3.2 自动控制方法（2 h）		2	0	船舶电气与自动化、电气与自动控制		2	0
2.1.3.3 双位控制（2 h）		2	0	船舶电气与自动化、电气与自动控制		2	0
2.1.3.4 时序控制（2 h）		2	0	船舶电气与自动化、电气与自动控制		2	0
2.1.3.5 PID 控制（4 h）		4	0	船舶电气与自动化、电气与自动控制		4	0
2.1.3.6 程序控制（2 h）		2	0	船舶电气与自动化、电气与自动控制		2	0

表 1.3(续 8)

培训内容	大纲总课时	大纲理论课时	大纲实操课时	对应课程设置	实际课时	理论课时	实操课时
2.1.3.7 过程值测量(9 h)		6	3	船舶电气与自动化、电气与自动控制		6	6
2.1.3.8 信号变送(2 h)		2	0	船舶电气与自动化、电气与自动控制		2	0
2.1.3.9 执行元件(2 h)		2	0	船舶电气与自动化、电气与自动控制		2	0
2.2 电气和电子设备的维护与修理	53	26	27		60	30	30
2.2.1 有关电气系统工作的安全要求(1 h)	1	1	0	船舶电气与自动化	2	2	0
2.2.2 电气系统设备、配电板、电动机、发电机和直流电气系统及设备的维护与修理	20	10	10	船舶电气与自动化、船舶电工工艺与电气设备	24	12	12
2.2.2.1 维护保养原理(1 h)		1	0	船舶电气与自动化、船舶电工工艺与电气设备		2	0
2.2.2.2 发电机(2 h)		2	0	船舶电气与自动化、船舶电工工艺与电气设备		2	0
2.2.2.3 配电盘(2 h)		2	0	船舶电气与自动化、船舶电工工艺与电气设备		2	0
2.2.2.4 电动机(9 h)		1	8	船舶电气与自动化、船舶电工工艺与电气设备		2	8
2.2.2.5 启动器(1 h)		1	0	船舶电气与自动化、船舶电工工艺与电气设备		1	0

表1.3(续9)

培训内容	大纲总课时	大纲理论课时	大纲实操课时	对应课程设置	实际课时	理论课时	实操课时
2.2.2.6 配电系统(4 h)		2	2	船舶电气与自动化、船舶电工工艺与电气设备		2	4
2.2.2.7 直流电力系统及设备(1 h)		1	0	船舶电气与自动化、船舶电工工艺与电气设备		1	0
2.2.3 电气系统故障诊断及防护	16	5	11	船舶电气与自动化、电气与自动控制	18	6	12
2.2.3.1 故障保护(12 h)		3	9	船舶电气与自动化、电气与自动控制		4	10
2.2.3.2 故障定位(4 h)		2	2	船舶电气与自动化、电气与自动控制		2	2
2.2.4 电气检测设备的结构及操作(6 h)	6	2	4	船舶电气与自动化、电气与自动控制	6	2	4
2.2.5 电气设备功能、性能测试及配置	6	6	0	船舶电气与自动化	6	6	0
2.2.5.1 监测系统(2 h)		2	0	船舶电气与自动化		2	0
2.2.5.2 自动控制设备(2 h)		2	0	船舶电气与自动化		2	0
2.2.5.3 保护设备(2 h)		2	0	船舶电气与自动化		2	0
2.2.6 电路图及简单电子电路图(4 h)	4	2	2	船舶电气与自动化、船舶电工工艺与电气设备	4	2	2
职能3:维护与修理	264	95	169		292	118	174
3.1 用于船上加工和修理的手动工具、机械工具及测量仪表的适当使用	129	46	83		146	60	86
3.1.1 船舶与设备建造和修理材料的使用特性与局限	8	8	0	主推进动力装置(机械基础)	12	12	0

表 1.3(续 10)

培训内容	大纲总课时	大纲理论课时	大纲实操课时	对应课程设置	实际课时	理论课时	实操课时
3.1.1.1 金属冶炼和金属加工基础(2 h)		2	0	主推进动力装置(机械基础)		4	0
3.1.1.2 特性与使用(4 h)		4	0	主推进动力装置(机械基础)		6	0
3.1.1.3 非金属材料(2 h)		2	0	主推进动力装置(机械基础)		2	0
3.1.2 船舶设备装配和修理材料处理的特性与局限	8	8	0	主推进动力装置(机械基础)	12	12	0
3.1.2.1 材料处理(4 h)		4	0	主推进动力装置(机械基础)		6	0
3.1.2.2 碳钢热处理(4 h)		4	0	主推进动力装置(机械基础)		6	0
3.1.3 船舶系统及组件装配和修理时应考虑的材料特性与参数	10	10	0	主推进动力装置(机械基础)、船舶管理	14	14	0
3.1.3.1 材料载荷(3 h)		3	0	主推进动力装置(机械基础)		4	0
3.1.3.2 振动(2 h)		2	0	主推进动力装置(机械基础)		3	0
3.1.3.3 自锁接头(0.5 h)		0.5	0	船舶管理		1	0
3.1.3.4 固定接头(0.5 h)		0.5	0	船舶管理		1	0
3.1.3.5 黏合塑料(0.5 h)		0.5	0	主推进动力装置(机械基础)		1	0
3.1.3.6 黏合剂与黏合(1.5 h)		1.5	0	主推进动力装置(机械基础)		2	0
3.1.3.7 管路装配(2 h)		2	0	船舶管理		2	0
3.1.4 船舶安全应急/临时维修方法(2 h)	2	2	0	船舶管理	2	2	0
3.1.5 确保安全工作环境及使用手动工具、机床、测量仪器需采取的安全措施(2 h)	2	2	0	船舶管理	2	2	0
3.1.6 使用手动工具、机床及测量仪器	96	14	82	金工工艺	100	16	84

表 1.3（续 11）

培训内容	大纲总课时	大纲理论课时	大纲实操课时	对应课程设置	实际课时	理论课时	实操课时
3.1.6.1 手动工具(22 h)		2	20	金工工艺		2	20
3.1.6.2 动力工具(1 h)		1	0	金工工艺		2	0
3.1.6.3.1 钻床(0.5 h)		0.5	0	金工工艺		1	0
3.1.6.3.2 磨床(0.5 h)		0.5	0	金工工艺		1	0
3.1.6.3.3 普通车床(22 h)		2	20	金工工艺		2	20
3.1.6.3.4 焊接和钎焊(46 h)		6	40	金工工艺		6	40
3.1.6.4 测量仪器(4 h)		2	2	金工工艺		2	4
3.1.7 各类密封剂及填料的使用(3 h)	3	2	1	船舶管理、动力设备拆装	4	2	2
3.2 船上机械和设备的维护与修理	135	49	86		146	58	88
3.2.1 维护保养与修理应采取的安全措施	4	4	0	船舶管理	4	4	0
3.2.1.1 国际安全管理规则(ISM 规则)(0.5 h)		0.5	0			0.5	0
3.2.1.2 安全管理体系(SMS)(2 h)		2	0			2	0
3.2.1.3 中华人民共和国船舶安全营运和防止污染管理规则(NSM 规则)(0.5 h)		0.5	0			0.5	0
3.2.1.4 采取的安全措施(1 h)		1	0				
3.2.2 适当的基础机械知识和技能(2 h)	2	2	0	主推进动力装置(机械基础)	4	4	0
3.2.3 船舶机械和设备的维护与修理	78	9	69	动力设备拆装、主推进动力装置、船舶辅机	82	12	70
3.2.4 正确使用专用工具和测量仪器	2	2	0	动力设备拆装	2	2	0
3.2.5 船舶设备建造设计特点及材料选用	6	6	0	船舶管理	6	6	0
3.2.5.1 船用材料的选用(2 h)		2	0	船舶管理		2	0

表 1.3(续 12)

培训内容	大纲总课时	大纲理论课时	大纲实操课时	对应课程设置	实际课时	理论课时	实操课时
3.2.5.2 性能设计(2 h)		2	0	船舶管理		2	0
3.2.5.3 轴承设计特点(2 h)		2	0	船舶管理		2	0
3.2.6 船舶设备图纸及手册的阐释	38	23	15	机械制图	42	26	16
3.2.6.1 图纸种类(17 h)		2	15	机械制图		4	16
3.2.6.2 线型(4 h)		4	0	机械制图		4	0
3.2.6.3 立体投影图(4 h)		4	0	机械制图		4	0
3.2.6.4 展开图(4 h)		4	0	机械制图		4	0
3.2.6.5 尺寸(5 h)		5	0	机械制图		6	0
3.2.6.6 几何公差(2 h)		2	0	机械制图		2	0
3.2.6.7 公差和配合(2 h)		2	0	机械制图		2	0
3.2.7 管系图、液压系统图及气动系统图	5	3	2	船舶辅机	6	4	2
职能 4:船舶作业管理和人员管理	104	81	23		112	86	26
4.1 确保遵守防污染要求	22	19	3		24	20	4
4.1.1 防止海洋环境污染应采取的预防措施的知识	8	8	0	船舶管理	8	8	0
4.1.1.1 MARPOL 公约及其附则(6 h)		6	0	船舶管理		6	0
4.1.1.2 各国采用的公约和法规(1 h)		1	0	船舶管理		1	0
4.1.1.3 中华人民共和国防污染法规有关规定(1 h)		1	0	船舶管理		1	0
4.1.2 防污染程序及相关设备	13	10	3	船舶管理、动力设备操作	14	10	4
4.1.2.1 排油控制(3 h)		2	1	船舶管理、动力设备操作		2	2
4.1.2.2 油类记录簿(1 h)		1		船舶管理		1	
4.1.2.3 船舶防止油污染应急计划(SOPEP)、船舶海洋污染应急计划(SMPEP)和船舶反应计划(VRP)(1 h)		1	0	船舶管理		1	0

表 1.3（续 13）

培训内容	大纲总课时	大纲理论课时	大纲实操课时	对应课程设置	实际课时	理论课时	实操课时
4.1.2.4 污水处理装置、焚烧炉和压载水处理装置的操作程序（5 h）		3	2	船舶管理、动力设备操作		3	2
4.1.2.5 挥发性有机化合物（VOC）管理计划垃圾管理系统、防海生物沾污系统、压载水管理及其排放标准（3 h）		3	0	船舶管理		3	0
4.1.3 保护海洋环境的积极措施（1 h）	1	1	0	船舶管理	2	2	0
4.2 保持船舶的适航性	45	33	12		48	36	12
4.2.1 船舶稳性、纵倾和应力表	14	14	0	船舶管理	16	16	0
4.2.1.1 排水量（2 h）		2	0	船舶管理		3	0
4.2.1.2 浮力（1 h）		1	0	船舶管理		2	0
4.2.1.3 淡水吃水余量（1 h）		1	0	船舶管理		1	0
4.2.1.4 静稳性（1 h）		1	0	船舶管理		1	0
4.2.1.5 初稳性（1 h）		1	0	船舶管理		1	0
4.2.1.6 失稳横倾角（1 h）		1	0	船舶管理		1	0
4.2.1.7 静稳性曲线（1 h）		1	0	船舶管理		1	0
4.2.1.8 重心的移动（1 h）		1	0	船舶管理		1	0
4.2.1.9 横倾及其纠正（1 h）		1	0	船舶管理		1	0
4.2.1.10 未装满液体舱柜的影响（1 h）		1	0	船舶管理		1	0
4.2.1.11 纵倾（1 h）		1	0	船舶管理		1	0
4.2.1.12 完整浮力的丧失（1 h）		1	0	船舶管理		1	0
4.2.1.13 应力表及应力计算设备（1 h）		1	0	船舶管理		1	0
4.2.2 船舶构造	31	19	12	船舶管理	32	20	12
4.2.2.1 船舶尺度和船形（5 h）		4	1	船舶管理		4	1
4.2.2.2 船舶强度（3 h）		2	1	船舶管理		2	1

表 1.3(续 14)

培训内容	大纲总课时	大纲理论课时	大纲实操课时	对应课程设置	实际课时	理论课时	实操课时
4.2.2.3 船体结构(7 h)		4	3	船舶管理		4	3
4.2.2.4 船首及船尾(2 h)		1	1	船舶管理		2	1
4.2.2.5 船舶附件(8 h)		4	4	船舶管理		4	4
4.2.2.6 舵与轴隧(3 h)		2	1	船舶管理		2	1
4.2.2.7 载重线及吃水标志(3 h)		2	1	船舶管理		2	1
4.3 船上防火、控制火灾和灭火	见高级消防培训	见高级消防培训	见高级消防培训				
4.4 操作救生设备	见精通救生艇筏和救助艇培训	见精通救生艇筏和救助艇培训	见精通救生艇筏和救助艇培训				
4.5 在船上应用医疗急救	见精通急救培训	见精通急救培训	见精通急救培训				
4.6 监督遵守法定要求	17	17	0	船舶管理	18	18	0
4.6.1 有关海上人命安全、保安和海洋环境保护的 IMO 公约基本工作知识	17	17	0	船舶管理	18	18	0
4.6.1.1 海事相关法规简介(2 h)		2	0	船舶管理		3	0
4.6.1.2 海洋法(1 h)		1	0	船舶管理		1	0
4.6.1.3.1 1966 年国际载重线公约(LL1966)(1 h)		1	0	船舶管理		1	0
4.6.1.3.2 经修订的 1974 年海上人命安全公约(SOLAS 公约)(3 h)		3	0	船舶管理		3	0

表 1.3（续 15）

培训内容	大纲总课时	大纲理论课时	大纲实操课时	对应课程设置	实际课时	理论课时	实操课时
4.6.1.3.3 商船海员安全工作守则（COSWP）（1 h）		1	0	船舶管理		1	0
4.6.1.3.4 经修订的 1978 年 STCW 公约（2 h）		2	0	船舶管理		2	0
4.6.1.3.5 国际船舶和港口设施保安规则（ISPS code）（1 h）		1	0	船舶管理		1	0
4.6.1.3.6 港口国监督（PSC）（2 h）		2	0	船舶管理		2	0
4.6.1.3.7 中华人民共和国船舶安全检查规则（1 h）		1	0	船舶管理		1	0
4.6.1.3.8 船舶检验（3 h）		3	0	船舶管理		3	0
4.7 领导力和团队工作技能的运用	20	12	8	船舶管理、机舱资源管理	22	12	10
4.7.1 船上人员管理及训练（4 h）	4	2	2	船舶管理、机舱资源管理		2	4
4.7.2 相关国际公约及建议、国内法规（5 h）	4	4	0	船舶管理		4	0
4.7.3 运用任务和工作量管理的能力（2 h）	4	2	2	船舶管理、机舱资源管理		2	2
4.7.4 运用有效资源管理的知识和能力（4 h）	4	2	2	船舶管理、机舱资源管理		2	2
4.7.5 运用决策技能的知识和能力（4 h）	4	2	2	船舶管理、机舱资源管理		2	2
4.8 有助人员和船舶的安全	见基本安全培训	见基本安全培训	见基本安全培训				
课时合计	946	625	321		1 120	752	368

第2章　制度及保障措施管理制度

2.1　制　度　保　障

根据《中华人民共和国船员培训管理规则》《中华人民共和国船员培训质量管理规则》和《〈中华人民共和国船员培训管理规则〉实施办法》的规定,广东某高等职业院校建立和实施了船员教育和船员培训质量体系,并于1999年首次通过中华人民共和国海事局船员教育和培训质量体系审核,又于2017年通过了中华人民共和国海事局质量体系再次有效审核。该学院严格按海事部门的有关法规及规定开展各项船员培训业务,认真做好船员培训教学的实施、保障、检查和督促工作,所开展的船员教育和各项船员培训业务均在该学院的质量管理体系监控之下。学院的船员教育和培训质量管理体系,在管理制度上,确保了培训的有效开展。船员培训管理制度与安全防护制度汇编目录如下。

目　　录

2.11 新生学业导师实施细则

3. 培训课程设置制度

3.1 人才培养方案编制与船员培训课程设置管理办法

3.2 课程标准(培训大纲)制订与课程论证管理办法

3.3 人才培养方案实施计划课程设置调整审批流程及审批权限

3.4 课程考核管理办法

4. 船员培训证明发放制度

4.1 船员培训证明发放管理办法

4.2 学生(学员)注册与学籍管理工作指引

4.3 学生毕(结)业证书管理

5. 教学设施设备管理制度

5.1 固定资产管理暂行办法

5.2 教学设备仪器管理办法

5.3 固定资产报废报损实施细则

5.4 低值资产、材料、低值品、易耗品管理办法

5.5 低值易耗品的购置与管理工作指引

5.6 航海类专业模拟器的训练与管理办法

5.7 船员无纸化考场的使用与管理办法

5.8 船员培训设施设备管理制度汇编

6. 档案管理制度

6.1 档案管理办法

6.2 船员培训档案管理制度

6.3 学生档案管理制度

6.4 档案管理业务指引

第二部分　安全防护制度

7. 安全防护制度

7.1 人身安全防护制度

7.2 突发事件应急制度

7.3 实训(验)室防污和环境保护管理条例

7.4 船艺室防污、防爆规则

第三部分　船员培训质量控制体系

8. 船员培训质量管理体系

8.1 船员培训质量管理体系证书及换证审核报告

8.2 广东某学院船员培训质量管理体系文件

2.2　场地设施设备保障

该课程培训设施设备符合《中华人民共和国船员培训管理规则》电子电气员场地、设施、设备的要求,能满足学校目前培训规模(40 人/班×4)的培训教学要求。现代化的多媒体教室,为提高学员理论水平,改善教学效果,起到很好的作用。

2.3　师资保障

目前该课程配备了 17 名教员,其中甲类轮机长 2 名,甲类二管轮 2 名,甲类三管轮 1 名;中级以上职称专业教师 17 人,全部为自有教员,14 位参加/通过中华人民共和国海事局的师资培训班/师资考试,取得师资培训合格证比例达 82.3%。所有教员都可开展实操教学。该课程培训师资符合《中华人民共和国船员培训管理规则》船舶三管轮师资的要求,能满足船舶三管轮培训规模(40 人/班×4)的培训教学要求。

综上所述,该学院在师资、设备设施、课程安排、公约与法规的跟踪、时效性等方面完全具备船舶三管轮(无限航区)的办学和培训能力要求,毕业生能满足 STCW 公约马尼拉修正案的适任要求,培训内容及技能覆盖《海船船员培训大纲(2016 版)》的全部内容及技能要求。

第3章 培训计划

3.1 培训目的

本培训计划系根据中华人民共和国交通运输部办公厅颁布的《海船船员培训大纲（2016 版）》的通知精神,并结合广东某高等职业院校培训中心《船员培训许可证》40 人/班×4 班的规模情况而制订;目的是使受训学员掌握 STCW 公约马尼拉修正案要求的相应知识和技能,并通过考试,取得 750 kW 及以上船舶三管轮考证合格证。

3.2 培训对象

培训对象为符合参加 750 kW 及以上船舶三管轮考证资格人员(完成基本安全(Z01)培训、精通救生艇筏和救助艇(Z02)培训、高级消防(Z04)培训、精通急救(Z05)培训、船舶保安意识与责任(Z07/Z08)培训,完成相应的船舶三管轮岗位适任培训;担任机工满 18 个月;在相应等级的船舶上完成不少于 6 个月的船上见习;通过船舶三管轮适任考试)。

3.3 适用范围

本培训计划适用于 750 kW 及以上船舶三管轮考证培训班使用。

3.4 培训时间

大纲要求理论授课 625 课时,实际执行理论授课 752 课时。
大纲要求实操授课 321 课时,实际执行实操授课 368 课时。
大纲要求总课时 946 课时,实际培训共 1 120 课时(注:不含小证培训课时数)。

3.5 培训投入师资

培训师资情况见表 3.1。

表 3.1　培训师资情况表

姓名	学历	专业	所持证书	教学资历/月	船上资历/月	教学科目	备注
DSX	本科	轮机管理	甲类轮机长	120	132	主推进动力装置/船舶管理/动力设备拆装/机舱资源管理等	自有/已参加上海海事大学师资培训/通过主推进动力装置/船舶管理/轮机维护与修理/船舶辅机/机舱资源管理师资考试
YCA	大专	轮机管理	甲类二管轮/B 类大管轮/高级实验师	180	72	主推进动力装置/船舶管理/动力设备拆装/机舱资源管理/船舶电气与自动化等	自有/通过机舱资源管理（ERM）师资培训/通过值班机工师资考试
ZJX	研究生/本科	信号与信息处理/轮机管理	甲类二管轮/信息工程师	72	28	主推进动力装置/船舶辅机/船舶电气与自动化/电气与自动控制/动力设备操作等	自有/已参加大连海事大学师资培训/通过主推进动力装置/船舶辅机/船舶电气与自动化师资考试
GB	研究生	轮机管理	甲类三管轮/副教授	120	18	主推进动力装置/船舶管理/轮机英语/动力设备拆装/轮机基础等	自有/已参加大连海事大学师资培训/通过主推进动力装置/船舶管理/轮机工程基础师资考试/已参加高级消防师资培训
LTY	本科	轮机管理	甲类轮机长	100	150	船舶辅机/船舶管理/动力设备操作/机舱资源管理等	自有/已参加 ERM 师资培训/通过值班机工师资考试
JZX	研究生	轮机工程	教授	288	0	船舶电气与自动化/电气与自动控制/电工工艺和电气设备等	自有

表 3.1(续 1)

姓名	学历	专业	所持证书	教学资历/月	船上资历/月	教学科目	备注
ZSM	研究生/本科	计算机技术/轮机管理	副教授	204	15	机舱资源管理/电气与自动控制/电工工艺和电气设备等	自有/已参加 ERM 师资培训/通过高级消防师资考试
TRS	本科	轮机管理	副教授	330	12	动力设备操作/动力设备拆装等	自有
WHS	大专	轮机管理	实验师/内河二等轮机长	136	84	动力设备拆装/动力设备操作/机舱资源管理等	自有/已参加精通救生艇筏和救助师资培训、船舶保安员师资培训/ERM 师资培训
LLH	本科	轮机管理	副教授	204	15	船舶辅机/电气与自动控制/电工工艺和电气设备/Z07/Z08 等	自有/已参加船舶保安员师资培训
CWB	本科	轮机管理	讲师	240	15	主推进动力装置/电气与自动控制/电工工艺和电气设备/Z02 等	自有/已参加精通救生艇筏和救助艇师资培训/通过基本安全师资考试
ZMQ	中专	轮机管理	实验师	156	36	动力设备操作/机舱资源管理/金工工艺等	自有/已参加精通救生艇筏和救助艇师资培训/通过高级消防师资考试
HFP	大专	轮机管理	实验师	168	24	动力设备操作/动力设备拆装/金工工艺等	自有/已参加船舶保安意识与责任师资培训
FWH	研究生	英语	副教授	252	6	轮机英语/轮机英语听力与会话	自有/已参加中华人民共和国海事局第二期海事英语师资班培训
YJJ	本科	英语	讲师	240	6	轮机英语/轮机英语听力与会话	自有/通过专业英语师资考试

表 3.1(续 2)

姓名	学历	专业	所持证书	教学资历/月	船上资历/月	教学科目	备注
WL	研究生	轮机工程	讲师	24	6	轮机英语、轮机基础、机械制图等	自有/通过轮机英语师资考试/已参加船舶保安员师资培训
LHW	研究生	电气自动化	高级工程师	12	0	船舶电气自动化/电气与自动控制/电工工艺和电气设备等	自有
备注							

3.6　培训场地、设施、设备情况

750 kW 及以上船舶三管轮船员培训场地、设施设备配置情况见表 3.2。

表 3.2　750 kW 及以上船舶三管轮船员培训场地、设施设备配置情况表

申请项目		三管轮	规模		40 人/班×4		
	配置标准(最低要求)			实际配置情况			
序号	场地、设施、设备名称	要求	备注	实际数量	所有权	备注	
1	多媒体教室	每间能容纳 40 人。(1 间/班)	3 间/班	3 间/班	自有	每间能容纳 50 人	
2	制图教室	能容纳 40 人,配备机械设计手册、参考图册、绘图工具各 40 册(套)。(1 间)	1 间	1 间	自有	良好	
3	桌面版轮机模拟器	配学员计算机 40 台。每台计算机安装轮机模拟器桌面版软件。(1 套)	1 套	1 套	自有	良好	
4	拆装用四冲程柴油机	缸径 200 mm 或以上,气缸盖、活塞、缸套、连杆、进排气阀、气缸启动阀、飞轮及机上燃油系统完整,并配置相应拆装工具和量具。气缸盖含进排气阀,可用于气阀机构的拆装与检验、	2 台	2 台	自有	良好	

表 3.2(续 1)

序号	场地、设施、设备名称	配置标准(最低要求)		实际配置情况		
		要求	备注	实际数量	所有权	备注
		气阀的研磨与密封面检验,包括气阀研磨工具、研磨膏、配套液压拉伸器等工具。(2 台)				
5	四冲程柴油机喷油泵、喷油器	独立设备,缸径 160 mm 以上的中速机喷油泵、喷油器各 8 台,能够满足喷油器雾化试验、喷油泵和喷油器的拆装与检修。配喷油器试验台 1 台,能够判断上述喷油器的雾化质量,读出启阀压力。(1 套)	1 套	1 套	自有	良好
6	二冲程柴油机关键组件	缸径 250 mm 或以上二冲程柴油机相关部件(含活塞、缸套、连杆、十字头、滑块),并配置内外径千分尺、量缸表、塞尺、扭矩扳手等拆装工具和量具。所有设备的安放应能满足培训教学要求。(2 套)	2 套	2 套	自有	良好
7	二冲程柴油机喷油泵、喷油器	独立设备,二冲程船用柴油机喷油泵、喷油器各 8 台,能够满足喷油器雾化试验、喷油泵和喷油器的拆装与检修。配喷油器试验台 1 台,能够判断上述喷油器的雾化质量,读出启阀压力。(1 套)	1 套	1 套	自有	良好
8	涡轮增压器	独立设备,其中 2 台可用于拆装及间隙测量,并配备专用拆装工具及量具;另 1 台要求具有中间(纵向)剖面(可用模型替代)。(3 台)	3 台	3 台	自有	良好

表 3.2(续 2)

序号	场地、设施、设备名称	配置标准(最低要求)			实际配置情况		
		要求	备注	实际数量	所有权	备注	
9	气缸启动阀	缸径 160 mm 以上,零部件结构完整,可用于拆装与检修,并配备相应拆装工具和量具。(4 台)	4 台	4 台	自有	良好	
10	制冷压缩机	结构完整,能够进行解体、检修和装复,并配备相应拆装工具和量具,其中 1 台要求为活塞式。(2 台)	2 台	2 台	自有	良好	
11	液压变量泵	变量单作用叶片泵、斜盘式轴向柱塞泵或斜轴式轴向柱塞泵。(2 台)	2 台	2 台	自有	良好	
12	油马达	连杆式、内曲线式和叶片式各 1 台。(3 台)	3 台	3 台	自有	良好	
13	液压控制阀	方向、压力、流量控制阀各 1 只。(3 只)	3 只	3 只	自有	良好	
14	空气压缩机	活塞式。1 套可用于拆装,配件完整;另 1 套可运行,且与主空气瓶相连,能够实现启动、运行和停止操作,且与主机等一起构建船舶压缩空气系统。(2 套)	2 套	2 套	自有	良好	
15	锅炉给水阀、水位计、安全阀、泄放阀	锅炉给水阀应是截止止回阀,具有完整的结构;水位计应为玻璃管水位计或玻璃板式水位计,具有完整的结构;安全阀应是两阀共一体的结构或是装有提升盘的直接作用式安全阀;泄放阀应具有完整的结构。(各 2 套)	2 套	2 套	自有	良好	

表 3.2(续 3)

序号	场地、设施、设备名称	配置标准(最低要求)			实际配置情况		
		要求	备注	实际数量	所有权	备注	
16	炉水化验设备	炉水化验设备应符合规范要求,包括相关器皿和试剂等。能够满足对锅炉炉水的盐度和 pH 值等(不少于 3 项)进行测定的要求。(2 套)	2 套	2 套	自有	良好	
17	电动往复泵	具备完整的结构,包括泵缸、阀箱、泵阀、传动组件、活塞环等组件,能够进行解体、检修和装复,并配备相应拆装工具和量具。(2 套)	2 套	2 套	自有	良好	
18	齿轮泵	具有完整的结构,能够进行齿轮泵及其组件的解体、检修(如齿轮泵端面间隙和啮合间隙检查)和装复。(2 套)	2 套	2 套	自有	良好	
19	船用离心泵	1 套具备完整的结构,能够进行解体、检修和装复;另 1 套须组装为可启停和运行的系统。(2 套)	2 套	2 套	自有	良好	
20	船用分油机	1 套用于拆装,具备完整的结构,能够进行解体、检修和装复,配有完整的拆装工具;另 1 套为全自动型,组装成可启动、分油、排渣和停止的系统。(2 套)	2 套	2 套	自有	良好	
21	船舶柴油主机系统	缸径 200 mm 或以上,能进行柴油机备车、盘车、冲车、试车、启动与完车操作;	1 套	1 套	自有	良好	

表 3.2(续 4)

序号	场地、设施、设备名称	配置标准(最低要求)		实际配置情况		
		要求	备注	实际数量	所有权	备注
		可加减负载,最大负载要求高于 160 kW,持续运转时间要求大于 30 min;能进行柴油机冷却水、燃油、滑油及排气温度、压力检测;能进行柴油机增压器温度检查。能进行柴油机转速高、冷却水出机温度高、滑油出机温度高、滑油进机压力低、燃油泄漏等检测报警,并可实现超速,滑油压力过低等安全保护功能。配爆压表 4 只。配机械示功器 2 只,电子示功器 2 只。(1 套)				
22	自清滤器	结构完整,能进行正常拆装,滤芯 3 个及以上,压缩空气反冲或油液反冲。(2 套)	2 套	2 套	自有	良好
23	热电偶式温度计	4 只	4 只	4 只	自有	良好
24	压力表、温度表	燃气、液压、油、水温度及压力表各 2 只。(1 套)	1 套	1 套	自有	良好
25	船舶舵机	具有完整的转舵机构、主液压系统和操纵系统等,配备泵站控制箱,操舵控制箱,报警箱,驾控面板、集控面板。能够实现有关船舶舵机启动、运行和停止操作。(1 套)	1 套	1 套	自有	良好
26	船舶冷藏系统	水冷,压缩式制冷;至少配备 1 个冷冻库和 1 个冷藏库(大小能满足训练要求);能够实现系统的启动、运行和停止操作。(1 套)	1 套	1 套	自有	良好

表 3.2(续 5)

序号	场地、设施、设备名称	配置标准(最低要求)			实际配置情况		
		要求	备注	实际数量	所有权	备注	
27	船舶空调系统	包括一次回风集中空调装置、电气系统和空间区域,能够实现系统的启动、运行和停止操作。(1 套)	1 套	1 套	自有	良好	
28	舱底水处理系统	可运行,配有船用油水分离器,包括油分浓度监测装置,能进行油水分离器启动、运行分离、停止操作,并与舱底水舱、舱底水泵等构成舱底水处理系统。(1 套)	1 套	1 套	自有	良好	
29	海水淡化处理装置	真空沸腾式海水淡化装置,包括给水、抽空、排盐、冷却、加热和凝水系统,能够实现造水机的启动、运行和停止操作。造水量 5 t/d 或以上。(1 台)	1 台	1 台	自有	良好	
30	船用燃油辅锅炉	船用燃油辅锅炉包括完整的本体和附件、燃烧系统和汽水系统等。能够实现有关船用燃油辅锅炉的启动、运行和停止操作。(1 套)	1 套	1 套	自有	良好	
31	船舶电站 *	含 2 台或以上主发电机组、1 台应急发电机组、主配电板、应急配电板、岸电箱、蓄电池充放电系统。发电机可以是柴油机或变频电动机驱动。能完成发电机手动并车、准同步并车、自动并车;能手动和自动进行并联运行发电机组的负荷转移及分配、发电机	1 套	1 套	自有	良好	

表 3.2(续 6)

序号	场地、设施、设备名称	配置标准(最低要求)			实际配置情况			
		要求	备注		实际数量	所有权	备注	
		组的解列;能完成自动化电站的功能;能进行发电机主开关跳闸(常规电站并车操作时发生电网跳电;可模拟运行机组因机械故障跳闸电网失电;单机运行跳闸电网失电)的应急处理;具有绝缘监视及报警功能。具有蓄电池充放电系统。岸电箱应具有相序联锁功能,可以集成在配电板中制作。(1 套)						
32	电工实验台	三相电源到每台实验台前,须由指导教员独立控制(可采用开关接触器、手动转换等方式),实验用电与电网隔离。(20 台)提供三相 380 V、单相 220 V 固定输出的交流主电源,通过变压器隔离提供 24 V 等船舶常用交流控制电源。电源输出具有过流及短路保护功能,带仪表指示。提供 24 V 等直流电源,带仪表指示。每个电工实验台配下列内容:(1)交流三相异步电动机(2.2 kW 及以上)及其拆卸、安装、维护工具。(2)配有 Y - △(星 - 三角)启动控制箱(含断路器、熔断器等电机基本保护电路器件)1 台,含必要的装配工具;能完成三相异	20 台		20 台	自有	良好	

表 3.2(续 7)

序号	配置标准(最低要求)			实际配置情况		
	场地、设施、设备名称	要求	备注	实际数量	所有权	备注
		步电动机的点动、连续运行、正反转、Y－△启动、制动控制和相关保护功能。 (3)配万用表、交流电压表、交流电流表、钳形电流表、电压互感器、电流互感器、热继电器、熔断器、时间继电器、压力继电器、温度继电器各1套。压力继电器、温度继电器的动作值、幅差可调。 (4)配接触器1只,接触器维护修理工具和用品1套。 (5)配常用电工工具1套,至少包括验电笔、螺丝刀、扳手、钢丝钳、剥线钳等。 (6)配电缆切割、连接工具及附件1套,船用电缆(控制、通信、电力3种)至少各50 m。 (7)配电工焊接工具1套,其他辅助工具和焊接材料若干。电工焊接工具至少包括电烙铁、电烙铁支架、尖嘴钳、镊子、吸锡器、松香等。其他辅助工具至少含电热吹风、芯片拔插工具等。 (8)配至少2种规格的电阻、二极管、三极管、电容、可控硅各1只				
33	便携式兆欧表	选用500 V、1 000 V级摇表或数字兆欧表。(5套)	5套	5套	自有	良好
34	电磁制动装置	每套电磁制动器配电机1台、塞尺1套。(2套)	2套	2套	自有	良好

表 3.2(续 8)

序号	场地、设施、设备名称	配置标准(最低要求)		实际配置情况		
		要求	备注	实际数量	所有权	备注
35	灯具	每套含日光灯、白炽灯、应急灯、船用防爆灯、船用探照灯等至少各 1 只。(5 套)	5 套	5 套	自有	良好
36	可编程序控制器(PLC)	配设编程终端,可进行 PLC 编程实验。每套 PLC 应配备有船上常见的数字量输入、数字量输出、模拟量输入和模拟量输出,设有与 PLC 连接的输入输出设备以搭建系统供实验使用。(20 套)	20 套	20 套	自有	良好
37	燃油黏度自动控制系统	轻重油切换阀、蒸汽调节阀、测黏计等要求采用实船设备。配设有控制箱或柜,能够展示实船黏度控制的完整功能。(2 套)	2 套	2 套	自有	良好
38	油雾浓度监测报警系统	可采用当前船舶上使用的主流设备或同型号的模拟设备。能完成下列操作:进行曲轴箱油雾浓度监视的调零、测试与复位操作。(2 套)	2 套	2 套	自有	良好
39	轮机模拟器 *	以满足 AUT-0 要求的典型商船为母型,要求依据实船图纸、管路系统中的操作点和参数显示点模拟轮机主要设备和系统的操作,轮机模拟器的操作反应、故障设置与情景调用要求符合实船。 1.硬件盘台要求: 应能模拟集控室外观布局、可模拟应急发电机室和	1 套	1 套	自有	良好

表 3.2(续 9)

| 序号 | 配置标准(最低要求) | | | 实际配置情况 | | |
	场地、设施、设备名称	要求	备注	实际数量	所有权	备注
		机舱的外观布局。 (1)模拟集控室:设有集控台与主配电板,其中集控台设有主机遥控屏,重要参数显示屏,辅助设备监控屏(含轮机员安全系统),机舱监测报警系统屏等。主配电板至少设有发电机控制屏、并车屏、组合启动屏、动力负载屏、照明负载屏,要求体现发电机组的手动和自动启停、并车与解列、调频调载与调压;具有负载分级脱扣、应急切断等功能。 (2)模拟应急发电机室:设有发电机控制屏、动力负载屏、照明负载屏,能够完成应急发电机室中主要设备的模拟操作。 (3)模拟机舱:配置机舱模拟操作设备,能够灵活地完成机舱的模拟实操,操作响应符合实船。 2.软件功能要求: (1)应能模拟实船的操作界面和操作流程。 (2)应能完成以下系统的模拟:燃料(输送、净化与供给)系统,滑油(输送、净化与供给,艉管滑油)系统,冷却水(海水、低温淡水、高温淡水)系统,压缩空气系统,主推进控制系统,锅炉油、水、汽和排污系统,舵机及其控制系统,发电柴油机及其辅助系统,电力系统(含主电源、				

表 3.2(续 10)

序号	场地、设施、设备名称	配置标准(最低要求)			实际配置情况		
		要求	备注	实际数量	所有权	备注
		大应急、小应急的电源及系统),监测报警、轮机员安全、延伸报警系统,火灾检测报警系统,机舱油污水处理系统,污油及焚烧系统,机舱供水系统,生活污水处理系统,机舱舱底压载消防系统,机舱通风系统,内部通信系统(应在驾控、集控与机旁控制位置设有可应急联络的电话)。空调冷藏系统,机舱局部细水雾灭火系统,海水淡化系统,甲板机械。 (3)能完成模拟设备和系统的显示、操作、控制、调整、测试、故障、报警与管理;能展现不同工况、海况和情景的响应;能完成系统之间互联关系与响应的模拟及声光效果。 (4)能模拟常规情景下的团队协调与配合工作环境,常规情景应至少包括冷船启动、备车与完车、机动航行、定速航行、锚泊、离靠港作业、雾中航行、加装燃润料等。 (5)应配备并安装有教练站软件,应具备初始环境条件设置、过程控制及故障设置功能。(1套)					
40	钳工车间*	至少配备20张标准钳工作业台(桌),保持一定的安全使用间隔,每张钳工作业台(桌)安装配套虎钳,对面作业须由安全网隔开。	1间	1间	自有	良好

表 3.2(续 11)

序号	场地、设施、设备名称	配置标准(最低要求)		实际配置情况		
		要求	备注	实际数量	所有权	备注
		通风、照明光线良好。配备钳工操作所具有的常用工具、量具、划线平台、研磨平台、钻床、砂轮机、三角刮刀等。(1 间)				
41	车床车间 *	至少配备 10 台普通车床,通风、照明光线良好,车床间隔保持一定的安全距离,能满足车床安装安全角度要求。配备常用的工具、量具、砂轮机、安全防护眼镜等。场地有安全可靠的电源配电箱、接地线柱。配备的车床能完成各项操作,床身最大回转直径 320 mm,加工精度符合要求。车床安装的位置、角度正确,符合安全要求。(1 间)	1 间	1 间	自有	良好
42	电焊操作室 *	具有独立的电焊、气焊操作场地。电焊操作室能容纳 20 个电焊操作台,各操作台须有电弧隔离保护,满足安全要求。(1 间)	1 间	1 间	自有	良好
43	电焊设备 *	交流电焊机,可调节焊接电流大小,外观完好,绝缘符合规定,满足安全要求。(20 套)	20 套	20 套	自有	良好
44	气焊操作室 *	气焊操作室能容纳 20 个气焊操作台。氧气瓶和乙炔瓶的存放及使用应满足相关技术安全标准。(1 间)	1 间	1 间	自有	良好
45	气焊设备 *	氧气瓶、乙炔瓶符合相关技术安全标准。(20 套)	20 套	20 套	自有	良好

表 3.2(续 12)

序号	场地、设施、设备名称	要求	备注	实际数量	所有权	备注
		配置标准(最低要求)		实际配置情况		
46	锅炉燃烧器	包括点火电极、点火油头、主燃烧器、配风器等,用于燃烧器的解体、检修及装复。(2 套)	2 套	2 套	自有	良好
47	自动化仪表实验台	满足船用气动和电动仪表的试验,每个实验台配设 PID 调节器气动式 1 套,数字式 1 套、电动差压变送器 1 套、压力开关 1 套。(10 台)	10 台	10 台	自有	良好
48	火警探测装置(或模拟系统)	总线型,可进行功能设置,要求配备警铃至少 1 个,控制主机至少 1 个,感温火灾探头、感烟火灾探头、感温感烟复合火灾探头、手动火灾报警按钮等至少各 2 个。(1 套)	1 套	1 套	自有	良好
49	生活污水处理装置(或模拟器)	能进行启动、运行与停止操作。如果是模拟器则可集成在轮机模拟器中。(1 套)	1 套	1 套	自有	良好
50	焚烧炉(或模拟器)	能进行启动、运行与停止操作。如果是模拟器则可集成在轮机模拟器中。(1 套)	1 套	1 套	自有	良好
51	压载水处理装置(或模拟器)	处理能力为 50 m^3/h,能进行启动、运行与停止操作。如果是模拟器则可集成在轮机模拟器中。(1 套)	1 套	1 套	自有	良好

表 3.2(续 13)

序号	场地、设施、设备名称	配置标准(最低要求)			实际配置情况		
		要求	备注	实际数量	所有权	备注	
52	换热器	每套换热器含板式换热器、管壳式换热器各 1 套,具备完整的结构,能够实现解体、检修和装复。(2 套)	2 套	2 套	自有	良好	
53	轮机管系阀件	截止阀、止回阀、截止止回阀和蝶阀各 4 只。(1 套)	1 套	1 套	自有	良好	
54	液压起货机	可运行,具有完整的液压系统和操纵系统,能够实现启动、运行管理和停车操作。(1 套)	1 套	1 套	自有	良好	
55	锚机或绞缆机	可运行,具有完整的液压系统和操纵系统,能够实现启动、运行管理和停车操作。(1 套)	1 套	1 套	自有	良好	
56	冷却水温度自动控制系统	配有三通调节阀、温度传感器,能够进行控制参数调整,能够完成冷却水温度控制过程实验。(2 套)	2 套	2 套	自有	良好	
57	传感器及校准设备	具有压力源和温度源及相关设备 2 套,能做热电阻、热电偶、压力传感器/变送器的实验和校验;压力传感器 6 套(至少含 3 种类型,例如扩散硅、电容、霍尔、电感、涡流等类型);温度传感器 6 套(至少含 3 种类型,例如铂热电阻、热电偶、热敏电阻等类型);流量传感器 4 套(至少含 2 种类型,例如质量、椭圆齿轮等类型);液位传感器 4 套(至少含 2	若干	若干	自有	良好	

表 3.2(续 14)

序号	场地、设施、设备名称	配置标准(最低要求)			实际配置情况		
		要求	备注	实际数量	所有权	备注
		种类型,例如压力式、气泡式、浮子式、超声波等类型); 转速传感器4套(至少含2种类型,例如磁电、光电、接触式等类型); 锅炉火焰传感器5只(至少含2种类型,例如光敏电阻、光电池等类型)。 (若干)					
58	常用密封剂、密封垫片和密封填料	常见类型的密封剂、液力密封及密封胶带,常见类型的非金属密封垫片、有色金属密封垫片、金属密封垫片及半金属密封垫片,常见类型的O形密封圈、压盖填料、机械密封、油密封及迷宫密封。 (5套)	5套	5套	自有	良好
59	常用测量仪器	每套至少包括卡规、分度规、游标卡尺、深度规、千分尺、千分表、厚度尺、半径规和节距规等。(10套)	10套	10套	自有	良好
60	相关技术图纸	管路系统挂图1套:燃油、滑油、冷却水、压缩空气、舱底水、压载水、消防水、CO_2灭火、主机气动操纵系统各1张; 甲板机械挂图1套:起货机、锚绞机、舵机的液压系统图和电气控制图各1张。(若干)	若干	若干	自有	良好

表 3.2(续 15)

序号	配置标准(最低要求)			实际配置情况		
	场地、设施、设备名称	要求	备注	实际数量	所有权	备注
61	相关船舶文书资料	油类记录簿、轮机日志、车钟记录簿等。(若干)	若干	若干	自有	良好
62	英语听说训练教学设备				自有	良好

注:1.船员培训项目场地设施、设备配置情况应按照项目逐一填写。

　　2.实际配置备注栏应当注明设备型号,是否处于可用状态。

　　3.租用场地、设施设备应提供租用合同或相关证明。

　　4.∗表示关键场地、设施设备。

3.7　课程设置及课时分配

按表 1.1 汇总课程设置及课时分配,见表 3.3。

表 3.3　课程设置及课时分配

课程	课时数汇总	总课时数	理论课时	实操课时
船舶管理	$18 + 6 + 10 + 4 + 2 + 2 + 2 + 4 + 6 + 8 + 10 + 2 + 16 + 32 + 18 + 12 = 152$	152	140	12
机舱资源管理	$14 + 10 = 24$	24	6	18
轮机英语	100	100	100	0
轮机英语听力与会话	48	48	0	48
船舶电气与自动化	$4 + 24 + 40 + 26 + 26 + 2 + 12 + 6 + 2 + 6 + 2 = 150$	150	140	10
船舶辅机(热工与流力)	$16 + 16 + 16 = 48$	48	48	0
船舶辅机	$10 + 40 + 14 + 8 + 12 + 10 + 6 + 6 = 106$	106	106	0
主推进动力装置(机械基础)	$12 + 12 + 10 + 4 = 38$	38	38	0
主推进动力装置	$64 + 6 + 10 + 6 = 86$	86	86	0
动力设备操作	$12 + 26 + 6 + 4 = 48$	48	0	48
电工电子技术	46	46	46	0
船舶电工工艺与电气设备	$16 + 6 + 12 + 2 = 36$	36	0	36
电气与自动控制	$6 + 12 + 4 = 22$	22	0	22
金工工艺	100	100	16	84
动力设备拆装	$2 + 2 + 70 = 74$	74	0	74

表 3.3(续)

课程	课时数汇总	总课时数	理论课时	实操课时
机械制图	42	42	26	16
合计		1 120	752	368

3.8 教 学 方 式

理论教学采用面授、PPT 演示、模拟器培训、船上培训;实操教学采用实验室设备培训、模拟器培训及船上培训。

3.9 培 训 教 材

培训采用人民交通出版社、大连海事大学出版社出版的最新版培训教材,见表 3.4。

表 3.4 三管轮(无限航区)教材一览表

课程名称	教材名称	ISBN	主编	出版社	出版时间
船舶管理	《船舶管理》	978 - 7 - 5632 - 2706 - 8	张跃文	大连海事大学出版社/人民交通出版社	2012 年
船舶管理	《船舶管理(轮机工程专业)》	978 - 7 - 5632 - 3879 - 8	刘万鹤,王松明,王仕军	大连海事大学出版社	2019 年
船舶管理	《轮机维护与修理》(第三版)	978 - 7 - 5632 - 3688 - 6	魏海军	大连海事大学出版社	2019 年
船舶管理	《船舶机舱资源管理》	978 - 7 - 1141 - 4857 - 6	韩雪峰	人民交通出版社	2018 年
主推进动力装置	《主推进动力装置》	978 - 7 - 5632 - 2733 - 4	李斌,王宏志,傅克阳	大连海事大学出版社/人民交通出版社	2012 年
主推进动力装置	《主推进动力装置》	978 - 7 - 5632 - 3788 - 3	陈培红,邹俊杰	大连海事大学出版社	2019 年
主推进动力装置(机械基础)	《主推进动力装置》	978 - 7 - 5632 - 2733 - 4	李斌,王宏志,傅克阳	大连海事大学出版社/人民交通出版社	2012 年
船舶辅机	《船舶辅机》	978 - 7 - 5632 - 3385 - 4	陈海泉	大连海事大学出版社	2016 年

表 3.4(续 1)

课程名称	教材名称	ISBN	主编	出版社	出版时间
船舶辅机 (热工与流力)	《船舶辅机》	978 – 7 – 5632 – 3385 – 4	陈海泉	大连海事大学出版社	2016 年
船舶辅机 (热工与流力)	《轮机热工基础》	978 – 7 – 5632 – 3137 – 9	王斌	大连海事大学出版社	2015 年
机械制图	《船舶辅机》	978 – 7 – 5632 – 3385 – 4	陈海泉	大连海事大学出版社	2016 年
船舶电气 与自动化 (船舶电气)	《船舶电气与自动化(船舶电气)》	978 – 7 – 5632 – 2734 – 1	张春来, 林叶春	大连海事大学出版社/ 人民交通出版社	2012 年
船舶电气 与自动化 (船舶自动化)	《船舶电气与自动化(船舶自动化)》	978 – 7 – 5632 – 2704 – 4	林叶锦, 徐善林	大连海事大学出版社/ 人民交通出版社	2012 年
船舶电气 与自动化	《船舶电气设备管理与工艺》 (第 3 版)	978 – 7 – 5632 – 3182 – 9	张春来, 吴浩峻	大连海事大学出版社	2016 年
船舶电气 与自动化	《船舶通信技术与业务》	978 – 7 – 5632 – 3882 – 8	王化民, 李建民	大连海事大学出版社	2020 年
轮机英语 (操作级)	《轮机英语(操作级)》	978 – 7 – 5632 – 2726 – 6	郭军武, 李燕, 刘宁	大连海事大学出版社/ 人民交通出版社	2012 年
高级值班机工 英语(附加 选学课程)	《高级值班机工英语》	978 – 7 – 5632 – 2702 – 0	中国海事 服务中心	人民交通出版社/ 大连海事大学出版社	2012 年
高级值班机 工业务(附加 选学课程)	《高级值班机工业务》	978 – 7 – 5632 – 2711 – 2	中国海事 服务中心	人民交通出版社/ 大连海事大学出版社	2012 年
值班机工业 务(附加选 学课程)	《值班机工业务》	978 – 7 – 5632 – 2723 – 5	中国海事 服务中心	人民交通出版社/ 大连海事大学出版社	2012 年
船舶动力装置	《船舶动力装置》	978 – 7 – 5632 – 2705 – 1	左春宽, 魏海军, 孙永明	人民交通出版社/ 大连海事大学出版社	2012 年

表 3.4（续 2）

课程名称	教材名称	ISBN	主编	出版社	出版时间
轮机英语听力与会话	《轮机英语听力与会话（操作级）》	978 - 7 - 5632 - 2735 - 8	刘宁，李燕，郭军武	大连海事大学出版社/人民交通出版社	2012 年
	《轮机英语听力与会话》	978 - 7 - 5632 - 3351 - 9	党坤	大连海事大学出版社	2016 年
高级值班机工英语听力与会话	《（高级）值班机工英语听力与会话》	978 - 7 - 5632 - 2718 - 1	陈坚，吴智义	人民交通出版社/大连海事大学出版社	2012 年
轮机维护与修理（附加选学课程）	《轮机维护与修理》（第 2 版）	978 - 7 - 5632 - 2804 - 1	魏海军	大连海事大学出版社	2012 年
金工工艺	《金工工艺实习》	978 - 7 - 5632 - 1422 - 8	陈振肖	大连海事大学出版社	2000 年
金工工艺	《船舶金工工艺实训》	978 - 7 - 5632 - 3059 - 4	何宏康，宿靖波	大连海事大学出版社	2014 年
机舱资源管理	《机舱资源管理》	978 - 7 - 5632 - 2962 - 8	朱永强，倪科军	大连海事大学出版社	2014 年
机舱资源管理	《船舶机舱资源管理》	978 - 7 - 1141 - 4857 - 6	韩雪峰	人民交通出版社	2018 年
机舱资源管理	《机舱资源管理》	—	ZMQ 等	自编	2020 年
顶岗实习	《海上轮机实习》	978 - 7 - 5632 - 2437 - 1	李世臣	大连海事大学出版社	2010 年
顶岗实习	《顶岗实习指导书》	—	轮机系GB 等	自编	2020 年
动力设备操作	《轮机动力设备操作与管理》	978 - 7 - 5632 - 3524 - 7	李忠辉，王永坚，刘建华	大连海事大学出版社	2017 年
动力设备操作	《动力设备操作》	—	WHS 等	自编	2020 年
船舶电工工艺与电气设备	《船舶电工工艺与电气设备》	978 - 7 - 5632 - 2968 - 0	鲍军晖	大连海事大学出版社	2014 年
船舶电工工艺与电气设备	《船舶电气设备管理与工艺》（第 3 版）	978 - 7 - 5632 - 3182 - 9	张春来，吴浩峻	大连海事大学出版社	2016 年
电气与自动控制	《电气与自动控制》	—	WHS 等	自编	2020 年

表 3.4(续 3)

课程名称	教材名称	ISBN	主编	出版社	出版时间
电气与自动控制	《电气与自动控制》	978 - 7 - 5632 - 3043 - 3	张亮	大连海事大学出版社	2014 年
动力设备拆装	《动力设备拆装》	—	HFP 等	自编	2020 年
动力设备拆装	《动力设备拆装》	978 - 7 - 5632 - 2980 - 2	朱永强,王伟军	大连海事大学出版社	2014 年
基本安全（Z01）	《基本安全 - 个人安全与社会责任》	978 - 7 - 114 - 09694 - 5	中国海事服务中心	人民交通出版社/大连海事大学出版社	2013 年
精通救生艇筏和救助艇（Z02）	《救生艇筏和救助艇操作与管理》	978 - 7 - 5632 - 3259 - 8	单浩明,曹铮	大连海事大学出版社	2015 年
高级消防（Z04）	《高级消防》	978 - 7 - 5632 - 3240 - 6	陈永盛,刘彦东	大连海事大学出版社	2015 年
精通急救（Z05）	《船舶精通急救》	978 - 7 - 5632 - 2720 - 4	方庆安	人民交通出版社/大连海事大学出版社	2012 年
船舶保安意识与职责（Z07/Z08）	《船舶保安员》	978 - 7 - 5632 - 2725 - 9	盛清波	人民交通出版社/大连海事大学出版社	2012 年

第4章 教学大纲和详细的教学方案

4.1 课程教学大纲及授课计划

4.1.1 "船舶管理"课程教学大纲

1. 课程教学大纲基本信息

"船舶管理"课程教学大纲基本信息见表4.1。

表4.1 "船舶管理"课程教学大纲基本信息表

课程名称	船舶管理		课程代码	143001B
学分	8.5	课时：__152__ 其中含理论课时：__140__ 实操课时：__12__		
课程性质：☑必修课 □选修课				
课程类型：□公共课程(含公共基础平台课程、通识课程、公选课程等) □(跨)专业群基础平台课程 ☑专业课程				
课程特性：☑学科性课程 □工作过程系统化课程 ☑项目化课程 □任务导向课程 □其他				
教学组织：☑以教为主(理论为主) □以做为主(实践为主) □理实一体(理论+实践)				
编写年月	2020年1月	执笔	DSX	审核	TJJ

2. 课程性质、任务与目的及基本要求

"船舶管理"课程是轮机工程技术专业主要专业课程之一，也是学生今后取得中华人民共和国海事局规定的三管轮(无限航区)适任证书必考科目之一。"船舶管理"课程是轮机示范专业课程改革与建设重点，教学按照海船三管轮(无限航区)岗位需求进行。

"船舶管理"课程是在专业基础课程全部完成，专业课程进行到大半或基本完成的情况下开设的，是一门综合运用型课程。课程的核心是人员管理、船舶适航性控制、安全管理、保障海上人命财产安全和保护海洋环境。课程的目标是培养满足国际海事组织STCW公约要求的高级船员技能型专门人才，学生取得毕业证和750 kW及以上三管轮(无限航区)证书(双证书)，并具有职业资格再升级的能力，学生具有管理好船舶机舱的综合工作能力。

在教学过程中要把握重点，紧紧抓住STCW公约、《国际海上人命公约》(SOLAS公约)、《国际防止船舶造成污染公约》(MARPOL公约)和《国际海事劳工公约》(MLC公约)四个重要国际公约，理顺它们与其他公约、法规、条例之间的关系，达到纲举目张的效果。在教学中积极采用多种教学方法和手段，尤其是增加一些必要的案例教学，逐步培养学生懂法、守法、保护海洋环境的意识，提高学生学习的自觉性和独立性。

3.教学内容及要求

教学内容包括船舶结构与适航性控制,船舶防污染管理,船舶营运安全管理,船舶营运经济性管理,船舶安全操作及应急处理,船舶人员管理,船舶维修管理,船舶油料、物料及备件管理,机舱资源管理等章节。

具体包含《培训大纲》中的以下内容:

1.1 保持安全的轮机值班

1.1.1 保持轮机安全值班

1.1.2 安全及应急程序

1.1.3 轮机值班时的安全及快速反应措施

1.4.1.9 滑油系统、燃油系统和冷却水系统的液流特性

1.4.2 推进装置及控制系统的安全操作

1.4.2.1 主机的安全保护项目与安全保护功能

1.4.2.2 主锅炉的安全保护项目与安全保护功能

1.4.2.3 电力故障(全船停电)

1.4.2.4 其他设备及装置的应急程序

3.1.3 船舶系统及组件装配和修理时应考虑的材料特性与参数

3.1.3.3 自锁接头

3.1.3.4 固定接头

3.1.3.5 黏合塑料

3.1.3.6 黏合剂与黏合

3.1.3.7 管路装配

3.1.4 船舶安全应急/临时维修方法

3.1.5 确保安全工作环境及使用手动工具、机床、测量仪器需采取的安全措施

3.2.1 维护保养与修理应采取的安全措施

3.2.1.1 国际安全管理规则(ISM 规则)

3.2.1.2 安全管理体系(SMS)

3.2.1.3 中华人民共和国船舶安全营运和防止污染管理规则(NSM 规则)

3.2.1.4 采取的安全措施

3.2.5 船舶设备建造设计特点及材料选用

3.2.5.1 船用材料的选用

3.2.5.2 性能设计

3.2.5.3 轴承设计特点

4.1.1 防止海洋环境污染应采取的预防措施的知识

4.1.1.1 MARPOL 公约及其附则

4.1.1.2 各国采用的公约和法规

4.1.1.3 中华人民共和国防污染法规有关规定

4.1.2 防污染程序及相关设备

4.1.2.1 排油控制

4.1.2.2 油类记录簿

4.1.2.3 船舶防止油污染应急计划(SOPEP)、船舶海洋污染应急计划(SMPEP)和船舶

反应计划(VRP)

4.1.2.4 污水处理装置、焚烧炉和压载水处理装置的操作程序

4.1.2.5 挥发性有机化合物(VOC)管理计划垃圾管理系统、防海生物沾污系统、压载水管理及其排放标准

4.1.3 保护海洋环境的积极措施

4.2 保持船舶的适航性

4.2.1 船舶稳性、纵倾和应力表

4.2.1.1 排水量

4.2.1.2 浮力

4.2.1.3 淡水吃水余量

4.2.1.4 静稳性

4.2.1.5 初稳性

4.2.1.6 失稳横倾角

4.2.1.7 静稳性曲线

4.2.1.8 重心的移动

4.2.1.9 横倾及其纠正

4.2.1.10 未装满液体舱柜的影响

4.2.1.11 纵倾

4.2.1.12 完整浮力的丧失

4.2.1.13 应力表及应力计算设备

4.2.2 船舶构造

4.2.2.1 船舶尺度和船形

4.2.2.2 船舶强度

4.2.2.3 船体结构

4.2.2.4 船首及船尾

4.2.2.5 船舶附件

4.2.2.6 舵与轴隧

4.2.2.7 载重线及吃水标志

4.6 监督遵守法定要求

4.6.1 有关海上人命安全、保安和海洋环境保护的 IMO 公约基本工作知识

4.6.1.1 海事相关法规简介

4.6.1.2 海洋法

4.6.1.3.1 1966 年国际载重线公约(LL1966)

4.6.1.3.2 经修订的 1974 年海上人命安全公约(SOLAS 公约)

4.6.1.3.3 商船海员安全工作守则(COSWP)

4.6.1.3.4 经修订的 1978 年 STCW 公约

4.6.1.3.5 国际船舶和港口设施保安规则(ISPS 规则)

4.6.1.3.6 港口国监督(PSC)

4.6.1.3.7 中华人民共和国船舶安全检查规则

4.6.1.3.8 船舶检验

4.7 领导力和团队工作技能的运用

4.7.1 船上人员管理及训练

4.7.2 相关国际公约及建议,国内法规

4.7.3 运用任务和工作量管理的能力

4.7.4 运用有效资源管理的知识和能力

4.7.5 运用决策技能的知识和能力

第一章　船舶结构与适航性控制

第一节　船舶的发展与分类

【目的要求】

1. 了解船舶的发展概况,包括船舶发展历程、造船技术的发展等。

2. 理解(熟悉)船舶的分类,按照用途、航区、推进器形式等的分类。

3. 掌握专用运输船舶的特点。

【主要内容】

1. 船舶的发展概况。

2. 船舶分类。

3. 专用运输船舶的特点。

重点:船舶分类。

难点:专用运输船舶的特点。

第二节　船体强度与构造

【目的要求】

1. 了解船舶主要部位和舱室的布置。

2. 理解(熟悉)船体结构的分类。

3. 掌握船舶强度的基本概念。

【主要内容】

1. 船舶强度的基本概念。

2. 船体结构的分类。

3. 船舶主要部位和舱室的布置。

重点:船舶强度的基本概念。

难点:船体结构的分类。

第三节　船舶适航性基础知识及控制

【目的要求】

1. 了解有关船舶适航性的各种基本概念及轮机管理中应注意的事项。
2. 理解(熟悉)船舶密封与堵漏。
3. 掌握船舶稳性和抗沉性。

【主要内容】

1. 载重线和吃水标志,掌握其读取方法。
2. 船舶浮力,掌握船舶平衡条件及基本概念。
3. 船舶稳性,掌握各种稳性的基本概念及提高稳性的措施。
4. 船舶抗沉性,掌握船舶抗沉性的要求。
5. 船舶密封与堵漏,了解船舶密封与堵漏的结构及措施。
6. 船舶减摇与操纵装置。

重点:船舶稳性和抗沉性。

难点:船舶稳性和抗沉性。

第二章　船舶防污染管理

第一节　防污染公约和法规

【目的要求】

1. 了解美国 1990 年油污法。
2. 理解(熟悉)国际船舶压载水和沉积物控制与管理公约。
3. 掌握 MARPOL 公约及其附则。

【主要内容】

1. MARPOL 公约及其附则。
2. 国际船舶压载水和沉积物控制与管理公约。
3. 美国 1990 年油污法。
4. 中华人民共和国防污染法规。

重点:MARPOL 公约及其附则。

难点:MARPOL 公约及其附则。

第二节　船舶防污染技术和设备

【目的要求】

1. 了解压载水处理技术。
2. 理解(熟悉)焚烧炉。
3. 掌握船舶防污染技术、油水分离器和生活污水处理装置。

【主要内容】

1. 船舶防污染技术。

2. 油水分离器。

3. 焚烧炉。

4. 生活污水处理装置。

5. 压载水处理技术。

重点:理解油水分离器和船舶防污染技术相关要求。

难点:理解油水分离器工作原理。

第三节　船舶防污染文书

【目的要求】

1. 了解防止船舶压载水污染文书。

2. 理解(熟悉)垃圾污染文书。

3. 掌握防止油污染文书和防止生活污水污染文书。

【主要内容】

1. 防止油污染文书。

2. 防止垃圾污染文书。

3. 防止生活污水污染文书。

4. 防止船舶压载水污染文书。

重点:防止油污染文书和防止生活污水污染文书。

难点:防止船舶压载水污染文书。

第三章　船舶营运安全管理

第一节　国际海上人命安全公约和国际载重线公约

【目的要求】

1. 了解公约构成及主要内容。

2. 理解(熟悉)国际消防系统安全规则(FSS 规则)。

3. 掌握国际救生设备规则和国际安全管理规则。

【主要内容】

1. 公约构成及主要内容。

2. 国际消防系统安全规则。

3. 国际救生设备规则和国际安全管理规则。

4. 国际船舶和港口设施保安规则。

重点:公约构成及主要内容与国际船舶和港口设施保安规则。

难点:国际救生设备规则和国际安全管理规则。

第二节　海上交通安全法

【目的要求】

1. 了解海上交通安全法有关规定。

2. 理解(熟悉)海上交通事故调查处理条例有关规定。

3. 掌握中华人民共和国船舶安全营运和防止污染管理规则。

【主要内容】

1. 海上交通安全法有关规定。

2. 海上交通事故调查处理条例有关规定。

3. 中华人民共和国船舶安全营运和防止污染管理规则。

重点:海上交通安全法有关规定。

难点:海上交通事故调查处理条例有关规定。

第三节　船舶检验,ISM 规则与 SMS 审核,船舶安检及 PSC

【目的要求】

1. 了解海上交通安全法有关规定。

2. 理解(熟悉)海上交通事故调查处理条例有关规定。

3. 掌握中华人民共和国船舶安全营运和防止污染管理规则。

【主要内容】

1. 船舶证书与船舶检验,船舶机械计划保养系统。

2. 中华人民共和国船舶安全检查规则。

3. 港口国监督以及运输、港口船舶机电设备损坏事故管理办法。

重点:港口国监督的相关内容及船舶证书与船舶检验。

难点:船舶机械计划保养系统的相关知识。

第四章　船舶营运经济性管理

【目的要求】

1. 了解提高动力装置经济性的措施。

2. 理解(熟悉)船舶营运经济性管理概念。

3. 掌握最佳航速确定。

【主要内容】

1. 船舶营运经济性管理概念。

2. 最佳航速确定。

3. 提高动力装置经济性的措施。

重点:最佳航速确定。

难点:如何确定最佳航速。

第五章　船舶安全操作及应急处理

【目的要求】

1. 了解船舶通信系统的使用及管理。

2. 理解(熟悉)船舶应变部署、安全操作要求以及应急设备的使用管理。

3. 掌握搁浅碰撞、大风浪航行、防台风、失电、舵机失灵、弃船等时的应急安全措施。

【主要内容】

1. 搁浅碰撞、大风浪航行、防台风、失电、舵机失灵、弃船等时的应急安全措施。

2. 船舶应变部署、安全操作要求。

3. 应急设备的使用管理。

4. 通信系统的使用。

重点:理解搁浅碰撞、大风浪航行、防台风、失电、舵机失灵、弃船等时的应急安全措施。

难点:掌握应急设备的使用管理。

第六章　船舶人员管理

第一节　STCW 公约

【目的要求】

1. 了解其他船员法规,船员职责及行为准则。

2. 理解(熟悉)海员培训、发证和值班标准国际公约。

3. 掌握 STCW 公约的相关要求。

【主要内容】

1. STCW 公约。

2. 其他船员法规,船员职责及行为准则。

重点:理解和掌握海员培训、发证和值班标准国际公约。

难点:STCW 公约相关内容。

第二节　我国海船船员值班、管理及轮机部船员职责和行为准则

【目的要求】

1. 了解有关我国海船船员值班规则的有关规定。

2. 理解(熟悉)我国船员管理的其他相关规定。

3. 掌握我国轮机部船员职责和行为准则。

【主要内容】

1.《中华人民共和国海船船员值班规则》的有关规定。

2.我国船员管理的其他相关规定。

3.我国轮机部船员职责和行为准则。

重点:掌握我国轮机部船员职责和行为准则相关内容。

难点:我国船员管理的其他相关规定。

第七章　船舶维修管理

第一节　现代船舶维修

【目的要求】

1.了解现代船舶维修及船舶维修工作。

2.理解(熟悉)船舶维修保养体系。

3.掌握故障的分类与模式。

【主要内容】

1.维修科学。

2.故障分布。

3.船舶维修工作内容。

重点:故障的分类与模式。

难点:故障分布、船舶维修保养体系。

第二节　船机维修过程

【目的要求】

1.了解交船试验。

2.理解(熟悉)船机拆验、船舶坞修。

3.掌握维修工作中的专用工具、量具和物料的清洗,船机装配。

【主要内容】

1.船机拆验。

2.维修工作中的专用工具、量具和物料。

3.清洗。

4.船机装配。

5.船舶坞修。

6.交船试验。

重点:维修工作中的专用工具、量具和物料的清洗,船机装配。

难点:船机装配,船舶坞修。

第三节　船机零件的修复工艺

【目的要求】

1. 了解船机零件的修复原则。
2. 理解(熟悉)电镀工艺、热喷涂工艺、金属扣合工艺、表面强化工艺。
3. 掌握机械加工修复、焊补工艺、黏接修复技术、研磨技术。

【主要内容】

1. 船机零件的修复原则。
2. 机械加工修复。
3. 电镀工艺。
4. 热喷涂工艺。
5. 焊补工艺。
6. 金属扣合工艺。
7. 黏接修复技术。
8. 研磨技术。
9. 表面强化工艺。

重点:机械加工修复、焊补工艺、黏接修复技术、研磨技术。

难点:电镀工艺、热喷涂工艺、焊补工艺、研磨技术。

第四节　船机零件的缺陷检验与船机故障诊断

【目的要求】

1. 了解船机故障诊断技术。
2. 理解(熟悉)船机零件的无损检验。
3. 掌握船机零件缺陷的一般检验方法。

【主要内容】

1. 船机零件缺陷的一般检验。
2. 船机零件的无损检验。
3. 船机故障诊断技术。

重点:船机零件缺陷的一般检验、船机零件的无损检验。

难点:船机零件的无损检验。

第八章　船舶油料、物料及备件管理

【目的要求】

1. 了解船舶油料的种类及特点。
2. 理解(熟悉)燃料油、滑油等油品的管理。
3. 掌握燃料油的相关管理规定。

【主要内容】

1. 船舶油料的种类及特点。

2. 燃料油、滑油管理、备件管理和物料管理。

重点:船舶油料种类及特点。

难点:燃料油的相关管理规定。

第九章 机舱资源管理

第一节 管理的基本职能、领导职能和轮机部团队

【目的要求】

1. 了解有关机舱资源管理的基本概况。

2. 理解(熟悉)机舱资源管理的基本职能。

3. 掌握领导职能和轮机部团队的相关知识。

【主要内容】

1. 机舱资源管理概况。

2. 管理的基本职能。

3. 领导职能和轮机部团队的相关知识。

重点:机舱资源管理的基本职能。

难点:领导职能和轮机部团队的相关知识。

第二节 通信、人为失误与预防、风险评估与决策和案例分析

【目的要求】

1. 了解船内通信系统的组成。

2. 理解(熟悉)船内相关部门人员的通信与沟通。

3. 掌握船舶有关风险评估与决策。

【主要内容】

1. 船内通信系统的组成,船上相关部门人员的通信与沟通。

2. 人为失误与预防,风险评估与决策和案例分析。

重点:船内相关部门人员的通信与沟通包括机舱值班人员的通信与沟通,机舱与驾驶台的通信与沟通。

难点:船舶有关风险评估与决策。

4. 课程实施建议

(1)"船舶管理"课程课时分配(表4.2)

表 4.2　"船舶管理"课程课时分配表

序号	课程章节	课时	课时分配	
			理论课时	实操课时
1	船舶结构与适航性控制	36	24	12
2	船舶防污染管理	24	24	0
3	船舶营运安全管理	24	24	0
4	船舶营运经济性管理	6	6	0
5	船舶安全操作及应急处理	20	20	0
6	船舶人员管理	12	12	0
7	船舶维修管理	12	12	0
8	船舶油料、物料及备件管理	6	6	0
9	机舱资源管理	12	12	0
	合计	152	140	12

（2）教学方法

教学方法主要以现场教学、案例教学为主，PPT、视频、动画、理论课堂等教学方法作为辅助。

（3）考核方式及成绩评定

①任课教师记录学员出勤和课堂情况，在课程结束时采用闭卷考试方式，试卷总分 100 分。最终结合平时成绩给出培训总成绩（其中平时成绩占 30%，闭卷考试成绩占 70%，总成绩 60 分及以上为合格）。

②学员培训总成绩不合格的安排一次补考，仍不合格须重修本课程。

③学员培训合格后参加中华人民共和国海事局组织的海船船员轮机员适任考试。

（4）教学条件（含实训条件、师资要求等）

①培训教师符合以下要求之一：

a. 具有不少于 1 年的相应等级大管轮任职资历，并具有不少于 2 年的教学经历；

b. 具有中级及以上职称，海上服务资历不少于 3 个月的机电专业教师。

②教学管理和资源保障：

a. 质量管理体系文件《教学与管理人员控制程序》，对从事船员教育和培训的教师、职工提出了相应的配置、培训与考核要求，以保证教师按照要求得到相应的教育、培训，具备与所授课程有关的专业理论知识、专业教学经历和相应的船上任职资历。学员管理人员、教学与管理人员具有履行其岗位职责的水平和能力。

b. 根据国家和海事主管机关的规定，对从事船员教育和培训的教师、管理人员提出配置和适任条件，并通过对教职工任职资格的审查等予以聘用，以使教师与管理人员达到岗位的任职条件和能力的要求。

c. 根据海事主管机关规定船员培训及评估的要求，结合教师实际情况安排教师参加专门培训，教师获得船上经历等并满足有关规定标准后再准予上岗任教。

d. 通过教职员工的年度工作总结和考核、部门年度工作总结与考核，以及业务培训等方法,不断地提高教职员工的素质和业务水平。

5. 教材及参考书

(1)教材

①《船舶管理》(978 - 7 - 5632 - 2706 - 8),中国海事服务中心组织编写,人民交通出版社/大连海事大学出版社于 2012 年出版。

②《船舶管理(轮机工程专业)》(978 - 7 - 5632 - 3879 - 8),刘万鹤、王松明、王仕军主编,大连海事大学出版社于 2019 年出版。

③《轮机维护与修理》(第三版)(978 - 7 - 5632 - 3688 - 6),魏海军主编,大连海事大学出版社于 2018 年出版。

④《船舶机舱资源管理》(978 - 7 - 1141 - 4857 - 6),韩雪峰主编,人民交通出版社于 2018 年出版。

(2)参考书

①《船舶安全与管理》,刘正江主编,大连海事大学出版社出版。

②《船舶港口防污染技术》,殷佩海主编,大连海运学院出版社出版。

③《船舶安全与管理》,陈伟炯主编,大连海事大学出版社出版。

④《海船船员适任考试和评估大纲》,中华人民共和国港务监督局主编,大连海事大学出版社出版。

⑤《钢质海船入级和建造规范》,中国船级社编写,人民交通出版社出版。

附

广东某高等职业院校
第二学年第 1 学期授课计划

课　程　名　称:船舶管理
教材(版本):《船舶管理》
出　　版　　社:人民交通出版社/大连海事大学出版社
教　材　主　编:中国海事服务中心
授　课　班　级:轮机班
考　核　方　式:考试
课　程　标　准:"船舶管理"课程标准(轮机工程技术)

教学目的与要求:通过本课程的教学,学生应掌握船舶管理基本理论,侧重加强对现代船舶管理要点的学习,尤其是在保障海上人命安全,保护海洋环境,维护船员合法权益的基本能力、意识、知识和技能上,以及涉及船舶和船员管理的国内外法规等方面知识的学习,为今后从事实际工作,进一步钻研新知识、新技术奠定坚实的基础。同时,应该结合课程的实际特点,培养学生具有辩证思维、分析和解决实际问题的能力,以及实事求是的科学态度。

主 讲 教 师:＿＿＿＿＿＿＿(签名)　　　　职称:＿＿＿＿＿＿
专业系主任:＿＿＿＿＿＿＿(签名)　　　　日期:＿＿＿＿＿＿
副　院　长:＿＿＿＿＿＿＿(签名)　　　　日期:＿＿＿＿＿＿
院　　　长:＿＿＿＿＿＿＿(签名)　　　　日期:＿＿＿＿＿＿

第二学年第 1 学期授课计划

周别	课次	授课章节与内容提要	课时安排					
			课堂讲授	课堂练习	实验实习	现场教学	复习考试	机动备注
单周	1	§1 船舶结构与适航性控制	2					
	2	§1 船舶结构与适航性控制	2					
双周	3	§1 船舶结构与适航性控制	2					
	4	§1 船舶结构与适航性控制	2					
	5	§1 船舶结构与适航性控制			2			
单周	6	§1 船舶结构与适航性控制	2					
	7	§1 船舶结构与适航性控制			2			
双周	8	§1 船舶结构与适航性控制	2					

（续）

周别	课次	授课章节与内容提要	课时安排					
			课堂讲授	课堂练习	实验实习	现场教学	复习考试	机动备注
	9	§1 船舶结构与适航性控制	2					
	10	§1 船舶结构与适航性控制			2			
单周	11	§1 船舶结构与适航性控制	2					
	12	§1 船舶结构与适航性控制			2			
双周	13	§1 船舶结构与适航性控制	2					
	14	§1 船舶结构与适航性控制	2					
	15	§1 船舶结构与适航性控制			2			
单周	16	§1 船舶结构与适航性控制	2					
	17	§1 船舶结构与适航性控制	2					
双周	18	§1 船舶结构与适航性控制			2			
	19	§2 船舶防污染管理	2					
	20	§2 船舶防污染管理	2					
单周	21	§2 船舶防污染管理	2					
	22	§2 船舶防污染管理	2					
双周	23	§2 船舶防污染管理	2					
	24	§2 船舶防污染管理	2					
	25	§2 船舶防污染管理	2					
单周	26	§2 船舶防污染管理	2					
	27	§2 船舶防污染管理	2					
双周	28	§2 船舶防污染管理	2					
	29	§2 船舶防污染管理	2					
	30	§2 船舶防污染管理	2					
单周	31	§3 船舶营运安全管理	2					
	32	§3 船舶营运安全管理	2					
双周	33	§3 船舶营运安全管理	2					
	34	§3 船舶营运安全管理	2					
	35	§3 船舶营运安全管理	2					
单周	36	§3 船舶营运安全管理	2					
	37	§3 船舶营运安全管理	2					
		考试						
计划课时		74	小计　74	62	0	0	12	0　0

附：实验实习计划安排表

主讲教师：_____　　　实验实习指导教师：_____

序号	实验实习名称	计划实验实习时间			人数	准备部门、地点
		周	星期	节		
1	船舶结构认识					"芙蓉"号实习船
2	船舶结构认识					"芙蓉"号实习船
3	船舶结构认识					"芙蓉"号实习船
4	船舶结构认识					"芙蓉"号实习船
5	船舶载重线认识及吃水线读取					"芙蓉"号实习船
6	船舶载重线认识及吃水线读取					"芙蓉"号实习船

注：1. 此课程实验实习计划安排表，由主讲教师根据教师课程表填写好时间、人数、准备部门与地点。如果时间、地点冲突时，由准备部门与任课老师协商修改后，报教务处。

　　2. 本授课计划一式 3 份，主讲教师本人、二级学院(部)和教务处各存档一份。

第二学年第 2 学期授课计划

周别	课次	授课章节与内容提要	课时安排					
			课堂讲授	课堂练习	实验实习	现场教学	复习考试	机动备注
单周	1	§3 船舶营运安全管理	2					
	2	§3 船舶营运安全管理	2					
	3	§3 船舶营运安全管理	2					
双周	4	§3 船舶营运安全管理	2					
	5	§3 船舶营运安全管理	2					
	6	§4 船舶营运经济性管理	2					
单周	7	§4 船舶营运经济性管理	2					
	8	§4 船舶营运经济性管理	2					
	9	§5 船舶安全操作及应急处理	2					
双周	10	§5 船舶安全操作及应急处理	2					
	11	§5 船舶安全操作及应急处理	2					
	12	§5 船舶安全操作及应急处理	2					
单周	13	§5 船舶安全操作及应急处理	2					
	14	§5 船舶安全操作及应急处理	2					
	15	§5 船舶安全操作及应急处理	2					

（续）

周别	课次	授课章节与内容提要	课时安排					
			课堂讲授	课堂练习	实验实习	现场教学	复习考试	机动备注
双周	16	§5 船舶安全操作及应急处理	2					
	17	§5 船舶安全操作及应急处理	2					
	18	§5 船舶安全操作及应急处理	2					
单周	19	§6 船舶人员管理	2					
	20	§6 船舶人员管理	2					
	21	§6 船舶人员管理	2					
双周	22	§6 船舶人员管理	2					
	23	§6 船舶人员管理	2					
	24	§6 船舶人员管理	2					
单周	25	§7 船舶维修管理	2					
	26	§7 船舶维修管理	2					
	27	§7 船舶维修管理	2					
双周	28	§7 船舶维修管理	2					
	29	§7 船舶维修管理	2					
	30	§7 船舶维修管理	2					
单周	31	§8 船舶油料、物料及备件管理	2					
	32	§8 船舶油料、物料及备件管理	2					
	33	§8 船舶油料、物料及备件管理	2					
双周	34	§9 机舱资源管理	2					
	35	§9 机舱资源管理	2					
	36	§9 机舱资源管理	2					
单周	37	§9 机舱资源管理	2					
	38	§9 机舱资源管理	2					
	39	§9 机舱资源管理	2					
		考试						
计划课时		78	小计	78	78	0	0	0	0	0

4.1.2 "机舱资源管理"实操评估课程教学大纲

1. 课程教学大纲基本信息

"机舱资源管理"实操评估课程教学大纲基本信息见表 4.3。

表 4.3　"机舱资源管理"实操评估课程教学大纲基本信息表

课程名称	机舱资源管理		课程代码		144093C
学分	1	课时：__24__　其中含理论课时：__6__　实操课时：__18__			
课程性质:☑ 必修课　　□选修课					
课程类型:□公共课程(含公共基础平台课程、通识课程、公选课程等)　　□(跨)专业群基础平台课程　　☑ 专业课程					
课程特性:☑学科性课程　　□工作过程系统化课程　　□项目化课程　　□任务导向课程　　□其他					
教学组织:□以教为主(理论为主)　　☑以做为主(实践为主)　　□理实一体(理论＋实践)					
编写年月	2020 年 1 月	执笔	DSX	审核	TJJ

2. 课程性质、任务与目的及基本要求

"机舱资源管理"课程是轮机工程技术专业主要评估课程之一,也是学生今后取得中华人民共和国海事局规定的三管轮(无限航区)适任证书实操评估科目之一。

本课程是根据 STCW 公约的要求使学生掌握必备的机舱资源管理知识,从而达到中华人民共和国海事局对船员所规定的实操技能要求。通过本课程的学习,学生能掌握管理、激励、机舱资源、团队意识、情景意识、文化意识、有效沟通、资源分配、领导力与决断力等机舱资源管理原则的知识,并通过现场场景演练达到训练目标。

3. 教学内容及要求

课程培训内容包括航行途中跳电、船舶进港途中搁浅、航行途中主机自动停车、加装燃油、船舶正常航行值班、抵港前航行操作等章节内容。

具体包含《培训大纲》中的以下内容:

1.1 保持安全的轮机值班

1.1.4 机舱资源管理

4.7 领导力和团队工作技能的运用

4.7.1 船上人员管理及训练

4.7.2 相关国际公约及建议,国内法规

4.7.3 运用任务和工作量管理的能力

4.7.4 运用有效资源管理的知识和能力

4.7.5 运用决策技能的知识和能力

【目的要求】

通过不同场景演练,掌握管理、激励、机舱资源、团队意识、情景意识、文化意识、有效沟通、资源分配、领导力与决断力等机舱资源管理原则的知识。

【主要内容】

1. 航行途中跳电。

2. 船舶进港途中搁浅。

3. 航行途中主机自动停车。

4. 加装燃油。

5. 船舶正常航行值班。

6. 抵港前航行操作。

重点：情景意识、资源分配、有效沟通。

难点：情景意识。

【评价标准】

(1)根据给定的模拟情景,在船舶各种状况下机舱人员之间,以及与机舱和驾驶台、公司职能部门、其他人员之间通信、协调、配合及安全信息的处理过程进行顺畅、内容准确;

(2)计划的编制与实施程序适当,过程进行顺畅、内容准确;

(3)根据给定的模拟情景,在船舶各种状况下轮机部团队的协调与配合训练中采用的方法得当,过程进行顺畅、内容准确。

4. 课程实施建议

(1)"机舱资源管理"课程课时分配(表4.4)

表4.4　"机舱资源管理"课程课时分配表

序号	课程章节	课时	课时分配	
			理论课时	实操课时
1	航行途中跳电	6	2	4
2	船舶进港途中搁浅	4		4
3	航行途中主机自动停车	4	2	2
4	加装燃油	2		2
5	船舶正常航行值班	6	2	4
6	抵港前航行操作	2		2
	合计	24	6	18

(2)教学建议

①实践教学师生配比:1:20;理论教学 2 个班合班。

②教师资格:

"机舱资源管理"课程教师应满足下列条件之一:

a. 具有不少于 2 年的相应等级大管轮及以上任职资历;

b. 具有相关专业副高级及以上职称,并具有不少于 1 年海上服务资历的专业教师。

③教学管理和资源保障:

a. 质量管理体系文件《教学与管理人员控制程序》,对从事船员教育和培训的教师、职工提出了相应的配置、培训与考核要求,以保证教师按照要求得到相应的教育、培训,具备与所授课程有关的专业理论知识、专业教学经历和相应的船上任职资历。学员管理人员、教学与管理人员具有履行其岗位职责的水平和能力。

b. 根据国家和海事主管机关的规定,对从事船员教育和培训的教师、管理人员提出配置和适任条件,并通过对教职工任职资格的审查等予以聘用,以使教师与管理人员达到岗位的任职条件和能力的要求。

c. 根据海事主管机关规定的船员培训及评估的要求,结合教师实际情况安排教师参加专门培训,获得船上经历等并满足有关规定标准后再准予上岗任教。

d. 通过教职员工的年度工作总结和考核、部门年度工作总结与考核,以及业务培训等方法,不断地提高教职员工的素质和业务水平。

④对教学手段的改进:

a. 不断添置和更新实验设备,加强理论教学与实操评估教学的联系。

b. 重视辅助教学,例如实物教学、多媒体教学等。

c. 重视课外作业。

d. 加强教学法研究和教学经验交流。

5. 课程考核方式

本课程为评估考试科目,包括日常考核和最终考核。日常考核由培训教师考核出勤,出勤率低于 90% 取消考试资格;最终考核由中华人民共和国海事局组织评估员现场评估,按照评估大纲组题现场考核。

6. 教材及参考书

(1)教材

①《机舱资源管理》(978 - 7 - 5632 - 2962 - 8),朱永强、倪科军主编,大连海事大学出版社于 2014 年出版。

②《船舶机舱资源管理》(978 - 7 - 1141 - 4857 - 6),韩雪峰主编,人民交通出版社于 2018 年出版。

③《机舱资源管理》,ZMQ 等自编,2020 年。

(2)参考书

《轮机模拟器》,张均东等主编,大连海事大学出版社出版。

附

广东某高等职业院校
第三学年第 1 学期综合实训计划

课程/项目名称:"机舱资源管理"综合实训

实 训 教 材:《机舱资源管理评估实训指南》

实训教材主编:ZMQ

参 考 教 材:《轮机模拟器》张均东等主编

出 版 社:大连海事大学出版社

班 级:轮机工程技术专业

课 程 标 准:轮机工程技术

实 训 周 数:1 周

实 训 地 点:机舱资源管理模拟器训练中心(10 栋 201)

综合实训目的与要求:按照课程标准开展机舱资源管理实训教学,学生通过实训操作,满足课程对实践操纵能力的要求;培养良好的工作态度,提高团队合作能力。

主讲教师/项目负责人:＿＿＿＿＿＿＿(签名)　　　　职称:＿＿＿＿＿＿

专 业 系 主 任:＿＿＿＿＿＿＿(签名)　　　　日期:＿＿＿＿＿＿

副 院 长:＿＿＿＿＿＿＿(签名)　　　　日期:＿＿＿＿＿＿

院 长:＿＿＿＿＿＿＿(签名)　　　　日期:＿＿＿＿＿＿

第三学年第 1 学期综合实训计划

实训(验)时间			实训(验)内容与要求	实训(验)地点	班级(人数)	备注
周别	星期	节				
	一	1~4	航行途中跳电	机舱资源模拟训练中心	理论教学 2 个班合班教学(每班 40 人);实践教学师生比 1:20(分组进行)	实训指导老师 3 人
	二	1~4	船舶进港途中搁浅			
		4~6	航行途中主机自动停车			
	三	1~2	航行途中主机自动停车			
		3~6	加装燃油			
	四	1~4	船舶正常航行值班			
	五	1~4	抵港前航行操作			
计划课时			1 周	小计	1 周	

注:1.备注一栏,可根据需要,填写需配备的实训指导教师人数、使用软件名称与版本等内容。

　　2.本综合实训计划一式 3 份,主讲教师/项目负责人、二级学院(部)和教务处各存档一份。

4.1.3　"轮机英语"课程教学大纲

1. 课程教学大纲基本信息

"轮机英语"课程教学大纲见表4.5。

表 4.5　"轮机英语"课程教学大纲

课程名称	轮机英语		课程代码		143009B
学分	5.5	课时：__100__　其中含理论课时：__100__　实操课时：__0__			
课程性质：☑ 必修课　　　□选修课					
课程类型：□公共课程(含公共基础平台课程、通识课程、公选课程等) 　　　　　□(跨)专业群基础平台课程　　☑ 专业课程 课程特性：☑学科性课程　　□工作过程系统化课程　　□项目化课程 　　　　　□任务导向课程　　□其他 教学组织：☑ 以教为主(理论为主)　　□以做为主(实践为主)　　□理实一体(理论＋实践)					
编写年月	2020 年 1 月	执笔	GB 等	审核	TJJ

2. 课程性质与地位

"轮机英语"课程是轮机工程技术管理专业的主干专业课,也是轮机工程技术专业学生今后取得中华人民共和国海事局规定的二/三管、大管轮适任证书必考科目之一。为了满足 STCW 公约对海员英语运用能力更高的要求和更好地实施《中华人民共和国海船船员适任考试大纲》,学生通过"轮机英语"课程的学习,应具备一定的阅读和理解现代轮机管理业务所涵盖的有关船舶柴油机及其工作系统、各种船舶辅助机械、船舶电气自动化、机舱业务管理以及相关国际公约法规等的专业技术资料的能力,具备用英语规范填写各种轮机日志、事故报告、航次报告、物料单及修理单的能力。"轮机英语"课程的教学为培养高素质技能型轮机工程技术管理专门人才打好基础。

3. 课程基本理念

本课程根据高等职业院校办学的需要,并密切结合现代轮机管理专业实际需要进行开发和设计,按照"校企合作、工学结合、职业导向、能力本位"的理念,聘请行业专家对课程的教学目标,能力、知识、素质结构多次进行论证,从广度和深度上不断进行调整,使之更加符合市场需要,充分体现出其职业性、实践性和开放性的特点。

4. 课程设计思路

本课程按照高等职业院校人才培养的特点,充分利用自身的行业优势和资源优势,依据岗位能力标准与课程标准的融合原则,进行设计,确立了"以职业活动的工作任务为依据,以项目与任务作为能力训练的载体,以'理论实践一体化'为教学模式,用任务达成度来考核技能掌握程度"的基本思路,以突出专业课程职业能力的培养。

5. 总体教学目标

本课程的总体教学目标是使学生掌握一定的阅读、翻译轮机英语出版物和有关资料的能力,培养学生以英语作为工具收集国外业务技术资料,获取本专业相关信息的能力,以适应现代船舶运输事业发展的需要，达到 STCW 公约和中华人民共和国海事局关于船舶操作级轮机员与本课程相关的适任标准。

6. 分类目标

（1）专业能力目标

① 具备较大量的专业词汇、语法知识及分析句子结构和成分的能力。

② 具备与轮机员、机工、值班驾驶员、船厂、港方等进行业务会话的能力。能用英语顺利地进行添加燃料、购买物料等方面会话，用英语接待船舶供应商、油公司代表；在值班管理、接船、船检、船员交接班时能用英语进行对话。

③ 能熟练阅读理解主机、辅机、电气设备、轮机值班、船舶安全管理及机舱应急处理等文件资料。

④ 具备符合用英语规范填写各种值班日志、物料单及修理单的能力。

（2）方法能力目标

① 培养学生独立学习的能力。

② 培养学生获取新知识的能力。

③ 培养学生创新的能力。

④ 培养学生分析问题、解决问题的能力。

（3）社会能力目标

① 培养学生的沟通能力及团队协作精神。

② 培养学生劳动组织能力及吃苦耐劳的精神。

③ 培养学生敬业、乐业的工作精神。

④ 培养学生的自我管理、自我约束能力。

⑤ 培养学生的集体意识、环保意识、质量意识、安全意识。

7. 课程培训内容

课程培训内容包括模块一英语基础知识、模块二值班和安全管理、模块三主推进装置、模块四辅助机械、模块五船舶电气及自动化/轮机管理、模块六轮机英语书写等章节。

具体包含《培训大纲》中的以下内容：

1.2 以书面和口语形式使用英语

1.2.1 专业英语阅读

1.2.2 专业书写

模块一　英语基础知识

目标：

掌握值班机工（支持级）所要求的英语基础知识。

内容标准：

1. 各种词的词性和用法。

2. 动词的时态、语态、语气。

3. 助动词和情态动词。

4. 句子成分和基本句型。

（1）主语从句、表语从句、宾语从句、定语从句和状语从句；

（2）否定、省略、倒装和强调；

（3）非限定动词及短语的基本用法；

（4）长句分析方法。

模块二　值班和安全管理

目标：

熟练掌握轮机值班和船舶安全管理的英语读物。

内容标准：

1. 柴油机的工作原理、结构及主要部件；

2. 四冲程柴油机的备车过程；

3. 船用泵、辅助锅炉的管理；

4. 油污水处理及防污染法规；

5. 轮机值班规则；

6. 航行基本知识。

模块三　主推进装置

目标：

具备阅读和理解船用柴油机英文出版物及技术资料的能力。

内容标准：

1. 柴油机工作原理、结构及主要部件；

2. 四冲程柴油机启动、换向及调速装置；

3. 冷却水系统；

4. 燃油系统；

5. 燃油净化；

6. 换气过程；

7. 润滑系统；

8. 启动系统；

9. 备车；

10. 运行故障及排除；

11. 船用中速柴油机。

模块四　辅助机械

目标：

具备阅读和理解船舶辅助机械英文图书及有关资料的能力。

内容标准：

1. 船用泵；

2. 船用锅炉及锅炉的管理；

3. 货物装卸设备；

4. 船舶制冷；

5. 空调系统；

6. 交流发电机；

7. 配电板；

8. 防止油污染；

9. 船舶电机的结构、工作原理；

10. 船舶电力拖动和船舶电站。

模块五　船舶电气及自动化/轮机管理

目标：

具备船舶电气及自动化/轮机管理英文资料的阅读与理解的能力。

内容标准：

1. 自动化的基本知识；

2. 轮机自动控制系统管理维护；

3. 轮机长业务；

4. 机舱工作基本规程；

5. 主、辅机及电气设备的常见故障、排除和维护；

6. 船用应急装置及设备；

7. 船舶值班；

8. 试航；

9. 海上安全和安全管理的主要法规：STCW78/95 公约、73/78 防污染公约、SOLAS 公约等；

10. 港口国监督检查；

11. 物料及备件；

12. 修船及进坞；

13. 国际船舶和港口设施保安规则。

模块六　轮机英语书写

目标：

1. 能正确书写轮机部的各种重要文件；

2. 用英文正确填写轮机日志，并使用轮机记事用语；

3. 拟写轮机部修理单、物料单、油类记录簿、信函等。

课程作业：

本课程应注重对学生实际应用能力的培养和训练，强调对教学过程的监控；规定每门课程的作业要占一定的成绩，由授课教师负责批改，给定成绩。

课程规定有同步内容作业，学生必须按规定完成，由指导教师负责批改，给定成绩。

8. 课程实施建议

(1)各教学环节课时分配(表 4.6)

表 4.6　各教学环节课时分配表

教学单元	讲课	习题课	讨论课	实训	教学模式	合计
模块一 英语基础知识	6				讲练结合	6
模块二 值班和安全管理	14			4	讲练结合	18
模块三 主推进装置	14			6	讲练结合	20
模块四 辅助机械	14			6	讲练结合	20
模块五　船舶电气及 自动化/轮机管理	16			4	讲练结合	20
模块六 轮机英语书写	12			4	讲练结合	16
合计	76			24		100

（2）教学建议

①教学模式

英语课上成实践课,以提高语言实践练习的效果。为了培养船员在实践中应用知识的能力,保证他们在竞争日趋激烈的世界航运、劳务市场中处于领先地位,在教学过程中注重以市场为导向,突出理论与实践结合、素质与能力并举的教学理念。根据教育部《面向 21 世纪教育振兴行动计划》,结合国际海事组织 STCW 公约和交通运输部《中华人民共和国海船船员适任考试、评估和发证规则》的有关要求,研究航运国际化人才需求趋势,积极推进教学内容与课程体系优化设置,修订教学计划,增强实践课和技能课程的比例,形成合理的教学体系,聘请航运企业高管及兄弟院校专家教授,适时评审教学计划,以便更好地符合 STCW 公约中关于海船船员培训质量的要求,符合 21 世纪航运企业对应用型人才的要求。

②教学组织与教学过程

a. 以课堂讲授和讲练结合为主,同时兼顾翻译法、直接法、听说法、循序直接法、功能法和认知法。

b. 轮机英语教学应遵循《中华人民共和国海船船员适任考试大纲》的要求,注重培养学生应用英语的能力,使他们成为具备多种能力、能熟练运用语言工具的复合型国际海员。

海船轮机专业是涉外专业,要以英语听说为突破口,加大语言输入量,加强学生阅读及写译训练,使听、说、读、写、译有机地结合起来,从而提高英语教学效果。

教师要充分利用先进的教学手段和教学设备（多媒体等）进行教学,给学生创造更多的实践和训练机会,注意调动学生学习英语的积极性。

每章节结束后进行测试以督促学生学习和检查学习情况;期末试卷的命题要求和范围要符合大纲的要求。

加强网络资源建设,完善轮机英语试题库,使测试手段规范化、标准化。

③教学方法

在教学过程中,采用"以学生为中心"的英语教学策略,让其全面参与、积极思考、自主学习、亲自实践。学生根据自己的经验背景,对外部信息进行主动地选择、加工和处理。在这一过程中,学生原有的知识经验因为新知识经验的进入而发生调整和改变。教师应当引导学生从原有的知识经验中,生成新的知识经验。教师不单传授知识,而且应该重视学生对各种现象的理解,倾听他们的看法,思考他们想法的由来,同时通过对学生的作业和考试情况,来分析研究教学中的问题,以加深正确的认识,从中总结教学经验,并在认识提高的基础上,调整教学方法和步骤,再在教学实践中去经受检验。教师要不断研究和解决新问题,不断丰富和完善英语教学法,在教学中引导学生高质量、高效率地学习英语,最大程度地调动学生学习英语的积极性。

④教学手段

本专业在教学过程中坚持"以学生为中心",不断开展教学方法和教学手段改革的研究,形成了明确的思路:积极实践启发式、案例式、讨论式等教学方法,积极进行考试方法改革,大力推进以计算机技术为核心的现代教育技术和手段的应用。教学过程中,充分调动学生学习的积极性、主动性和创造性,强化教学主体的主观能动性,为学生的个性发展、素质提高创造广阔的空间。

从制度上引导广大教师改革教学方法和手段,倡导"互动型"的教学方法改革。在学院制订的优秀教学成果奖励方法、课堂教学效果评价质量标准、课程评估等一系列规章制度中,都把教学方法和教学手段改革作为一项重要的考核内容,规范和约束教师的教学行为。本专业还通过组织青年教师学习教育学、教育心理学等知识,提高青年教师的讲课艺术。

在进行教学方法改革的同时,积极创造条件,努力进行教学手段的配套改革。学院先后投入几百万元,建成了一批多媒体教室,扩建了电教中心、网络中心和计算机教室。本专业鼓励老师多进行课件制作,平时加强多媒体课件制作的学习和培训。目前,初步形成了以多媒体教学为主体,集多媒体教学、计算机教学、网络教学、电化教学为一体的现代化教学体系。

9. 教学评价建议

课程考核与评价由课程学习的过程性考核和期末课程终结性考核组成,成绩采用百分制。

(1)过程性考核成绩:40%

课程平时考核成绩20% + 出勤、作业20%

(2)期末课程终结性考核成绩:60%(采取闭卷笔试的方式)

10. 教材和参考书

(1)教材

选用新版全国海船船员适任考试培训教材《轮机英语听力与会话》,由中国海事服务中心组织编审。教材在着重于航海实践的同时,紧密结合现代船舶的特点,考虑将来有关船舶技术的发展,教材内容涉及最新的航海技术,与时俱进,可进一步拓展船员的知识层面。教材有较强的针对性、适用性,符合学生的接受能力。

《轮机英语(操作级)》(978 - 7 - 5632 - 2726 - 6),郭军武、李燕、刘宁主编,大连海事大学出版社/人民交通出版社于2012年出版。

（2）参考书

《轮机英语》，王建斌主编，大连海事大学出版社。

11. 课程资源的利用与开发

积极建设符合课程要求并利于学生职业能力培养的教学资源，学校图书馆拥有大量的与本课程相关的扩充性资料，涉及与课程相关的方方面面。除了任课教师指定的参考书之外，学生还可以根据自身兴趣和发展方向使用其他有关的资料。

积极编写教材，本专业教师与行业企业合作编写的《轮机英语考证学习指南》特色教材，适合刚入学的学生使用，为他们日后的专业英语学习和运用打下坚实的基础。

开发计算机远程考试系统，为本省航海类学生的海船员适任评估考试和计算机远程考试提供服务，提高船员素质。轮机自动化等 8 门专业课程已建成无纸化计算机考试系统。网络教学资源丰富，架构合理，硬件环境能够支撑网络课程的正常运行，并能有效共享。

密切与企业的合作，企业为课程的实践教学提供真实的实船环境，满足学生了解企业实际、体验企业文化的需要。除学生顶岗实习外，学校定期邀请实习单位轮机长来学校上课，学校教师帮助企业进行员工培训。

附

广东某高等职业院校
第二学年第 1 学期授课计划

课 程 名 称:轮机英语

教材(版本):《轮机英语(操作级)》

出 版 社:大连海事大学出版社

教材主编:中国海事服务中心

授课班级:轮机工程技术班

考核方式:考试

课 程 标 准:"轮机英语"课程标准

教学目的与要求:本课程采用课堂教学和学生自主实践操作相结合的教学方法,学生通过学习本课程应具备专业应有的业务英语阅读理解和主要业务专业方面的翻译能力。学生还要逐步具备业务英语资料的理解能力,能借助工具书熟练进行机械说明书和相关资料的翻译,并且要求能顺利通过轮机英语中华人民共和国海事局适任统考,取得相应的证书。学生通过本课程的学习,还要养成吃苦耐劳、精益求精、团结协作、自主探索的职业素养。

主 讲 教 师:＿＿＿＿＿＿＿＿＿(签名) 　　职称:＿＿＿＿＿＿＿

专业系主任:＿＿＿＿＿＿＿＿＿(签名) 　　日期:＿＿＿＿＿＿＿

副 院 长:＿＿＿＿＿＿＿＿＿(签名) 　　日期:＿＿＿＿＿＿＿

院 长:＿＿＿＿＿＿＿＿＿(签名) 　　日期:＿＿＿＿＿＿＿

第二学年第 1 学期授课计划

周别	课次	授课章节与内容提要	课时安排					
			课堂讲授	课堂练习	实验实习	现场教学	复习考试	机动备注
1	1	Unit 1 Main Propulsion Diesel	2					
	2	Lesson 1 Types of Diesel Engine	2					
	3	Lesson 1 Types of Diesel Engine	2					
2	4	Lesson 2 How Does a Marine Diesel Engine Work?	2					
	5	Lesson 2 How Does a Marine Diesel Engine Work?	2					

（续1）

周别	课次	授课章节与内容提要	课时安排					
			课堂讲授	课堂练习	实验实习	现场教学	复习考试	机动备注
43	6	Lesson 3 Diesel Engine Construction（1）	2					
	7	Lesson 4 Diesel Engine Construction（2）	2					
	8	Lesson 5 Fuel Oil System	2					
4	9	Lesson 6 Cooling Water System	2					
	10	Lesson 7 Starting Air System				2		
5	11	Lesson 8 Operation and Maintenace of Main Engine	2					
	12	Unit 2 Auxiliary Machinery Lesson 9 Marine Boiler	2					
9	13	Lesson 10 Boiler Management Lesson 11 Type and Construction of Marine Pumps	2					
	14	Lesson 12 Centrifugal Pumps Maintenance, Operational Problems and Remedies	2					
10	15	Lesson 13 Marine Refrigeration				2		
	16	Lesson 14 Air Conditioning System	2					
11	17	Lesson 15 Oily Water Separator	2					
	18	Lesson 16 Sewage Treatment Device	2					
	19	Lesson 17 Oil Separator	2					
12	20	Lesson 18 Maintenance Procedures for Reciprocating Air Compressor				2		
	21	Lesson 19 Fresh Water Generator	2					
	22	Lesson 20 The Hydraulic System and Equipment	2					
13	23	Lesson 21 Deck Machinery	2					
	24	Lesson 22 Steering Gear	2					
	25	Unit 5 International Convention Lesson 36 Basic Principles to be Observed in Keeping an Engineering Watch				2		

（续 2）

周别	课次	授课章节与内容提要	课时安排					
			课堂讲授	课堂练习	实验实习	现场教学	复习考试	机动备注
14	26	Lesson 37 The MARPOL Convention	2					
	27	Lesson 38 SOLAS Convention	2					
15	28	Lesson 39 Maritime Labour Convention 2006	2					
	29	Unit 6 Writing	2					
18	30	复习					2	
计划课时		60	小计	60	50	0	0	8	2

附

广东某高等职业院校
第二学年第 2 学期授课计划

课 程 名 称:轮机英语

教材(版本):《轮机英语(操作级)》

出 版 社:大连海事大学出版社

教 材 主 编:中国海事服务中心

授 课 班 级:轮机工程技术班

考 核 方 式:考试

课 程 标 准:"轮机英语"课程标准

教学目的与要求:本课程采用课堂教学和学生自主实践操作相结合的教学方法,学生通过学习本课程应具备专业应有的业务英语阅读理解和主要业务专业方面的翻译能力。学生还要逐步具备业务英语资料的理解能力,能借助工具书熟练进行机械说明书和相关资料的翻译,并且要求能顺利通过轮机英语中华人民共和国海事局适任统考,取得相应的证书。学生通过本课程的学习,还要养成吃苦耐劳、精益求精、团结协作、自主探索的职业素养。

主 讲 教 师:＿＿＿＿＿＿＿＿＿(签名)　　　　职称:＿＿＿＿＿＿

专 业 系 主 任:＿＿＿＿＿＿＿＿＿(签名)　　　　日期:＿＿＿＿＿＿

副 院 长:＿＿＿＿＿＿＿＿＿(签名)　　　　日期:＿＿＿＿＿＿

院 长:＿＿＿＿＿＿＿＿＿(签名)　　　　日期:＿＿＿＿＿＿

第二学年第 2 学期授课计划

周别	课次	授课章节与内容提要	课时安排					
			课堂讲授	课堂练习	实验实习	现场教学	复习考试	机动备注
	1	Unit 3 Marine Electrical System and Automation 3 船舶电气和自动化 3.1 船用发电机	2					
	2	3.1.2 船用发电机的并车和解列	2					
	3	Unit 3 Marine Electrical System and Automation 3.2 船用配电板 3.2.1 主配电板的组成	2					
	4	3.2.2 应急配电板	2					

（续）

周别	课次	授课章节与内容提要	课时安排					
			课堂讲授	课堂练习	实验实习	现场教学	复习考试	机动备注
	5	Unit 3 Marine Electrical System and Automation 3.3 船舶电气设备	2					
	6	3.3.2 电气控制设备	2					
	7	3.3.3 电气设备运行管理	2					
	8	Unit 3 Marine Electrical System and Automation 3.4 船舶自动化	2					
	9	3.4.1 自动控制	2					
	10	3.4.3 典型的自动控制系统	2					
	11	3.4.4 集中监视和报警系统	2					
	12	3.4.5 无人机舱的基本含义及功能要求	2					
	13	3.4.6 船舶计算机网络基础	2					
	14	Unit 4 Marine Engineering Management 4 船舶轮机管理业务 4.1 操作规程	2					
	15	Unit 4 Marine Engineering Management 4.2 安全管理知识 4.2.1 轮机部操作安全注意事项	2					
	16	Unit 4 Marine Engineering Management 4.3 油料、物料和备件的管理 4.3.1 燃油的管理 4.3.2 润滑油的管理	2					
	17	Unit 4 Marine Engineering Management 4.4 船舶修理和检验	2					
	18	Unit 6 Writing 6.1 轮机日志与油类记录簿	2					
	19	Unit 6 Writing 6.2 修理单 6.3 备件、物料订购单	2					
	20	Unit 6 Writing 6.4 事故报告	2					
计划课时	40		40					

注:1. 此课程实验实习计划安排表,由主讲教师根据教师课程表填写好时间、人数、准备部门与地点。如果时间、地点冲突时,由准备部门与任课老师协商修改后,报教务处。

　2. 本授课计划一式 3 份,主讲教师本人、二级学院(部)和教务处各存档一份。

4.1.4 "轮机英语听力与会话"实操评估课程教学大纲

1. 课程教学大纲基本信息

"轮机英语听力与会话"实操评估课程教学大纲见表 4.7。

表 4.7 "轮机英语听力与会话"实操评估课程教学大纲

课程名称	轮机英语听力与会话		课程代码	144079C
学分	2	课时：__48__ 其中含理论课时：__20__ 实操课时：__28__		
课程性质：☑ 必修课　　　　□选修课				

课程类型：□公共课程(含公共基础平台课程、通识课程、公选课程等)
　　　　　□(跨)专业群基础平台课程　　☑ 专业课程
课程特性：☑学科性课程　　□工作过程系统化课程　　□项目化课程
　　　　　□任务导向课程　　☑ 其他
教学组织：□以教为主(理论为主)　　☑以做为主(实践为主)　　□理实一体(理论＋实践)

编写年月	2020 年 1 月	执 笔	GB 等	审核	TJJ

2. 课程性质与地位

"轮机英语听力与会话"是培养海洋船舶轮机管理专业学生英语听说能力的一门实践课,是轮机专业教学计划中最重要的课程之一,也是轮机工程技术专业学生今后取得中华人民共和国海事局规定的二/三管、大管轮适任证书必考评估科目之一,学生对本课程的学习可满足 STCW 公约对海员英语运用能力更高的要求和更好地实施《中华人民共和国海船船员适任考试评估大纲》的要求,为培养高素质技能型轮机工程技术管理专门人才打好基础。

3. 课程基本理念

本课程根据高等职业院校办学的需要,并密切结合现代轮机管理专业实际需要进行开发和设计,按照"校企合作、工学结合、职业导向、能力本位"的理念,聘请行业专家对课程的教学目标,能力、知识、素质结构多次进行论证,从广度和深度上不断进行调整,使之更加符合市场需要,充分体现出其职业性、实践性和开放性的特点。

4. 课程设计思路

本课程按照高等职业院校人才培养的特点,充分利用自身的行业优势和资源优势,依据岗位能力标准与课程标准的融合原则,进行设计,确立了"以职业活动的工作任务为依据,以项目与任务作为能力训练的载体,以'理论实践一体化'为教学模式,用任务达成度来考核技能掌握程度"的基本思路,以突出专业课程职业能力的培养。

5. 总体教学目标

本课程的总体教学目标是培养学生听、说的基本技能,训练学生的英语口语能力,使学生能以英语为工具,比较熟练地与轮机员、机工、值班驾驶员、船务、港方等进行业务会话,达到 STCW 公约和中华人民共和国海事局关于船舶操作级轮机员与本课程相关的适任标准。

6. 分类目标

（1）专业能力目标

①以英语每分钟 50 个单词的语速为标准，听懂与轮机专业有关的业务会话。

②能正确连贯地与轮机员、机工、值班驾驶员、船厂、港方等进行业务会话。能用英语顺利地进行添加燃料、购买物料等方面会话，用英语接待船舶供应商、油公司代表；在值班管理、接船、船检、船员交接班时能用英语进行对话。做到能正确完整地表达自己的意图，语言比较清楚，语调基本正确。

③具备符合英语规范的填写各种值班日志、物料单及修理单的能力。

（2）方法能力目标

①培养学生独立学习的能力。

②培养学生获取新知识的能力。

③培养学生创新的能力。

④培养学生分析问题、解决问题的能力。

（3）社会能力目标

①培养学生的沟通能力及团队协作精神。

②培养学生劳动组织能力及吃苦耐劳的精神。

③培养学生敬业、乐业的工作精神。

④培养学生的自我管理、自我约束能力。

⑤培养学生的集体意识、环保意识、质量意识、安全意识。

7. 课程教学内容标准

课程教学内容包括交流信息、燃油和备件的供给、修理、接船、船检、防污等章节。

具体包含《培训大纲》中的以下内容：

1.2.3 专业听说轮机英语听力与会话

第一单元　交流信息

听力 1～3

第一课 讯问信息

第二课 机舱与驾驶室交流信息

第三课 交接班

（1）了解机器状况

（2）解除紧急状态

（3）排气温度

（4）添加燃料

（5）救助，打捞

（6）能见度

（7）捕鱼船

（8）舱底水

（9）压载水

（10）交班人员交付本班发生的问题及处理意见

（11）接班人员讲述对各种机械全面检查情况

（12）交接班其他用语

第二单元　燃油和备件的供给

听力 1~3

第四课 加油

第五课 购买备件

第六课 接受供给

（1）添加燃料、物料

（2）添加燃油、水

（3）请求添加油类（数量和时间要求）

（4）询问与交涉（数量与质量）

（5）供油、水方面重点句子

（6）物料交接

（7）查看物料清单

（8）查看物料间

（9）查看油舱情况

（10）货物交接

第三单元　修理

听力 1~3

第七课 一般维修

第八课 维护

第九课 码头维修

（1）一般检修

（2）修理要求

（3）修理完工后的检验

（4）坞修

（5）船舶保养

（6）日常保养

（7）故障排除

（8）注意事项

（9）测取读数

（10）岸电

第四单元　接船

听力 1~3

第十课 接受文件与数据

第十一课 接受设备

第十二课 接受备件

(1)资料交接

(2)查看单据和图纸

(3)修理单、轮机日志、电气修理图

(4)讯问船舶修理次数,修理规格

(5)设备交接

(6)主机运行情况

(7)交流发电机运行情况

(8)其他辅助机械运行情况

(9)物料交接

(10)查看物料数量和质量

第五单元　船检

听力 1~3

第十三课 损检

第十四课 在损检其间

第十五课 意见与建议

(1)主机试车

(2)检查试车

(3)检查辅机:泵、锅炉、发电机、舵机等

(4)同船检师对话

(5)询问船检申请

(6)回签验船问题

(7)询问船检问题

(8)询问结果

(9)意见和建议

第六单元　防污

听力 1~3

第十六课 有排污嫌疑的船

第十七课 环保

第十八课 防污

(1)调查报告

(2)环保局

(3)分离与过滤设备

(4)自动停止装备

(5)防污设备

(6)污水处理

(7)国家安全管理规则

(8)国际防污染公约

(9)安全检查

(10)油类记录器

(11)油水分离器

(12)书写记录

课程作业：

本课程应注重对学生实际应用能力的培养和训练，强调对教学过程的监控；规定每门课程的作业要占一定的成绩，由授课教师负责批改，给定成绩。

本课程规定有同步内容作业，学生必须按规定完成，由指导教师负责批改，给定成绩。

8.课程实施建议

(1)各教学环节课时分配(表4.8)

表4.8　各教学环节课时分配表

序号	教学内容	课时分配	
		会话	听力
1	交流信息	4	4
2	燃油和备件的供给	6	4
3	修理	6	4
4	接船	4	2
5	船检	4	2
6	防污	4	2
7	机动	2	0
合计		30	18
		48	

9.教学建议

(1)教学模式

英语课上成实践课，以提高语言实践练习的效果。为了培养船员在实践中应用知识的能力，保证他们在日趋激烈的世界航运、劳务市场中处于领先地位，在教学过程中注重以市场为导向，突出理论与实践结合、素质与能力并举的教学理念。根据教育部《面向21世纪教育振兴行动计划》，结合STCW公约和交通运输部《中华人民共和国海船船员适任考试、评估和发证规则》的有关要求，研究航运国际化人才需求趋势，积极推进教学内容与课程体系优化设置，修订教学计划，增强实践课和技能课的比例，形成合理的教学体系，聘请航运企业高管及兄弟院校专家教授，适时评审教学计划，以便更好地贴合STCW公约中关于海船船员培训质量的要求，符合21世纪航运企业对应用型人才的要求。

(2)教学组织与教学过程

①以课堂讲授和讲练结合为主，同时兼顾翻译法、直接法、听说法、循序直接法、功能法和认知法。

②"轮机英语听力与会话"课程教学应遵循《中华人民共和国海船船员适任评估考试大

纲》的要求进行,注重培养学生应用英语的能力,使他们成为具备多种能力、熟练运用语言工具的复合型国际海员。

海船轮机专业是涉外专业,要以英语听说为突破口,加大语言输入量,加强学生阅读及写译训练,使听、说、读、写、译有机地结合起来,从而提高英语教学效果。

教师要充分利用先进的教学手段和教学设备(多媒体等)进行教学,给学生创造更多的实践和训练机会,注意调动学生学习英语的积极性。

每章节结束后进行测试以督促学生学习和检查学生学习情况;期末试卷的命题要求和范围要符合大纲的要求。

加强网络资源建设,完善轮机英语试题库,使测试手段规范化、标准化。

(3)教学方法

教学采用"以学生为中心"的英语教学策略,让学生全面参与、积极思考、自主学习、亲自实践。学生根据自己的经验背景,对外部信息进行主动地选择、加工和处理。在这一过程中,学生原有的知识经验因为新知识经验的进入而发生调整和改变。教师应当引导学生从原有的知识经验中,生成新的知识经验。教师不单传授知识,而且应该重视学生自己对各种现象的理解,倾听他们的看法,思考他们想法的由来,同时通过对学生的作业和考试情况,来分析研究教学中的问题,以加深正确的认识,从中总结教学经验,并在认识提高的基础上,调整教学方法和步骤,再在教学实践中去经受检验。教师要不断研究和解决新问题,不断丰富和完善英语教学法,在教学中引导学生高质量、高效率地学习英语,最大程度地调动学生学习英语的积极性。

(4)教学手段

本专业在教学过程中坚持"以学生为中心",不断开展教学方法和教学手段改革的研究,形成了明确的思路:积极实践启发式、案例式、讨论式等教学方法,积极进行考试方法改革,大力推进以计算机技术为核心的现代教育技术和手段的应用。教学过程中充分调动学生学习的积极性、主动性和创造性,强化教学主体的主观能动性,为学生的个性发展、素质提高创造广阔的空间。

从制度上引导广大教师改革教学方法和手段,倡导"互动型"的教学方法改革。在学院制订的优秀教学成果奖励方法、课堂教学效果评价质量标准、课程评估等一系列规章制度中,都把教学方法和教学手段改革作为一项重要的考核内容,规范和约束教师的教学行为。本专业还通过组织青年教师学习教育学、教育心理学等知识,提高青年教师的讲课艺术。

在进行教学方法改革的同时,积极创造条件,努力进行教学手段的配套改革。学院先后投入几百万元,建成了一批多媒体教室,扩建了电教中心、网络中心和计算机教室。本专业鼓励老师多进行课件制作,平时加强多媒体课件制作的学习和培训。目前,初步形成了以多媒体教学为主体,集多媒体教学、计算机教学、网络教学、电化教学为一体的现代化教学体系。

10.教学评价建议

课程考核与评价由课程学习的过程性考核和期末课程终结性考核组成,成绩采用百分制。

(1)过程性考核成绩:40%

课程平时考核成绩20% + 出勤、作业20% 。

(2)期末课程终结性考核成绩:60%(采取口试 + 笔试的方式)

11. 教材和参考书

（1）教材

选用新版全国海船船员适任考试培训教材《轮机英语听力与会话》，由中国海事服务中心组织编审。该教材在着重于航海实践的同时，紧密结合现代船舶的特点，考虑将来有关船舶技术的发展，教材内容涉及最新的航海技术，与时俱进，进一步拓展船员的知识层次。教材有较强的针对性、适用性，符合学生的接受能力。

①《轮机英语听力与会话（操作级）》（978 - 7 - 5632 - 2735 - 8），刘宁、李燕、郭军武主编，大连海事大学出版社/人民交通出版社于 2012 年出版。

②《轮机英语听力与会话》（海船船员适任评估培训教材）（978 - 7 - 5632 - 3351 - 9），党坤主编，大连海事大学出版社于 2016 年出版。

（2）参考书

《轮机英语听力与会话》，施祝斌主编，大连海事大学出版社。

12. 课程资源的利用与开发

积极建设符合课程要求并利于学生职业能力培养的教学资源，学校图书馆拥有大量的与本课程相关的扩充性资料，涉及与课程相关的方方面面。除了任课教师指定的参考书之外，学生还可以根据自身兴趣和发展方向使用其他有关的资料。

积极编写教材，本专业教师与行业企业合作编写的《轮机英语考证学习指南》特色教材，适合刚入学的学生使用，为他们日后的专业英语学习和运用打下坚实的基础。

开发计算机远程考试系统，为本省航海类学生的海船员适任评估考试和计算机远程考试提供服务，提高船员素质。轮机自动化等 8 门专业课程已建成无纸化计算机考试系统。网络教学资源丰富，架构合理，硬件环境能够支撑网络课程的正常运行，并能有效共享。

密切与企业的合作，企业为课程的实践教学提供真实的实船环境，满足学生了解企业实际、体验企业文化的需要。除学生顶岗实习外，学校定期邀请实习单位轮机长来学校上课，学校教师帮助企业进行员工培训。

附

广东某高等职业院校
第三学年第 1 学期综合实训计划

课程/项目名称:轮机英语听力与会话

实 训 教 材:《轮机英语听力与会话》

出 版 社:大连海事大学出版社

实训教材主编:党坤

班 级:轮机工程技术班

课 程 标 准:《轮机英语听力与会话》课程标准

实 训 周 数:2 周

实 训 地 点:无纸化考场

综合实训目的与要求:使学生掌握远洋船舶日常英语会话及轮机机舱业务英语应用技巧,提高轮机学生英语应用能力,培养学生严谨认真、吃苦耐劳、勇于实践的工作作风,为进一步学习专业理论知识和职业技能考证打下基础;满足中华人民共和国海事局评估考试要求。

主 讲 教 师:＿＿＿＿＿＿＿(签名)　　　职称:＿＿＿＿＿＿

专业系主任:＿＿＿＿＿＿＿(签名)　　　日期:＿＿＿＿＿＿

副 院 长:＿＿＿＿＿＿＿(签名)　　　日期:＿＿＿＿＿＿

院 长:＿＿＿＿＿＿＿(签名)　　　日期:＿＿＿＿＿＿

第三学年第 1 学期综合实训计划

综合实训时间			实训内容与要求	实训地点	班级人数	备注
周别	星期	节				
9	1	1~4	"机舱日常业务"听力与会话	无纸化考场	理论教学 2 个班合班教学(每班 40 人);实践教学师生比 1:20(分组进行)	
9	2	1~6	"机舱日常业务"听力与会话	无纸化考场		
9	3	1~6	"机舱日常业务"听力与会话	无纸化考场		
9	4	1~4	"驾机联系"听力与会话	无纸化考场		
9	5	1~4	"驾机联系"听力与会话	无纸化考场		
10	1	1~4	"应急情况"听力与会话	无纸化考场		
10	2	1~6	"应急情况"听力与会话	无纸化考场		

（续）

综合实训时间			实训内容与要求	实训地点	班级人数	备注
周别	星期	节				
10	3	1~6	"对外业务联系"听力与会话	无纸化考场		
10	4	1~4	"对外业务联系"听力与会话	无纸化考场		
10	5	1~6	"PSC/ISM 检查"听力与会话	无纸化考场		
计划周数			2 周	小计	2 周	

注:1.备注一栏,可根据需要,填写需配备的实训指导教师数、使用软件名称与版本等内容。

2.本综合实训计划一式3份,主讲教师/项目负责人、二级学院(部)和教务处各存档一份。

4.1.5 "船舶电气与自动化"课程教学大纲

1.课程教学大纲基本信息

"船舶电气与自动化"课程教学大纲基本信息见表4.9。

表 4.9 "船舶电气与自动化"课程教学大纲基本信息

课程名称	船舶电气与自动化		课程代码		143016B
学分	8.5	课时:　150　其中含理论课时:　140　实操课时:　10			
课程性质:☑ 必修课　　□选修课					
课程类型:□公共课程(含公共基础平台课程、通识课程、公选课程等) 　　　　　□(跨)专业群基础平台课程　　☑ 专业课程 课程特性:□学科性课程　　□工作过程系统化课程　　□项目化课程 　　　　　□任务导向课程　　☑ 其他 教学组织:☑ 以教为主(理论为主)　　□以做为主(实践为主)　　□理实一体(理论+实践)					
编写年月	2020 年 1 月	执笔	WL	审核	TJJ

2.课程性质、任务与目的及基本要求

"船舶电气与自动化"课程在培养轮机工程技术高级人才方面起着重要的作用,是轮机工程技术专业工学结合的核心课程之一,也是轮机工程技术专业学生今后取得中华人民共和国海事局规定的二/三管轮适任证书必考科目之一。

通过本课程的学习,学生应具备电路分析和计算的基本能力,掌握交流电的基本理论,熟悉船舶电气的电力拖动常用控制电器维护及管理,可管理、调节和排除自动电站故障,具备冷却水、燃油黏度、锅炉等自动控制系统的操作和管理能力,具备集中监视与报警系统的管理、排除故障的能力,以及主机遥控系统的操作和管理能力,为培养高素质技能型自动化船舶管理专门人才打好基础,从而满足 STCW 公约及其修正案要求。

3.教学内容及要求

教学内容包含电路分析和计算,交流电的基本理论,船舶电气的电力拖动常用控制电器维护、分析,船舶电气的常见故障,同步发电机的基本结构、工作原理、操作和运行管理方法,自动控制基础,船舶机舱辅助控制系统,船舶火灾自动报警系统等。

具体包含《培训大纲》中的以下内容:

1.4.1.8 自动控制系统

1.4.1.8.1 熟练操作与管理冷却水温度自动控制系统

1.4.1.8.2 熟练操作与管理分油机自动控制系统

1.4.1.8.3 熟练操作与管理船舶辅锅炉自动控制系统

1.4.1.8.4 熟练操作与管理船舶燃油黏度自动控制系统

1.4.1.8.5 熟练操作与管理主机(包括传统柴油机和电子控制柴油机)及其遥控系统

1.4.1.8.6 熟练操作与管理机舱监测报警系统

1.4.1.8.7 熟练操作与管理火灾报警系统

2.1.1.3 发电机

2.1.1.4 电力分配系统

2.1.1.5 电动机

2.1.1.6 电动机启动方法

2.1.1.7 高电压设备

2.1.1.8 照明设备

2.1.1.9 电缆

2.1.1.10 蓄电池

2.1.2 电子设备

2.1.2.1 基本电子电路元件

2.1.2.2 电子控制设备

2.1.2.3 自动控制系统流程图

2.1.3 控制系统

2.1.3.1 自动控制原理

2.1.3.2 自动控制方法

2.1.3.3 双位控制

2.1.3.4 时序控制

2.1.3.5 PID 控制

2.1.3.6 程序控制

2.1.3.7 过程值测量

2.1.3.8 信号变送

2.1.3.9 执行元件

2.2 电气和电子设备的维护与修理

2.2.1 有关电气系统工作的安全要求

2.2.2 电气系统设备、配电板、电动机、发电机和直流电气系统及设备的维护与修理

2.2.2.1 维护保养原理

2.2.2.2 发电机

2.2.2.3 配电盘

2.2.2.4 电动机

2.2.2.5 启动器

2.2.2.6 配电系统

2.2.2.7 直流电力系统及设备

2.2.3 电气系统故障诊断及防护

2.2.3.1 故障保护

2.2.3.2 故障定位

2.2.4 电气检测设备的结构及操作

2.2.5 电气设备功能、性能测试及配置

2.2.5.1 监测系统

2.2.5.2 自动控制设备

2.2.5.3 保护设备

2.2.6 电路图及简单电子电路图

模块一 船舶电气电路分析和基本概念

目标：

1.具有正确使用电路基本物理量的能力；

2.具有分析电阻串联、并联、混联电路的能力；

3.具有使用欧姆定律、基尔霍夫定律简单分析直流电路的能力。

内容：

1.直流电路的基本概念；

2.欧姆定律、基尔霍夫定律；

3.电阻串并联；

4.磁场的基本概念。

实训一 万用表使用注意事项(口试和实操)

(1)考核要素

①使用万用表测量电阻和交直流电压；

②使用万用表进行可控硅的性能测量及极性判别。

(2)考核标准

①操作规范、动作熟练,过程没有异常(优)；

②操作规范、动作熟练,过程个别异常(良)；

③操作规范、动作熟练,过程基本完成(中)；

④操作正确、动作正常,过程基本完成(及格)；

⑤操作错误、动作生疏,过程无法完成(不及格)。

实训二 正确测量电阻的注意事项

(1)考核要素

①万用表的检查；

②用万用表测量电阻。

（2）考核标准

①操作规范、动作熟练,过程没有异常(优);

②操作规范、动作熟练,过程个别异常(良);

③操作规范、动作熟练,过程基本完成(中);

④操作正确、动作正常,过程基本完成(及格);

⑤操作错误、动作生疏,过程无法完成(不及格)。

实训三　用万用表测量交直流电压

（1）考核要素

使用交流电压表测量电压。

（2）考核标准

①操作规范、动作熟练,过程没有异常(优);

②操作规范、动作熟练,过程个别异常(良);

③操作规范、动作熟练,过程基本完成(中);

④操作正确、动作正常,过程基本完成(及格);

⑤操作错误、动作生疏,过程无法完成(不及格)。

模块二　正弦交流电路

目标:

1.具有正确分析正弦交流电的三要素、单一元件正弦交流电路及交流电路提高功率因数的能力;

2.具有正确分析三相交流电路的能力。

内容:

1.正弦交流电;

2.电阻、电感和电容元件;

3.电阻、电感与电容元件串联的交流电路;

4.三相交流电动势的产生、电源的连接;

5.三相负载的连接。

实训一　用便携式兆欧表测量电气设备绝缘电阻

（1）考核要素

①使用兆欧表测量三相异步电动机绝缘电阻;

②测量电气设备绝缘电阻。

（2）考核标准

①操作规范、动作熟练,过程没有异常(优);

②操作规范、动作熟练,过程个别异常(良);

③操作规范、动作熟练,过程基本完成(中);

④操作正确、动作正常,过程基本完成(及格);

⑤操作错误、动作生疏,过程无法完成(不及格)。

模块三　半导体理论

目标：

1. 具有正确分析 PN 结性质的能力；

2. 具有正确使用二极管、稳压管、晶体管、晶闸管、集成放大器等元件的能力；

3. 具有正确分析、使用单相整流电路、基本放大电路、数字逻辑电路的能力。

内容：

1. 半导体的导电特性；

2. PN 结的单向导电性；

3. 半导体二极管和稳压管；

4. 单相整流电路；

5. 滤波与稳压电路；

6. 晶体管；

7. 基本放大电路；

8. 晶闸管及其应用；

9. 集成运算放大器及其应用；

10. 数字逻辑电路。

实训一　用万用表测试二极管、三极管

（1）考核要素

①用万用表判断三极管的性能；

②用万用表判断三极管的基极、集电极、发射极；

③测量电流放大系数 β。

（2）考核标准

①操作规范、动作熟练,过程没有异常（优）；

②操作规范、动作熟练,过程个别异常（良）；

③操作规范、动作熟练,过程基本完成（中）；

④操作正确、动作正常,过程基本完成（及格）；

⑤操作错误、动作生疏,过程无法完成（不及格）。

实训二　电子线路及电路板焊接装配

（1）考核要素

①采用正确的方法完成电子线路的焊接与装配；

②经仪器测试,电路功能正确；

③查外观,电子元件排列整齐、焊点圆润光滑且无虚焊。

（2）考核标准

①操作规范、动作熟练,过程没有异常（优）；

②操作规范、动作熟练,过程个别异常（良）；

③操作规范、动作熟练,过程基本完成（中）；

④操作正确、动作正常,过程基本完成（及格）；

⑤操作错误、动作生疏,过程无法完成（不及格）。

模块四　磁路与铁芯线圈电路

目标：

1. 具有正确使用磁路基本物理量的能力；

2. 具有正确分析、使用磁路电流效应、电磁感应的能力；

3. 具有正确分析磁性材料磁性能的能力。

内容：

1. 磁场的基本概念与基本物理量；

2. 电流的力效应和电磁感应；

3. 磁性材料的磁性能；

4. 交流铁芯线圈；

5. 电磁铁。

模块五　船舶电机

目标：

1. 具备分析交直流电机组成、结构、作用、工作原理、铭牌意义的能力；

2. 具备拆装电机、确定直流电机电刷位置的能力；

3. 具备确定三相异步电动机绕组首尾端，对三相异步电动机进行 Y、△ 连接的能力。

内容：

1. 直流电机；

2. 变压器；

3. 交流异步电动机；

4. 控制电机；

5. 三相交流同步电机。

实训一　拆装电动机的步骤

（1）考核要素

按正确步骤解体三相异步电动机。

（2）考核标准

①操作规范、动作熟练，过程没有异常（优）；

②操作规范、动作熟练，过程个别异常（良）；

③操作规范、动作熟练，过程基本完成（中）；

④操作正确、动作正常，过程基本完成（及格）；

⑤操作错误、动作生疏，过程无法完成（不及格）。

实训二　电压表、电流表量程的扩大及电流表的选择和使用

（1）考核要素

按正确步骤进行电压表、电流表量程的扩大；电流表的选择和使用、连接和测量。

（2）考核标准

①操作规范、动作熟练，过程没有异常（优）；

②操作规范、动作熟练，过程个别异常（良）；

③操作规范、动作熟练，过程基本完成（中）；

④操作正确、动作正常，过程基本完成（及格）；

⑤操作错误、动作生疏,过程无法完成(不及格)。

实训三　用钳形电流表测电流及用钳形电流表测电压

(1)考核要素

使用钳形电流表测量三相异步电动机的启动电流和运行电流。

(2)考核标准

①操作规范、动作熟练,过程没有异常(优);

②操作规范、动作熟练,过程个别异常(良);

③操作规范、动作熟练,过程基本完成(中);

④操作正确、动作正常,过程基本完成(及格);

⑤操作错误、动作生疏,过程无法完成(不及格)。

实训四　电动机的装配

(1)考核要素

按正确步骤装配三相异步电动机。

(2)考核标准

①操作规范、动作熟练,过程没有异常(优);

②操作规范、动作熟练,过程个别异常(良);

③操作规范、动作熟练,过程基本完成(中);

④操作正确、动作正常,过程基本完成(及格);

⑤操作错误、动作生疏,过程无法完成(不及格)。

实训五　清洁电动机

(1)考核要素

①清洁三相异步电动机绕组、轴承等;

②检查转子、定子绕组、轴承;

③给轴承添加润滑脂。

(2)考核标准

①操作规范、动作熟练,过程没有异常(优);

②操作规范、动作熟练,过程个别异常(良);

③操作规范、动作熟练,过程基本完成(中);

④操作正确、动作正常,过程基本完成(及格);

⑤操作错误、动作生疏,过程无法完成(不及格)。

实训六　用串联法判别三相异步电动机绕组的首尾端和用通电感应法判别三相电动机绕组的首尾端

(1)考核要素

按正确步骤装配三相异步电动机。

(2)考核标准

①操作规范、动作熟练,过程没有异常(优);

②操作规范、动作熟练,过程个别异常(良);

③操作规范、动作熟练,过程基本完成(中);

④操作正确、动作正常,过程基本完成(及格);

⑤操作错误、动作生疏,过程无法完成(不及格)。

实训七　三相异步电动机的 Y、△ 接法

（1）考核要素：

按正确步骤进行三相异步电动机的 Y、△ 接法连接。

（2）考核标准

①操作规范、动作熟练，过程没有异常（优）；

②操作规范、动作熟练，过程个别异常（良）；

③操作规范、动作熟练，过程基本完成（中）；

④操作正确、动作正常，过程基本完成（及格）；

⑤操作错误、动作生疏，过程无法完成（不及格）。

模块六　电力拖动控制电路及系统

目标：

1.具备常用控制电器的结构、功能、电路符号分析能力，并能根据线路图，指出各元器件在控制箱内的实际位置。

2.具备常用控制电器维护、管理能力。

3.具备根据说明书等资料判断、分析各控制电路故障，并保证设备安全运行的能力。

内容：

1.常用控制电器；

2.三相异步电动机的基本保护环节；

3.三相异步电动机的各种控制电路；

4.三相异步电动机的典型控制电路；

5.锚机、绞缆机电力拖动控制系统；

6.起货机的运行特点和对电力拖动控制的基本要求；

7.自动操舵控制系统。

实训一　时间继电器的延时调整

（1）考核要素

在 1 min 内正确调整到评估员给定时间，误差小于10%。

（2）考核标准

①操作规范、动作熟练，过程没有异常（优）；

②操作规范、动作熟练，过程个别异常（良）；

③操作规范、动作熟练，过程基本完成（中）；

④操作正确、动作正常，过程基本完成（及格）；

⑤操作错误、动作生疏，过程无法完成（不及格）。

实训二　热继电器调整

（1）考核要素

在 5 min 内完成按评估员给定电机功率调整热元件整定电流，且整定值整定误差小于10%。

（2）考核标准

①操作规范、动作熟练，过程没有异常（优）；

②操作规范、动作熟练，过程个别异常（良）；

③操作规范、动作熟练，过程基本完成（中）；

④操作正确、动作正常,过程基本完成(及格);

⑤操作错误、动作生疏,过程无法完成(不及格)。

实训三 电磁制动器间隙测量

(1)考核要素

调整电磁制动器的间隙测量。

(2)考核标准

①操作规范、动作熟练,过程没有异常(优);

②操作规范、动作熟练,过程个别异常(良);

③操作规范、动作熟练,过程基本完成(中);

④操作正确、动作正常,过程基本完成(及格);

⑤操作错误、动作生疏,过程无法完成(不及格)。

实训四 调整电磁制动器间隙步骤

(1)考核要素

调整电磁制动器的间隙步骤。

(2)考核标准

①操作规范、动作熟练,过程没有异常(优);

②操作规范、动作熟练,过程个别异常(良);

③操作规范、动作熟练,过程基本完成(中);

④操作正确、动作正常,过程基本完成(及格);

⑤操作错误、动作生疏,过程无法完成(不及格)。

实训五 电气控制箱认识

(1)考核要素

评估员任意指定电路图中5个元器件,被评估者在5 min内从实际控制箱中找出实物。

(2)考核标准

①操作规范、动作熟练,过程没有异常(优);

②操作规范、动作熟练,过程个别异常(良);

③操作规范、动作熟练,过程基本完成(中);

④操作正确、动作正常,过程基本完成(及格);

⑤操作错误、动作生疏,过程无法完成(不及格)。

实训六 电动机的连续控制电路和三相异步电动机正反转控制电路

(1)考核要素

电动机的连续控制电路和三相异步电动机正反转控制电路并通电测试。

(2)考核标准

①操作规范、动作熟练,过程没有异常(优);

②操作规范、动作熟练,过程个别异常(良);

③操作规范、动作熟练,过程基本完成(中);

④操作正确、动作正常,过程基本完成(及格);

⑤操作错误、动作生疏,过程无法完成(不及格)。

模块七　船舶电力系统的组成

目标：

1.具备根据图纸说明书等资料看懂电站各电力系统的组成、制订维护计划的能力。

2.具备船舶电力系统操作、故障分析、故障判断和排除的能力。

内容：

1.船舶电力系统的概述；

2.船舶电力系统的基本参数及特点；

3.船舶电力网；

4.船舶配电装置；

5.船舶应急电源系统；

6.船用蓄电池和充放电板；

7.船舶同步发电机的自励恒压装置。

实训一　发电机控制屏、并车屏和负载屏的组成与功用

（1）考核要素

指出发电机控制屏、并车屏和负载屏的组成与功用。

（2）考核标准

①操作规范、动作熟练,过程没有异常(优)；

②操作规范、动作熟练,过程个别异常(良)；

③操作规范、动作熟练,过程基本完成(中)；

④操作正确、动作正常,过程基本完成(及格)；

⑤操作错误、动作生疏,过程无法完成(不及格)。

实训二　主配电板上电压表、电流表、功率表、功率因数表、绝缘表的功能及用法

（1）考核要素

指出主配电板上电压表、电流表、功率表、功率因数表、绝缘表的功能及用法,并操作。

（2）考核标准

①操作规范、动作熟练,过程没有异常(优)；

②操作规范、动作熟练,过程个别异常(良)；

③操作规范、动作熟练,过程基本完成(中)；

④操作正确、动作正常,过程基本完成(及格)；

⑤操作错误、动作生疏,过程无法完成(不及格)。

实训三　主配电板上各种指示灯和开关电器的功能和用法

（1）考核要素

指出主配电板上各种指示灯和开关电器的功能和用法。

（2）考核标准

①操作规范、动作熟练,过程没有异常(优)；

②操作规范、动作熟练,过程个别异常(良)；

③操作规范、动作熟练,过程基本完成(中)；

④操作正确、动作正常,过程基本完成(及格)；

⑤操作错误、动作生疏,过程无法完成(不及格)。

实训四　主配电板的日常维护保养

（1）考核要素

①检查主发电机绝缘；

②检查主发电机是否在备用状态；

③检查主发电机组启动、合闸；

④检查测量仪表。

（2）考核标准

①操作规范、动作熟练,过程没有异常（优）；

②操作规范、动作熟练,过程个别异常（良）；

③操作规范、动作熟练,过程基本完成（中）；

④操作正确、动作正常,过程基本完成（及格）；

⑤操作错误、动作生疏,过程无法完成（不及格）。

实训五　应急电源的管理与维护

（1）考核要素

①检查应急发电机绝缘；

②检查应急发电机是否在备用状态；

③检查应急发电机组启动、合闸；

④检查测量仪表；

⑤检查联络开关。

（2）考核标准

①操作规范、动作熟练,过程没有异常（优）；

②操作规范、动作熟练,过程个别异常（良）；

③操作规范、动作熟练,过程基本完成（中）；

④操作正确、动作正常,过程基本完成（及格）；

⑤操作错误、动作生疏,过程无法完成（不及格）。

实训六　应急发电机的手动启动、合闸和手动停机

（1）考核要素

①应急发电机启动；

②应急发电机合闸；

③应急发电机自动分闸；

④应急发电机手动停机；

（2）考核标准

①操作规范、动作熟练,过程没有异常（优）；

②操作规范、动作熟练,过程个别异常（良）；

③操作规范、动作熟练,过程基本完成（中）；

④操作正确、动作正常,过程基本完成（及格）；

⑤操作错误、动作生疏,过程无法完成（不及格）。

实训七　应急发电机的自动启动、自动合闸、自动停机和试验

（1）考核要素

①检查应急发电机是否自动启动；

②检查应急发电机是否处于自动合闸状态;

③检查应急发电机组自动停机;

④检查应急发电机试验。

(2)考核标准

①操作规范、动作熟练,过程没有异常(优);

②操作规范、动作熟练,过程个别异常(良);

③操作规范、动作熟练,过程基本完成(中);

④操作正确、动作正常,过程基本完成(及格);

⑤操作错误、动作生疏,过程无法完成(不及格)。

实训八　酸性蓄电池充足电和放完电的判断

(1)考核要素

①利用万用表和比重计测量蓄电池的电压及电解液的比重;

②判断蓄电池的状态。

(2)考核标准

①能在 5 min 内按照正确的方法测量蓄电池上单个电池的电压及电解液的比重,正确判断蓄电池的状态(优);

②能在 7 min 内按照正确的方法测量蓄电池上单个电池的电压及电解液的比重,正确判断蓄电池的状态(良);

③能在 9 min 内按照正确的方法测量蓄电池上单个电池的电压及电解液的比重,正确判断蓄电池的状态(中);

④能在 10 min 内按照正确的方法测量蓄电池上单个电池的电压及电解液的比重,正确判断蓄电池的状态(及格);

⑤超过 10 min 未完成(不及格)。

实训九　酸性蓄电池的充电操作用分段恒流法进行经常性充电

(1)考核要素

①采用分段恒流法对蓄电池进行充电和过充电。

(2)考核标准

①操作规范、动作熟练,过程没有异常(优);

②操作规范、动作熟练,过程个别异常(良);

③操作规范、动作熟练,过程基本完成(中);

④操作正确、动作正常,过程基本完成(及格);

⑤操作错误、动作生疏,过程无法完成(不及格)。

实训十　蓄电池的维护保养要求及维护保养注意事项

(1)考核要素

①测量电压、电解液高度及比重;

②检查螺丝塞和透气橡皮套;

③清洁蓄电池。

(2)考核标准

①操作规范、动作熟练,过程没有异常(优);

②操作规范、动作熟练,过程个别异常(良);

③操作规范、动作熟练,过程基本完成(中);

④操作正确、动作正常,过程基本完成(及格);

⑤操作错误、动作生疏,过程无法完成(不及格)。

模块八　船舶同步发电机的并联运行

目标:

具备分析交、直流发电机并车能力;

内容:

1.概述;

2.同步发电机的并车条件;

3.同步检测;

4.手动并车操作;

5.电抗同步并车;

6.半自动同步并车装置;

7.自动准同步并车装置;

8.并联运行发电机组有功功率的分配与调整;

9.船舶同步发电机组间无功功率自动分配。

实训一　发电机手动准同步并车操作

(1)考核要素

①能在2 min内完成并车且合闸瞬间电压差、频率差、相位差在允许范围内,同时待并机不产生逆功率。

(2)考核标准

①操作规范、动作熟练,过程没有异常(优);

②操作规范、动作熟练,过程个别异常(良);

③操作规范、动作熟练,过程基本完成(中);

④操作正确、动作正常,过程基本完成(及格);

⑤操作错误、动作生疏,过程无法完成(不及格)。

实训二　常规电站切换至自动化电站的操作

(1)考核要素

①手动－自动控制切换操作;

②切换装置的常见故障分析与排除。

(2)考核标准

①操作规范、动作熟练,过程没有异常(优);

②操作规范、动作熟练,过程个别异常(良);

③操作规范、动作熟练,过程基本完成(中);

④操作正确、动作正常,过程基本完成(及格);

⑤操作错误、动作生疏,过程无法完成(不及格)。

实训三　发电机组的自动启动、自动并车及自动调频调载

(1)考核要素

①发电机组的自动启动、自动并车、自动调频调载、自动解列、自动停车操作;

②对应的故障排除。

(2)考核标准

①操作规范、动作熟练,过程没有异常(优);

②操作规范、动作熟练,过程个别异常(良);

③操作规范、动作熟练,过程基本完成(中);

④操作正确、动作正常,过程基本完成(及格);

⑤操作错误、动作生疏,过程无法完成(不及格)。

实训四　发电机组手动启动、手动合闸及自动并车、自动调频调载

(1)考核要素

①能在 2 min 内完成手动功率分配及频率调整,要求:$\Delta P \leqslant 5\% P_e$,$\Delta f \leqslant 0.2$ Hz。

(2)考核标准

①操作规范、动作熟练,过程没有异常(优);

②操作规范、动作熟练,过程个别异常(良);

③操作规范、动作熟练,过程基本完成(中);

④操作正确、动作正常,过程基本完成(及格);

⑤操作错误、动作生疏,过程无法完成(不及格)。

实训五　发电机组的手动解列和手动停车

(1)考核要素

①能在 1 min 内完成解列操作,跳闸时功率应为 $5 < P \leqslant 10\% P_e$。

(2)考核标准

①操作规范、动作熟练,过程没有异常(优);

②操作规范、动作熟练,过程个别异常(良);

③操作规范、动作熟练,过程基本完成(中);

④操作正确、动作正常,过程基本完成(及格);

⑤操作错误、动作生疏,过程无法完成(不及格)。

实训六　重载投入电网的操作

(1)考核要素

①自动化电站重载询问设置;

②对应的故障排除。

(2)考核标准

①操作规范、动作熟练,过程没有异常(优);

②操作规范、动作熟练,过程个别异常(良);

③操作规范、动作熟练,过程基本完成(中);

④操作正确、动作正常,过程基本完成(及格);

⑤操作错误、动作生疏,过程无法完成(不及格)。

实训七　自动化电站故障自动停车的判断

(1)考核要素

①自动化电站主要故障的判断;

②对评估员设置的故障进行分析与排除。

（2）考核标准

①操作规范、动作熟练,过程没有异常(优);

②操作规范、动作熟练,过程个别异常(良);

③操作规范、动作熟练,过程基本完成(中);

④操作正确、动作正常,过程基本完成(及格);

⑤操作错误、动作生疏,过程无法完成(不及格)。

实训八　无功功率分配装置(均压线)故障的判别及排除

（1）考核要素

①分析可能产生该故障的原因;

②查找到评估员设置的故障。

（2）考核标准

①能全面分析故障原因,故障排查路径明确,10 min 内排除故障(优);

②能全面分析故障原因,故障排查路径明确,13 min 内排除故障(良);

③能部分分析故障原因和排查路径,16 min 内排除故障(中);

④能部分分析故障原因和排查路径,20 min 内排除故障(及格);

⑤能分析少量故障原因和排查路径,但无法排除故障(不及格)。

模块九　船舶电力系统的安全保护

目标:

1.具备分析交流发电机、同步发电机的保护能力;

2.具备船舶轴带发电机工作原理分析的能力。

内容:

1.船舶电力系统的安全保护概述;

2.船舶同步发电机的保护;

3.发电机主开关;

4.船舶电网的短路、过载保护及绝缘监测;

5.逆功率继电器;

6.船舶轴带发电机系统;

7.船舶中压电力系统。

实训一　框架式自动空气断路器主要故障的判别和排除

（1）考核要素

①分析可能产生该故障的原因;

②查找到评估员设置的故障。

（2）考核标准

①能全面分析故障原因,故障排查路径明确,10 min 内排除故障(优);

②能全面分析故障原因,故障排查路径明确,13 min 内排除故障(良);

③能部分分析故障原因和排查路径,16 min 内排除故障(中);

④能部分分析故障原因和排查路径,20 min 内排除故障(及格);

⑤能分析少量故障原因和排查路径,但无法排除故障(不及格)。

实训二　发电机突然跳闸的应急措施

(1)考核要素

①分析可能产生该故障的原因;

②查找到评估员设置的故障。

(2)考核标准

①能全面分析故障原因,故障排查路径明确,10 min 内排除故障(优);

②能全面分析故障原因,故障排查路径明确,13 min 内排除故障(良);

③能部分分析故障原因和排查路径,16 min 内排除故障(中);

④能部分分析故障原因和排查路径,20 min 内排除故障(及格);

⑤能分析少量故障原因和排查路径,但无法排除故障(不及格)。

实训三　查找和排除船舶电网绝缘降低的故障

(1)考核要素

①分析可能产生该故障的原因;

②查找到评估员设置的故障。

(2)考核标准

①能全面分析故障原因,故障排查路径明确,10 min 内排除故障(优);

②能全面分析故障原因,故障排查路径明确,13 min 内排除故障(良);

③能部分分析故障原因和排查路径,16 min 内排除故障(中);

④能部分分析故障原因和排查路径,20 min 内排除故障(及格);

⑤能分析少量故障原因和排查路径,但无法排除故障(不及格)。

实训四　岸电箱使用及岸电连接注意事项

(1)考核要素

①检查岸电指示灯、开关、熔断开关;

②检查相序指示灯(或负序继电器)。

(2)考核标准

①操作规范、动作熟练,过程没有异常(优);

②操作规范、动作熟练,过程个别异常(良);

③操作规范、动作熟练,过程基本完成(中);

④操作正确、动作正常,过程基本完成(及格);

⑤操作错误、动作生疏,过程无法完成(不及格)。

模块十　船舶照明系统

目标:

1.具备船舶照明系统的分类及特点和船舶常用灯具与电光源发光原理。

2.具备船舶照明系统控制线路和船舶照明系统的维护保养、故障判断能力。

内容:

1.船舶照明系统的分类及特点;

2.船舶常用灯具与电光源;

3.船舶照明系统控制线路;

4.船舶照明系统的维护保养;

5.船舶照明系统的常见故障检查。

实训一 日光灯线路的连接

（1）考核要素

①连接线路,检查进线,查看进线有否发生破损而接壳;

②检查启辉器,查看接触是否良好;

③检查日光灯,查看灯脚接线是否良好;

④检查镇流器,查看接线是否良好;

⑤检查室外日光灯具水密状况。

（2）考核标准

①操作规范、动作熟练,过程没有异常（优）;

②操作规范、动作熟练,过程个别异常（良）;

③操作规范、动作熟练,过程基本完成（中）;

④操作正确、动作正常,过程基本完成（及格）;

⑤操作错误、动作生疏,过程无法完成（不及格）。

模块十一 报警系统

目标:

1.具备报警系统的组成、功能和故障判断能力。

2.具备火警报警系统的管理、维护能力。

内容:

1.单元组合式报警系统的组成、分类和功能;

2.主要传感器的类型和构造原理;

3.火警报警系统的管理及注意事项。

模块十二 船舶安全用电、安全管理和职责

目标:

1.具备船舶安全用电常识和船舶电气火灾的预防能力。

2.具备船舶电气设备船检规定和船舶电缆安全使用与维护能力。

3.具备船舶电气设备的接地的意义和要求的知识,船舶电气设备绝缘和油船电气设备的安全管理能力。

4.具备船舶修船和建造履行职责。

5.具备船舶航行和交接班履行职责。

内容:

1.船舶安全用电常识;

2.船舶电气火灾的预防;

3.船舶电气设备的船用条件及船检规定;

4.船舶电缆安全使用与维护;

5.船舶电气设备的接地的意义和要求;

6.船舶电气设备绝缘;

7.油船电气设备的安全管理;

8.船舶修理和建造时的职责;

9.船舶航行期间的职责;

10.电气管理人员交接班时的职责。

模块十三　　自动化仪表

目标:

具备自动化仪表按技术规范及安全操作规程进行保养与管理的能力。

内容:

1.自动调节规律;

2.差压变送器的使用操作与调整;

3.PID 调节器的使用操作与调整;

4.显示仪表的使用操作。

实训一　　差压变送器的使用操作与调整

(1)考核(评估)要素

①气路或电路的连接;

②差压变送器的调零;

③差压变送器的调量程。

(2)考核标准

①操作规范、动作熟练,过程没有异常(优);

②操作规范、动作熟练,过程个别异常(良);

③操作规范、动作熟练,过程基本完成(中);

④操作正确、动作正常,过程基本完成(及格);

⑤操作错误、动作生疏,过程无法完成(不及格)。

实训二　　PID 调节器的使用操作与调整

(1)考核(评估)要素

①气路或电路的连接;

②比例带、积分时间和微分时间的设定;

③PID 作用规律开环阶跃特性。

(2)考核标准

①操作规范、动作熟练,过程没有异常(优);

②操作规范、动作熟练,过程个别异常(良);

③操作规范、动作熟练,过程基本完成(中);

④操作正确、动作正常,过程基本完成(及格);

⑤操作错误、动作生疏,过程无法完成(不及格)。

实训三　　显示仪表的使用操作

(1)考核(评估)要素

①电路或气路的连接;

②零点的调整;

③量程的调整。

(2)考核标准

①操作规范、动作熟练,过程没有异常(优);

②操作规范、动作熟练,过程个别异常(良);

③操作规范、动作熟练,过程基本完成(中);

④操作正确、动作正常,过程基本完成(及格);

⑤操作错误、动作生疏,过程无法完成(不及格)。

模块十四 船舶自动控制系统

目标:

具备冷却水、燃油黏度、辅锅炉等其他动力装置控制系统的操作与管理能力。

内容:

1.冷却水温度控制系统的操作与管理;

2.燃油黏度控制系统的操作与管理;

3.辅锅炉控制系统的操作与管理;

4.自清洗滤器控制系统的操作与管理。

实训一 冷却水温度控制系统的操作与管理

(1)考核(评估)要素

①开机并使系统投入正常工作的自动控制工作状态;

②温度设定值和调节器参数的调整;

③手动－自动控制转换,并进行冷却水温度的手动控制操作;

④故障分析与排除。

(2)考核标准

①操作规范、动作熟练,过程没有异常(优);

②操作规范、动作熟练,过程个别异常(良);

③操作规范、动作熟练,过程基本完成(中);

④操作正确、动作正常,过程基本完成(及格);

⑤操作错误、动作生疏,过程无法完成(不及格)。

实训二 燃油黏度控制系统的操作与管理

(1)考核(评估)要素

①开机并使系统投入正常工作的自动控制工作状态;

②黏度设定值和调节器参数的调整;

③手动－自动控制转换,并进行黏度的手动控制操作;

④故障分析与排除。

(2)考核标准

①操作规范、动作熟练,过程没有异常(优);

②操作规范、动作熟练,过程个别异常(良);

③操作规范、动作熟练,过程基本完成(中);

④操作正确、动作正常,过程基本完成(及格);

⑤操作错误、动作生疏,过程无法完成(不及格)。

实训三　辅锅炉燃烧时序控制系统的操作

(1)考核(评估)要素

①开机并确保系统参数正常,进行报警复位;

②使系统投入正常的自动控制工作状态,观察自动预扫风和点火燃烧时序过程;

③将系统转换到手动操作状态,并进行手动点火,点火成功后对蒸汽压力进行手动调整;

④故障分析与排除。

(2)考核标准

①操作规范、动作熟练,过程没有异常(优);

②操作规范、动作熟练,过程个别异常(良);

③操作规范、动作熟练,过程基本完成(中);

④操作正确、动作正常,过程基本完成(及格);

⑤操作错误、动作生疏,过程无法完成(不及格)。

实训四　分油机自动控制系统的操作

(1)考核(评估)要素

①系统上电和启动分油机自动控制系统,直到进入正常分油状态;

②手动排查操作;

③停机操作;

④故障分析与排除。

(2)考核标准

①操作规范、动作熟练,过程没有异常(优);

②操作规范、动作熟练,过程个别异常(良);

③操作规范、动作熟练,过程基本完成(中);

④操作正确、动作正常,过程基本完成(及格);

⑤操作错误、动作生疏,过程无法完成(不及格)。

模块十五　主机遥控系统

目标:

具备主机遥控系统的操作与管理能力。

内容:

1.主机遥控系统常用遥控阀件认识;

2.主机的启动与停车操作;

3.主机的换向与制动操作;

4.主机加减速速率限制、程序负荷限制及主机转速限制操作;

5.主机安全保护模拟操作;

6.主机遥控系统的参数调整操作;

7.主机遥控系统常见故障的分析与排除。

实训一　主机的启动与停车操作

(1)考核(评估)要素

①主机的启动操作;

②主机的停车操作。

(2)考核标准

①操作规范、动作熟练,过程没有异常(优);

②操作规范、动作熟练,过程个别异常(良);

③操作规范、动作熟练,过程基本完成(中);

④操作正确、动作正常,过程基本完成(及格);

⑤操作错误、动作生疏,过程无法完成(不及格)。

实训二 主机的换向与制动操作

(1)考核(评估)要素

①主机在停车状态的换向操作;

②主机在运行中的换向操作;

③主机制动操作。

(2)考核标准

①操作规范、动作熟练,过程没有异常(优);

②操作规范、动作熟练,过程个别异常(良);

③操作规范、动作熟练,过程基本完成(中);

④操作正确、动作正常,过程基本完成(及格);

⑤操作错误、动作生疏,过程无法完成(不及格)。

实训三 主机加减速速率限制、程序负荷限制及主机转速限制试验

(1)考核(评估)要素

①主机转速加减速操作;

②主机转速速率限制试验;

③主机程序负荷试验;

④主机转速限制试验。

(2)考核标准

①操作规范、动作熟练,过程没有异常(优);

②操作规范、动作熟练,过程个别异常(良);

③操作规范、动作熟练,过程基本完成(中);

④操作正确、动作正常,过程基本完成(及格);

⑤操作错误、动作生疏,过程无法完成(不及格)。

实训四 主机安全保护模拟试验

(1)考核(评估)要素

①主机安全保护装置的使用操作;

②主机超速保护模拟试验;

③主机滑油低压保护模拟试验。

(2)考核标准

①操作规范、动作熟练,过程没有异常(优);

②操作规范、动作熟练,过程个别异常(良);

③操作规范、动作熟练,过程基本完成(中);

④操作正确、动作正常,过程基本完成(及格);

⑤操作错误、动作生疏,过程无法完成(不及格)。

实训五　主机遥控系统的参数调整试验

(1)考核(评估)要素

①主机加速速率限制环节的参数调整试验;

②主机程序负荷限制环节的参数调整试验;

③轮机长转速限制操作;

④主机遥控系统其他参数的调整试验。

(2)考核标准

①操作规范、动作熟练,过程没有异常(优);

②操作规范、动作熟练,过程个别异常(良);

③操作规范、动作熟练,过程基本完成(中);

④操作正确、动作正常,过程基本完成(及格);

⑤操作错误、动作生疏,过程无法完成(不及格)。

实训六　主机遥控系统常见故障的分析与排除

(1)考核(评估)要素

①启动逻辑回路故障分析与排除;

②换向逻辑回路故障分析与排除;

③主机转速控制回路的故障分析与排除。

(2)考核标准

①操作规范、动作熟练,过程没有异常(优);

②操作规范、动作熟练,过程个别异常(良);

③操作规范、动作熟练,过程基本完成(中);

④操作正确、动作正常,过程基本完成(及格);

⑤操作错误、动作生疏,过程无法完成(不及格)。

模块十六　机舱监视与报警系统

目标:

1.具备机舱监视与报警系统的操作与管理能力;

2.具备曲轴箱油雾浓度监视装置的操作与管理能力。

内容:

1.机舱监视与报警常见传感器认识;

2.机舱监视与报警系统的使用操作;

3.开关量报警操作;

4.模拟量报警操作;

5.模拟量参数的读取与报警值的整定操作;

6.曲轴箱油雾浓度监视装置的使用操作。

实训一　机舱监视与报警系统的使用操作

(1)考核(评估)要素

①监视与报警系统的使用操作;

②延伸报警装置的使用操作。

（2）考核标准

①操作规范、动作熟练,过程没有异常(优);

②操作规范、动作熟练,过程个别异常(良);

③操作规范、动作熟练,过程基本完成(中);

④操作正确、动作正常,过程基本完成(及格);

⑤操作错误、动作生疏,过程无法完成(不及格)。

实训二　开关量报警试验

（1）考核(评估)要素

①开关量传感器的接线;

②开关量传感器的调整;

③开关量报警确认与报警解除。

（2）考核标准

①操作规范、动作熟练,过程没有异常(优);

②操作规范、动作熟练,过程个别异常(良);

③操作规范、动作熟练,过程基本完成(中);

④操作正确、动作正常,过程基本完成(及格);

⑤操作错误、动作生疏,过程无法完成(不及格)。

实训三　模拟量报警试验

（1）考核(评估)要素

①模拟量传感器的接线;

②模拟量检测与变送装置的调整;

③模拟量报警确认与报警解除。

（2）考核标准

①操作规范、动作熟练,过程没有异常(优);

②操作规范、动作熟练,过程个别异常(良);

③操作规范、动作熟练,过程基本完成(中);

④操作正确、动作正常,过程基本完成(及格);

⑤操作错误、动作生疏,过程无法完成(不及格)。

实训四　模拟量参数的读取与报警值的整定

（1）考核(评估)要素

①监视参数的读取;

②报警值的整定操作。

（2）考核标准

①操作规范、动作熟练,过程没有异常(优);

②操作规范、动作熟练,过程个别异常(良);

③操作规范、动作熟练,过程基本完成(中);

④操作正确、动作正常,过程基本完成(及格);

⑤操作错误、动作生疏,过程无法完成(不及格)。

实训五　曲轴箱油雾浓度监视装置的使用操作

(1)考核(评估)要素

①曲轴箱油雾浓度监视器的使用操作;

②曲轴箱油雾浓度监视器的调零操作;

③曲轴箱油雾浓度监视器的灵敏度操作;

④曲轴箱油雾浓度监视器的测试与复位操作。

(2)考核标准

①操作规范、动作熟练,过程没有异常(优);

②操作规范、动作熟练,过程个别异常(良);

③操作规范、动作熟练,过程基本完成(中);

④操作正确、动作正常,过程基本完成(及格);

⑤操作错误、动作生疏,过程无法完成(不及格)。

实训六　火警探测装置的使用操作

(1)考核(评估)要素

①火警探测装置的使用操作;

②火警探测装置的测试;

③感温式火警探测器报警试验;

④感烟式火警探测器报警试验;

⑤火警探测系统常见的故障排除。

(2)考核标准

①操作规范、动作熟练,过程没有异常(优);

②操作规范、动作熟练,过程个别异常(良);

③操作规范、动作熟练,过程基本完成(中);

④操作正确、动作正常,过程基本完成(及格);

⑤操作错误、动作生疏,过程无法完成(不及格)。

模块十七　船舶自动化电站

目标:

具备船舶自动化电站安全知识和操作与管理能力。

内容:

1.船舶电站手动 – 自动控制切换操作;

2.发电机组的自动启动、自动并车、自动调频调载、自动解列、自动停车操作;

3.自动化电站重载询问;

4.自动化电站故障导致自动停车的处理方案;

5.自动化电站主要故障的判断和处理;

6.船舶电站自动监测装置的使用操作。

实训一　船舶电站手动 – 自动控制切换操作

(1)考核(评估)要素

①手动 – 自动控制切换操作;

②切换装置的常见故障分析与排除。

(2)考核标准

①操作规范、动作熟练,过程没有异常(优);

②操作规范、动作熟练,过程个别异常(良);

③操作规范、动作熟练,过程基本完成(中);

④操作正确、动作正常,过程基本完成(及格);

⑤操作错误、动作生疏,过程无法完成(不及格)。

实训二　发电机组的自动启动、自动并车、自动调频调载、自动解列、自动停车操作

(1)考核(评估)要素

①发电机组的自动启动、自动并车、自动调频调载、自动解列、自动停车操作;

②对应的故障排除。

(2)考核标准

①操作规范、动作熟练,过程没有异常(优);

②操作规范、动作熟练,过程个别异常(良);

③操作规范、动作熟练,过程基本完成(中);

④操作正确、动作正常,过程基本完成(及格);

⑤操作错误、动作生疏,过程无法完成(不及格)。

实训三　自动化电站重载询问

(1)考核(评估)要素

①自动化电站重载询问设置;

②对应的故障排除。

(2)考核标准

①操作规范、动作熟练,过程没有异常(优);

②操作规范、动作熟练,过程个别异常(良);

③操作规范、动作熟练,过程基本完成(中);

④操作正确、动作正常,过程基本完成(及格);

⑤操作错误、动作生疏,过程无法完成(不及格)。

实训四　自动化电站故障导致自动停车的处理方案

(1)考核(评估)要素

①自动化电站故障的应急处理方法;

②自动化电站故障的排除。

(2)考核标准

①操作规范、动作熟练,过程没有异常(优);

②操作规范、动作熟练,过程个别异常(良);

③操作规范、动作熟练,过程基本完成(中);

④操作正确、动作正常,过程基本完成(及格);

⑤操作错误、动作生疏,过程无法完成(不及格)。

实训五　自动化电站主要故障的判断和处理

(1)考核(评估)要素

①自动化电站主要故障的判断;

②对评估员设置的故障进行分析与排除。

(2)考核标准

①操作规范、动作熟练,过程没有异常(优);

②操作规范、动作熟练,过程个别异常(良);

③操作规范、动作熟练,过程基本完成(中);

④操作正确、动作正常,过程基本完成(及格);

⑤操作错误、动作生疏,过程无法完成(不及格)。

实训六　船舶电站自动监测装置的使用操作

(1)考核(评估)要素

①自动监测装置的使用操作;

②对评估员设置的故障进行分析与排除。

(2)考核标准

①操作规范、动作熟练,过程没有异常(优);

②操作规范、动作熟练,过程个别异常(良);

③操作规范、动作熟练,过程基本完成(中);

④操作正确、动作正常,过程基本完成(及格);

⑤操作错误、动作生疏,过程无法完成(不及格)。

课程作业:

本课程应注重对学生实际应用能力的培养和训练,强调对教学过程的监控,规定每门课程的作业要占一定的成绩,由授课教师负责批改,给定成绩。

课程规定有实训作业,学生必须按规定完成,并提交实验报告,由指导教师负责批改,给定成绩。

4. 课程实施建议

(1)"船舶电气与自动化"课程课时分配(表4.10)

表4.10　"船舶电气与自动化"课程课时分配表

序号	学习项目/章	学习情境/节	课时	课时分配	
				理论	实践
1	项目一	船舶电工工艺及测试	14	12	2
2	项目二	船舶电力电子技术及应用	8	8	0
3	项目三	船用电机及其控制技术	16	14	2
4	项目四	船舶电力拖动系统的维护与管理	6	6	0
5	项目五	船舶电力网的维护与管理	8	8	0
6	项目六	船舶电站的维护与管理	14	12	2
7	项目七	船舶高压电力系统的操作与管理	10	8	2
8	项目八	船舶电力推进系统的维护与管理	8	8	0
9	项目九	自动化仪表	14	12	2

表 4.10(续)

序号	学习项目/章	学习情境/节	课时	课时分配	
				理论	实践
10	项目十	船舶自动控制系统	12	12	0
11	项目十一	主机遥控系统	15	15	0
12	项目十二	机舱监视与报警系统	10	10	0
13	项目十三	船舶自动化电站	15	15	0
合计			150	140	10

(2)教学方法

本课程主要以现场教学、案例教学为主,PPT、视频、动画、理论课堂等教学方法作为辅助。

(3)考核方式及成绩评定

①任课教师记录学员出勤和课堂情况,在课程结束时采用闭卷考试方式,试卷总分 100 分,最终结合平时成绩给出培训总成绩(其中平时成绩占 30%,闭卷考试成绩占 70%,总成绩 60 分及以上为合格)。

②学员培训总成绩不合格的安排一次补考,仍不合格须重修本课程。

③学员培训合格后参加中华人民共和国海事局组织的海船船员轮机员适任考试。

(4)教学条件(含实训条件、师资要求等)

①培训教师符合以下要求之一:

a.具有不少于 1 年的相应等级大管轮任职资历,并具有不少于 2 年的教学经历;

b.具有中级及以上职称,海上服务资历不少于 3 个月的机电专业教师。

②教学管理和资源保障:

a.质量管理体系文件《教学与管理人员控制程序》,对从事船员教育和培训的教师、职工提出了相应的配置、培训与考核要求,以保证教师按照要求得到相应的教育、培训,具备与所授课程有关的专业理论知识、专业教学经历和相应的船上任职资历。学员管理人员、教学与管理人员具有履行其岗位职责的水平和能力。

b.根据国家和海事主管机关的规定,对从事船员教育和培训的教师、管理人员提出配置和适任条件,并通过对教职工任职资格的审查等予以聘用,以使教师与管理人员达到岗位的任职条件和能力的要求。

c.根据海事主管机关规定船员培训及评估的要求,结合教师实际情况安排教师参加专门培训,获得船上经历等并满足有关规定标准后再准予上岗任教。

d.通过教职员工的年度工作总结和考核、部门年度工作总结与考核,以及业务培训等方法,不断地提高教职员工的素质和业务工作水平。

5.教材与参考书

(1)教材

①《船舶电气与自动化(船舶电气)》(978 - 7 - 5632 - 2734 - 1),张春来、林叶春主编,

大连海事大学出版社/人民交通出版社于 2012 年出版。

②《船舶电气与自动化(船舶自动化)》(978 - 7 - 5632 - 2704 - 4),林叶锦、徐善林主编,人民交通出版社/大连海事大学出版社于 2012 年出版。

③《船舶电气设备管理与工艺》(第 3 版)(978 - 7 - 5632 - 3182 - 9),张春来、吴浩峻主编,大连海事大学出版社于 2016 年出版。

④《船舶通信技术与业务》(978 - 7 - 5632 - 3882 - 8),王化民、李建民主编,大连海事大学出版社于 2020 年出版。

(2)参考书

①《海船船员适任考试和评估大纲》,大连海事大学出版社。

②《钢质海船入级和建造规范》,中国船级社,人民交通出版社。

附

广东某高等职业院校
第二学年第 1 学期授课计划

课 程 名 称:船舶电气与自动化

教材(版本):《船舶电气与自动化(船舶电气)》

出　版　社:大连海事大学出版社/人民交通出版社

教 材 主 编:张春来,林叶春

授 课 班 级:轮机工程技术

考 核 方 式:考试

课 程 标 准:"船舶电气与自动化"课程标准

教学目的与要求:掌握船用电机、电器和电力拖动基础;机舱和甲板机械电力拖动的控制;船舶电站与船舶电力网的组成、运行原理和管理技术;船舶照明系统,常用电工测量仪表;船舶电气设备及安全用电等。本课程具有较强的理论性和实践性,要求与实验相结合,让学生更易学懂和运用。

主 讲 教 师:＿＿＿＿＿＿＿＿(签名)　　　职称:＿＿＿＿＿＿＿＿

专业系主任:＿＿＿＿＿＿＿＿(签名)　　　日期:＿＿＿＿＿＿＿＿

副　院　长:＿＿＿＿＿＿＿＿(签名)　　　日期:＿＿＿＿＿＿＿＿

院　　　长:＿＿＿＿＿＿＿＿(签名)　　　日期:＿＿＿＿＿＿＿＿

第二学年第 1 学期授课计划

周别	课次	授课章节与内容提要	课时安排					
			课堂讲授	课堂练习	实验实习	现场教学	复习考试	机动备注
	1	船舶电机与电力拖动系统	2					作业
	2	船舶电机与电力拖动系统	2					
	3	变压器	2					现场
	4	变压器	2					
	5	交流异步电动机				2		现场
	6	交流异步电动机	2					
	7	控制电机及在船舶上的应用	2					讲解
	8	控制电机及在船舶上的应用	2					

（续1）

周别	课次	授课章节与内容提要	课堂讲授	课堂练习	实验实习	现场教学	复习考试	机动备注
					课时安排			
	9	船舶常用控制电器				2		现场
	10	船舶常用控制电器	2					
	11	异步电机常用控制电路	2					作业
	12	异步电机常用控制电路	2					
	13	国庆放假						2
	14	常用船舶辅机控制电路分析				2		现场
	15	常用船舶辅机控制电路分析	2					
	16	锚机、绞缆机电力拖动系统	2					预习
	17	锚机、绞缆机电力拖动系统	2					
	18	起货机电力拖动系统	2					投影
	19	船舶舵机控制系统	2					预习
	20	船舶发电机和配电系统				2		现场
	21	船舶发电机和配电系统	2					
	22	船舶电力系统的基本概念				2		现场
	23	船舶主配电板				2		现场
	24	船舶主配电板	2					
	25	船舶同步发电机的并联运行				2		模拟器
	26	船舶同步发电机的并联运行	2					
	27	并联运行发电机组功率分配				2		现场
	28	无功功率分配	2					作业
	29	电站运行的安全保护/轴带发电机	2					预习
	30	电站运行的安全保护/轴带发电机	2					
	31	高压电力系统/船舶照明系统	2					预习
	32	电站自动化/船舶电气系统的工作安全要求	2					作业
	33	控制线路装配/电气控制箱故障检查与排除	2					现场
	34	船用电机的维修				2		现场

（续 2）

周别	课次	授课章节与内容提要	课时安排					
			课堂讲授	课堂练习	实验实习	现场教学	复习考试	机动备注
	35	控制线路装配/电气控制箱故障检查与排除	2					
	36	船用电机的维修	2					
	37	控制线路装配/电气控制箱故障检查与排除	2					
	38	习题复习					2	
计划课时		76　小计　76	54			18	2	2

广东某高等职业院校
第二学年第 2 学期授课计划

课 程 名 称:船舶电气与自动化
教材(版本):《船舶电气与自动化(船舶自动化)》(自动化)
出　版　社:大连海事大学出版社/人民交通出版社
教 材 主 编:林叶锦,徐善林
授 课 班 级:轮机工程技术
考 核 方 式:考试
课 程 标 准:"船舶电气与自动化"课程标准

　　教学目的与要求:掌握船舶反馈控制系统、船舶计算机及船舶网络、船舶机舱辅助控制系统、船舶蒸汽锅炉的自动控制、船舶主机遥控系统、船舶机舱监测与报警系统、船舶火灾自动报警系统等船舶自动化知识,符合 STCW 公约要求,满足我国海船船员适任考试大纲要求,内容紧密结合现代船舶自动化应用技术,强调动手能力,并结合评估项目同时进行教学。

主 讲 教 师:＿＿＿＿＿＿＿(签名)　　　职称:＿＿＿＿＿＿
专业系主任:＿＿＿＿＿＿＿(签名)　　　日期:＿＿＿＿＿＿
副 院 长:＿＿＿＿＿＿＿(签名)　　　日期:＿＿＿＿＿＿
院 长:＿＿＿＿＿＿＿(签名)　　　日期:＿＿＿＿＿＿

第二学年第 2 学期授课计划

周别	课次	授课章节与内容提要	课时安排					
			课堂讲授	课堂练习	实验实习	现场教学	复习考试	机动备注
1	1	5.1 船舶反馈控制系统基础	2					
1	2	自动化仪表的基本知识	2					2
2	3	自动化仪表的基本知识	2					
2	4	传感器与变送器	2					2
3	5	执行机构				2		
3	6	反馈控制系统的参数调整	2					
4	7	反馈控制系统的参数调整	2					
4	8	6.1 船舶计算机及船舶网络基础	2					
5	9	微型计算机基本概念	2					
5	10	微型计算机基本概念	2					
6	11	单片微型计算机基础知识	2					
6	12	程序调试				2		
7	13	可编程序控制器 PLC 的基础知识			2			
7	14	可编程序控制调试			2			
8	15	可编程序控制调试	2					
8	16	计算机网络基础知识			2			
9	17	计算机网络调试			2			
9	18	7.1 船舶机舱辅助控制	2					
10	19	冷却水温度控制系统	2					
10	20	燃油供油单元自动控制系统	2					
11	21	燃油净油单元自动控制系统	2					
11	22	8.1 船舶蒸汽锅炉的自动控制				2		
12	23	锅炉水位的自动控制				2		单班
12	24	蒸汽压力的自动控制				2		单班
13	25	锅炉水位的自动控制				2		单班
13	26	蒸汽压力的自动控制				2		单班
14	27	9.1 船舶主机遥控系统	2					
14	28	主机遥控系统的主要气动元部件	2					
17	29	车钟系统及操纵部位的转换				2		

（续）

周别	课次	授课章节与内容提要	课时安排					
			课堂讲授	课堂练习	实验实习	现场教学	复习考试	机动备注
15	30	主机遥控系统电气转换装置和执行机构			2			
15	31	船舶柴油机主机气动操纵系统微机控制的主机遥控系统				2		
16	32	船舶柴油机主机气动操纵系统微机控制的主机遥控系统	2					
16	33	现场总线主机遥控系统电控柴油机控制系统			2			
17	34	现场总线主机遥控系统电控柴油机控制系统	2					
17	35	10.1 船舶机舱监测与报警系统基础知识、曲轴箱油雾浓度监视报警系统 11.1 船舶火灾自动报警系统	2					
18	36	主机遥控系统	2					
18	37	监测与报警系统	2					
计划课时	74	小计　74	48		12	12		2

附：实验实习计划安排表

主讲教师：_____　　　实验实习指导教师：_____

序号	实验实习名称	计划实验实习时间			人数	准备部门、地点
		周	星期	节		
1	可编程序控制器 PLC 的基础知识	5	1	3/4		PLC 实训室
2	可编程序控制调试	6	1	3/4		PLC 实训室
3	计算机网络调试	7	2	5/6		网络实训室
4	主机遥控系统电气转换装置和执行机构	16	2	5/6		轮机自动化机舱
5	现场总线主机遥控系统	17	2	5/6		轮机自动化机舱

4.1.6 "船舶辅机(热工与流力)"课程教学大纲

1. 课程教学大纲基本信息

表 4.11 "船舶辅机(热工与流力)"课程教学大纲基本信息

课程名称	船舶辅机(热工与流力)			课程代码	143030B
学分	2.5	课时：__48__　其中含理论课时：__48__		实操课时：__0__	
课程性质：☑ 必修课　　　□选修课					
课程类型：□公共课程(含公共基础平台课程、通识课程、公选课程等) 　　　　　☑(跨)专业群基础平台课程　　　□专业课程 课程特性：☑学科性课程　　　□工作过程系统化课程　　　□项目化课程 　　　　　□任务导向课程　　　□其他 教学组织：☑ 以教为主(理论为主)□以做为主(实践为主)□理实一体(理论＋实践)					
编写年月	2020 年 1 月	执　笔	DSX	审　核	TJJ

2. 课程性质、任务与目的及基本要求

"船舶辅机(热工与流力)"是轮机专业的主要技术基础课之一。本课程教学目的与要求是使学生掌握流体力学、工程热力学、传热学以及船用量具、仪表和单位等基本知识,培养学生将知识应用于轮机实践中解决生产实际问题的能力。本课程在有关的计算技能和实验技能方面也使学生得到一定的训练。本课程是学习"船舶柴油机"和"船舶辅机"等轮机专业后续课程的基础,也是从事轮机管理工作和科学研究的重要理论基础。通过该课程的学习,学生可以更好地理解并掌握后续相关的专业课程,为以后从事轮机工程技术工作打下坚实的理论基础。

3. 教学内容及要求

教学内容包括工程热力学及流体力学等章节。

具体包含《培训大纲》中的以下内容:

1.4.1.1 船用柴油机

1.4.1.1.1 热机循环

1.4.1.1.2 理想气体循环

1.4.1.2 船用蒸汽轮机

1.4.1.2.1 郎肯循环

1.4.1.2.2 基本结构

1.4.1.2.3 工作原理

1.4.1.3 船用燃气轮机

1.4.1.3.1 运行原理

1.4.1.3.2 基本结构

(一)流体力学知识模块

1. 通过对作用于静止流体的力的介绍,理解流体静压强的特性及平衡方程式。

2.结合生产实际,掌握绝对压强和相对压强的计算方法。

3.掌握流线、迹线、流管和流束、有效截面、流量和流速等概念。

4.理解流线以及流线的特征;

5.理解缓变流与急变流,掌握质量流速和体积流速,熟悉它们的关系式。

6.掌握雷诺数的定义及物理意义;熟悉沿程阻力与局部阻力的计算公式;掌握皮托管的测速原理;掌握节流式流量计的测量原理。

7.理解流体在管道中的流动,流动阻力与水头损失。

(二)工程热力学知识模块

1.了解能源的分类,了解工程热力学研究的主要内容。

2.掌握工质的状态参数以及各状态参数意义,以理想气体为研究对象,掌握其状态方程式及比热容的计算方法。

3.掌握热力学第一定律及第二定律,以理想气体为研究对象,掌握四个基本热力过程,掌握卡诺循环的基本概念,熟悉热力学热功转换量的计算。

4.掌握水蒸气的热物理性质,掌握水蒸气的产生过程,掌握水和水蒸气的热力性质表和焓熵图的用法;了解湿空气的物理性质。

5.掌握稳定流动的基本方程式、气体在喷管内的流动特征;了解气体在扩压管中的流动特征;掌握喷管出口流速及临界流速的计算、喷管中气体的流量和最大流量的计算;掌握绝热节流的概念。

6.掌握朗肯循环、再热循环、回热循环、热电联产循环;掌握蒸汽参数对朗肯循环热效率的影响。

(三)传热学知识模块

1.掌握导热的基本定律,熟悉平板和圆筒的导热计算。

2.掌握对流换热的分类,影响对流换热的主要因素,了解相似理论,理解不同条件下的对流换热计算公式。

3.掌握热辐射、辐射力、单色辐射力、辐射强度、黑度、单色黑度、灰体的概念;掌握辐射换热的特点。

4.掌握传热过程,根据现场实际,熟悉传热的强化及削弱;掌握换热器的类型及其计算。

课程的重点、难点及解决办法

重点:

1.工程热力学研究对象——工质性质的状态方程和图表。

2.热力学第一定律、热力学第二定律及其在各种热力装置分析中的实际应用。

3.传热的基本规律和各种典型传热问题的分析方法。

4.流体处于平衡与运动中的基本力学规律,以及这些规律在实际中的应用。

难点:

1.通过本课程的教学,使学生牢固掌握热力学的基本概念和基本原理并运用这些概念和原理分析热力工程实际问题的方法。

2.掌握基本热力参数的测量和计算以及热力过程、热力循环、制冷循环特点参数,功量、热量、热效率、制冷系统的计算。

3. 一般热问题的计算;了解理想循环与实际循环的联系和区别,了解评价热力系统能量品质的方法。

4. 掌握流体的主要物理性质,静力学基本方程,连续方程、能量方程、动量方程、流动形态与水头损失,液体的节流与缝隙流动等基本理论知识。

5. 能运用上述理论知识计算流体总静压力,管道流动的流速、流量方程和水头损失。对流动现象及其特征具有一定的分析能力。

解决办法:

1. 课程教学突出应用为主线,灵活运用多种教学方法、手段培养学生实际工程应用的能力。

2. 增加学生自己动手动脑学习计算的机会,启发学生去思考,并同时多提出问题,请学生回答并解释,以此来培养和提高学生独立思考的能力。采取学生提问、教师提问、课堂讨论等方法调动学生的主观能动性,教与学融为一体,使学生成为课堂的主体。

3. 向学生介绍学习参考资料,除使用的教材外,还有其他参考教材、电子资料,使学生对自己应掌握的知识点及通过学习应具备的各专项能力有一个清晰的认识,明确学习目的。

4. 理论教学、现场教学、实验教学、课堂讨论等教学手段相结合,以大量形象直观的应用实例让学生对生产和生活中的热工基础知识应用有更广泛的了解,开阔眼界,从而提高学生的学习兴趣和积极性。

5. 充分利用网络教学资源,积极开展学生的课外自主学习。

4. 课程实施建议

(1)"船舶辅机(热工与流力)"课程课时分配(表4.12)

表4.12　"船舶辅机(热工与流力)"课程课时分配表

序号	课程章节	课时	课时分配	
			理论	实践
1	流体力学知识	16	16	
2	工程热力学知识	16	16	
3	传热学知识	16	16	
	合计	48	48	

(2)教学方法

本课程主要以现场教学、案例教学为主,PPT、视频、动画、理论课堂等教学方法作为辅助。

(3)考核方式及成绩评定

①任课教师记录学员出勤和课堂情况,在课程结束时采用闭卷考试方式,试卷总分100分,最终结合平时成绩给出培训总成绩(其中平时成绩占30%,闭卷考试成绩占70%,总成绩60分及以上为合格)。

②学员培训总成绩不合格的安排一次补考,仍不合格须重修本课程。

③学员培训合格后参加中华人民共和国海事局组织的海船船员轮机员适任考试。

(4)教学条件(含实训条件、师资要求等)

①培训教师符合以下要求之一:

a.具有不少于 1 年的相应等级大管轮任职资历,并具有不少于 2 年的教学经历;

b.具有中级及以上职称,海上服务资历不少于 3 个月的机电专业教师。

②教学管理和资源保障:

a.质量管理体系文件《教学与管理人员控制程序》,对从事船员教育和培训的教师、职工提出了相应的配置、培训与考核要求,以保证教师按照要求得到相应的教育、培训,具备与所授课程有关的专业理论知识、专业教学经历和相应的船上任职资历。学员管理人员、教学与管理人员具有履行其岗位职责的水平和能力。

b.根据国家和海事主管机关的规定,对从事船员教育和培训的教师、管理人员提出配置和适任条件,并通过对教职工任职资格的审查等予以聘用,以使教师与管理人员达到岗位的任职条件和能力的要求。

c.根据海事主管机关规定船员培训及评估的要求,结合教师实际情况安排教师参加专门培训,获得船上经历等并满足有关规定标准后再准予上岗任教。

d.通过教职员工的年度工作总结和考核、部门年度工作总结与考核,以及业务培训等方法,不断地提高教职员工的素质和业务工作水平。

5.教材与参考书

(1)教材

①《船舶辅机》(978 - 7 - 5632 - 3385 - 4),陈海泉主编,大连海事大学出版社于 2016年出版。

②《轮机热工基础》(978 - 7 - 5632 - 3137 - 9),王斌主编,大连海事大学出版社于 2015年出版。

(2)参考书

①《热工基础》,王志信主编,大连海事大学出版社于 1999 年出版。

②《热工基础》,张学学、李桂馥主编,高等教育出版社于 2000 年出版。

③《工程热力学》,沈维道、蒋智敏、童钧耕主编,高等教育出版社于 2001 年出版。

④*Mechanice of Fluids*,Merle C. P. 主编,机械工业出版社于 2003 年出版。

⑤《工程流体力学》,周云龙、洪文鹏主编,中国电力出版社于 2004 年出版。

⑥《流体力学》,景思睿、张鸣远编著,西安交通大学出版社于 2001 年出版。

⑦《传热学》(第三版),杨世铭、陶文栓编著,高等教育出版社于 1998 年出版。

附

广东某高等职业院校
第一学年第 2 学期授课计划

课　程　名　称:船舶辅机(热工与流力)

教材(版本):《船舶辅机》

出　　版　　社:大连海事大学出版社

教材主编:陈海泉

授　课　班　级:轮机班

考　核　方　式:考查

课　程　标　准:"船舶辅机"课程标准

教学目的与要求:通过本课程的学习,学生应理解和掌握轮机流体、热、功及传热等专业基础知识,掌握热工仪表量具的使用方法,为进一步学习专业课程打下基础;并且要求能顺利通过船舶辅机全国统考,取得相应的证书。

主讲教师:＿＿＿＿＿＿＿＿＿(签名)　　　　职称:＿＿＿＿＿＿＿

专业系主任:＿＿＿＿＿＿＿＿＿(签名)　　　　日期:＿＿＿＿＿＿＿

副　院　长:＿＿＿＿＿＿＿＿＿(签名)　　　　日期:＿＿＿＿＿＿＿

院　　　　长:＿＿＿＿＿＿＿＿＿(签名)　　　　日期:＿＿＿＿＿＿＿

第一学年第 2 学期授课计划

周别	课次	授课章节与内容提要	课时安排					
			课堂讲授	课堂练习	实验实习	现场教学	复习考试	机动备注
单	1	第一讲 流体的物理性质	2					
双	2	第二讲 流体静力学基本方程	2					
	3	第三讲 流体运动学基础	2					
单	4	第四讲 流体动力学基础(1)	2					
双	5	第五讲 流体动力学基础(2)	2					
	6	第六讲 热力学基本概念(1)	2					
单	7	第七讲 热力学基本概念(2)	2					
双	8	第八讲 热力学第一定律(1)	2					
	9	第九讲 热力学第一定律(2)	2					
单	10	第十讲 热力学第二定律	2					

（续）

周别	课次	授课章节与内容提要	课时安排					
			课堂讲授	课堂练习	实验实习	现场教学	复习考试	机动备注
双	11	第十一讲 理想气体的热力性质与热力过程（1）	2					
	12	第十一讲 理想气体的热力性质与热力过程（2）	2					
单	13	第十三讲 理想气体的热力性质与热力过程（1）	2					
双	14	第十三讲 理想气体的热力性质与热力过程（2）	2					
	15	第十四讲 水蒸气（1）	2					
单	16	第十五讲 水蒸气（2）	2					
双	17	第十六讲 气体流动	2					
	18	第十七讲 压气机热力过程（1）	2					
单	19	第十八讲 压气机热力过程（2）	2					
双	20	第十九讲 气体动力循环（1）	2					
	21	第二十讲 气体动力循环（2）	2					
单	22	第二十一讲 气体动力循环（3）	2					
双	23	第二十二讲 蒸汽动力循环	2					
	24	第二十三讲 蒸汽压缩制冷循环（1）	2					
计划课时		48	小计	48	48			

4.1.7 "船舶辅机"课程教学大纲

1. 课程教学大纲基本信息

"船舶辅机"课程教学大纲基本信息见表4.13。

表 4.13　"船舶辅机"课程教学大纲基本信息

课程名称	船舶辅机		课程代码	143017B
学分	6	课时：　106　其中含理论课时：　106　实操课时：　0		

课程性质:☑ 必修课　　　□选修课

课程类型:□公共课程(含公共基础平台课程、通识课程、公选课程等)
　　　　　□(跨)专业群基础平台课程　　☑ 专业课程

课程特性:☑学科性课程　　□工作过程系统化课程　　□项目化课程
　　　　　□任务导向课程　　□其他

教学组织:☑ 以教为主(理论为主)　　□以做为主(实践为主)　　□理实一体(理论＋实践)

编写年月	2020 年 1 月	执 笔	DSX	审 核	TJJ

2. 课程性质、任务与目的及基本要求

课程性质:"船舶辅机"是船舶轮机工程技术专业必修的一门专业核心课程,海船轮机员职业证书的考试科目之一。

课程的任务是:通过本课程的学习,学生可较为全面地理解各种船舶辅机的工作原理、性能特点、典型结构,并掌握管理要点;培养学生科学地管理、使用、维修及评估船舶辅机设备系统的技术能力,分析处理船舶辅机常见故障的独立工作能力和及时了解与正确管理船舶辅机先进技术设备的能力,达到 STCW 公约和《海船船员适任考试和评估大纲》对本课程的要求,并具有一定的设计能力。

目的:使学生全面系统地掌握各种船舶辅机的工作原理、性能特点、典型结构、使用和维护管理要点,以及常见故障的分析和处理方法。

基本要求:"船舶辅机"以船用泵、空压机、甲板机械、锅炉、造水机等船舶辅助机械的结构与功用为基础,在此基础上联系实际,力求使学生具有实际操作和管理船舶辅助机械设备的能力。

3. 教学内容及要求

教学内容包括船用泵和空气压缩机、甲板机械、船舶制冷装置和空气调节装置、船舶锅炉和海水淡化装置等章节。

具体包含《培训大纲》中的以下内容:

1.4.1.4 船用锅炉

1.4.1.4.1 蒸汽锅炉的燃油雾化及燃烧

1.4.1.4.2 船用锅炉基础

1.4.1.4.3 船用锅炉结构

1.4.1.4.4 船用锅炉附件及蒸汽分配

1.4.1.6 其他辅助设备

1.4.1.6.1.1 泵的工作原理

1.4.1.6.1.2 泵的类型

1.4.1.6.2.1 船舶制冷循环

1.4.1.6.2.2 制冷工作原理

1.4.1.6.2.3 制冷压缩机

1.4.1.6.2.4 制冷系统组件

1.4.1.6.2.5 盐水冷却系统

1.4.1.6.2.6 冷藏室

1.4.1.6.3 空调及通风系统

1.4.1.6.4 换热器

1.4.1.6.5 船用海水淡化装置

1.4.1.6.6 空压机及系统原理

1.4.1.6.7 分油机及燃油处理

1.4.1.6.8 热油加热系统

1.4.1.7 舵机

1.4.1.7.1 液压基础

1.4.1.7.2 舵机工作原理

1.4.1.7.3 舵机电气控制

1.4.1.7.4 液压动力舵机系统

1.4.1.10 甲板机械

1.4.1.10.1 锚机与绞缆机

1.4.1.10.2 起货机

1.4.1.10.3 救生艇吊

第一章　船用泵和空气压缩机

【目的要求】

1.了解船用泵和空气压缩机的分类和工作原理。

2.理解船用泵和空气压缩机的内部结构和功能特点。

3.掌握船用泵和空气压缩机的使用管理和常见故障的分析与处理。

【主要内容】

1.1 船用泵

1.1.1 船用泵的性能参数

1.1.2 电动往复泵、齿轮泵、叶片泵、螺杆泵、水环泵、离心泵、旋涡泵、喷射泵的工作原理、典型结构、性能特点和管理、维修要点

1.1.3 泵的正常工作条件和常见故障的分析与处理

重点：

1.性能参数的定义；

2.各种船用泵的工作原理及结构。

难点：

1.典型结构；

2.气蚀；

3.故障分析。

1.2 空气压缩机

1.2.1 空气压缩机的工作原理和典型结构

1.2.2 空气压缩机的操作管理和常见故障分析

重点:两级压缩中间冷却。

第二章　甲板机械

【目的要求】

1.了解液压系统组成和工作原理。

2.理解各类液压控制阀、液压泵、液压马达及液压辅件的性能指标工作原理、典型结构及管理要点。

3.掌握常见液压甲板机械舵机、锚机、绞缆机、起货机的操作与故障排除。

【主要内容】

2.1 液压元件和液压油

2.1.1 液压传动的基本原理及常见液压元件的名称、作用和图形符号

2.1.2 液压控制阀的工作原理、典型结构和常见故障及排除

2.1.3 柱塞式液压泵的基本工作原理、斜盘式轴向柱塞泵的典型结构和管理

2.1.4 船用液压马达的基本工作原理、典型结构和管理,影响液压马达的转速、转矩和功率的主要因素

2.1.5 液压系统辅助元件的作用、结构特点和管理

2.1.6 液压油的选择和管理

重点:

1.液压四大元件的工作原理及结构特点;

2.各元件的管理和故障分析。

难点:

1.控制阀的原理及结构;

2.液压泵及液压马达的典型结构。

2.2 船舶舵机

2.2.1 舵设备的工作原理和对舵机的技术要求

2.2.2 典型液压舵机的组成、工作原理和应急使用

2.2.3 常用转舵机构的结构和特点

2.2.4 典型液压舵机遥控系统的组成和工作原理

重点:

1.对舵机的要求及液压舵机的组成;

2.对舵机的管理。

难点:

转舵机构的结构及特点。

2.3 起货机、锚机和绞缆机

2.3.1 起货机、锚机和绞缆机的主要类型、基本组成及对它们的技术要求

2.3.2 起货机和锚缆机械的基本液压系统及工况分析

2.4 液压甲板机械的维护管理

重点：

开式和闭式液压系统的工作特点。

难点：

起货机的各种系统的工作原理。

第三章　船舶制冷装置和空气调节装置

【目的要求】

1. 了解船舶制冷和空气调节装置的原理。

2. 理解制冷和空调装置中压缩机、冷凝器和蒸发器、辅助元件、自动化元件的功用、典型构造和工作原理。

3. 掌握制冷装置和空气调节装置的使用管理办法和常见故障的分析和排除。

【主要内容】

3.1 船舶制冷装置

3.1.1 食品冷藏原理和冷藏条件

3.1.2 蒸气压缩式制冷的基本理论和工况分析

3.1.3 制冷剂、载冷剂和冷冻机油的性质和要求

3.1.4 活塞式制冷压缩机的典型结构、能量调节和卸载机构

3.1.5 制冷系统各种辅助设备的结构和工作原理

3.1.6 制冷装置的自动控制和安全保护元件的结构、原理、安装、调试和选用方法

3.1.7 冷库和制冷装置的验收和日常操作管理

3.1.8 制冷装置常见故障的分析与处理

3.2 船舶空调装置

3.2.1 对船舶空调装置的要求

3.2.2 集中式船舶空调装置的概况和分类、送风量和送风参数的调节方法

3.2.3 集中式空气调节器和布风器的典型结构和工作原理

3.2.4 船舶空调装置的自动控制

3.2.5 船舶空调装置的管理

重点：

蒸气压缩式制冷的基本理论、各种制冷元件的工作原理及结构特点。

难点：

压缩机的典型结构及自动控制元件的工作原理。

第四章　船舶锅炉和海水淡化装置

【目的要求】

1. 了解船舶锅炉和海水淡化装置的工作原理。

2. 理解船用辅锅炉和海水淡化装置的典型结构和功能特点。

3．掌握船用辅锅炉和海水淡化装置使用管理和常见故障的分析与处理。

【主要内容】

4.1 船舶辅锅炉

4.1.1 辅锅炉和废气锅炉的性能参数、典型结构及特点

4.1.2 辅锅炉的燃烧装置、燃油系统及其管理

4.1.3 辅锅炉的汽水系统、水位表、安全阀及其管理

4.1.4 锅炉水的化验和处理

4.1.5 辅锅炉的自动控制和安全保护

4.1.6 辅锅炉的运行和维护管理

重点：

1．典型结构及特点；

2．锅炉的各个系统的工作原理；

3．运行管理。

难点：

锅炉的水质化验。

4.2 海水淡化装置

4.2.1 船舶对淡水的要求

4.2.2 真空沸腾式海水蒸馏装置的工作原理和影响工作的因素

4.2.3 典型的真空沸腾式海水蒸馏装置的结构、工作系统及其使用、管理和维护

4.2.4 盐度计

重点：

沸腾式海水淡化装置的工作原理及结构特点、运行管理。

难点：

故障分析、工作系统。

4．"船舶辅机"课程课时分配(表 4.14)

表 4.14　"船舶辅机"课程课时分配表

课程内容		课时分配				
		讲课	实验	习题课	课程设计	机动
船舶辅机	往复泵	4				
	回转泵	4				
	离心泵	4				
	旋涡泵	4				
	喷射泵	4				
	活塞式空气压缩机	10				

表 4.14(续)

课程内容		课时分配				
		讲课	实验	习题课	课程设计	机动
船舶辅机	液压元件和液压油	10				
	舵机	8				
	起货机	8				
	锚机和绞缆机	8				
	船舶制冷装置	12				
	船舶空气调节装置	10				
	船舶锅炉	10				
	船舶海水淡化装置	10				
合计		106				

5. 教学建议

(1)实践教学师生配比:1:20;理论教学 2 个班合班上课。

(2)教师资格,须满足下列条件之一:

①具有不少于 1 年的相应等级大管轮任职资历,并具有不少于 2 年的教学经历;

②具有中级及以上职称,海上服务资历不少于 3 个月的机电专业教师。

(3)教学管理和资源保障:

①质量管理体系文件《教学与管理人员控制程序》,对从事船员教育和培训的教师、职工提出了相应的配置、培训与考核要求,以保证教师按照要求得到相应的教育、培训,具备与所授课程有关的专业理论知识、专业教学经历和相应的船上任职资历。学员管理人员、教学与管理人员具有履行其岗位职责的水平和能力。

②根据国家和海事主管机关的规定,对从事船员教育和培训的教师、管理人员提出配置和适任条件,并通过对教职工任职资格的审查等予以聘用,以使教师与管理人员达到岗位的任职条件和能力的要求。

③根据海事主管机关规定船员培训及评估的要求,结合教师实际情况安排教师参加专门培训,获得船上经历等并满足有关规定标准后再准予上岗任教。

④通过教职员工的年度工作总结和考核、部门年度工作总结与考核,以及业务培训等方法,不断地提高教职员工的素质和业务工作水平。

(4)对教学手段的改进

①不断添置和更新实验设备,加强理论教学与实操评估教学的联系。

②重视辅助教学,例如实物教学、多媒体教学等。

③重视课外作业。

④加强教学法研究和教学经验交流。

6. 课程考核方式

本课程为考试科目,包括作业、考勤的平时成绩,占30%,期终考成绩,占70%。教学上布置适当思考题和每部分的课外作业,特别是在涉及一些难点方面内容时。考试内容、题型应尽量与《海船船员适任考试和评估大纲》的要求一致。

期终考试试卷满分 100 分,考试时间 100 分钟,闭卷。成绩 60 分及格,不及格者给予补考一次。

7. 教材与参考书

(1)教材

《船舶辅机》(978 – 7 – 5632 – 3385 – 4),陈海泉主编,大连海事大学出版社于 2016 年出版。

(2)参考书

①《船舶辅机》,费千、温纳新、龚利平主编,人民交通出版社。

②《船舶辅机考证指南》,郑士君、李新棪、戴泽民编著,人民交通出版社。

附

广东某高等职业院校
第二学年第 1 学期授课计划

课　程　名　称:船舶辅机
教材(版本):《船舶辅机》
出　　版　　社:大连海事大学出版社
教　材　主　编:陈海泉
授　课　班　级:轮机班
考　核　方　式:考试
课　程　标　准:"船舶辅机"课程标准

教学目的与要求:本课程采用课堂教学和学生自主实践操作相结合的教学方法,通过教学,学生应掌握船舶主要泵浦、船舶辅助管系、船用空压机、船舶制冷和中央空调系统等机械设备的结构、工作原理、主要性能、调试操作和典型系统设备的养、用、管、修技术与常见故障分析等知识内容。通过本课程的学习,学生还要养成吃苦耐劳、精益求精、团结协作、自主探索的职业素养。

主　讲　教　师:＿＿＿＿＿＿＿＿(签名)　　　职称:＿＿＿＿＿＿
专业系主任:＿＿＿＿＿＿＿＿(签名)　　　日期:＿＿＿＿＿＿
副　　院　　长:＿＿＿＿＿＿＿＿(签名)　　　日期:＿＿＿＿＿＿
院　　　　长:＿＿＿＿＿＿＿＿(签名)　　　日期:＿＿＿＿＿＿

第二学年第 1 学期授课计划

周别	课次	授课章节与内容提要	课时安排					
			课堂讲授	课堂练习	实验实习	现场教学	复习考试	机动备注
	1	船用泵的操作与管理	2					
	2	船用泵的操作与管理	2					
	3	船用泵的操作与管理	2					
	4	船用泵的操作与管理	2					
	5	船用泵的操作与管理	2					
	6	船用泵的操作与管理	2					
	7	船用泵的操作与管理	2					
	8	船用泵的操作与管理	2					
	9	船用泵的操作与管理	2					

（续）

周别	课次	授课章节与内容提要	课时安排					
			课堂讲授	课堂练习	实验实习	现场教学	复习考试	机动备注
	10	现场教学：船用泵的拆装与操作				2		
	11	活塞式空气压缩机的操作与管理	2					
	12	活塞式空气压缩机的操作与管理	2					
	13	活塞式空气压缩机的操作与管理	2					
	14	活塞式空气压缩机的操作与管理	2					
	15	活塞式空气压缩机的操作与管理	2					
	16	液压甲板机械的操作与管理	2					
	17	液压甲板机械的操作与管理	2					
	18	液压甲板机械的操作与管理	2					
	19	液压甲板机械的操作与管理	2					
	20	液压甲板机械的操作与管理	2					
	21	液压甲板机械的操作与管理	2					
	22	液压甲板机械的操作与管理	2					
	23	液压甲板机械的操作与管理	2					
	24	液压甲板机械的操作与管理	2					
	25	液压甲板机械的操作与管理	2					
	26	液压甲板机械的操作与管理	2					
	27	液压甲板机械的操作与管理	2					
	28	液压甲板机械的操作与管理	2					
	29	液压甲板机械的操作与管理	2					
	30	液压甲板机械的操作与管理	2					
计划课时	60	小计　60	58	0	0	2	0	0

第二学年第 2 学期授课计划

周别	课次	授课章节与内容提要	课时安排					
			课堂讲授	课堂练习	实验实习	现场教学	复习考试	机动备注
	1	液压甲板机械的操作与管理	2					
	2	液压甲板机械的操作与管理	2					
	3	船舶制冷装置的操作与管理	2					
	4	船舶制冷装置的操作与管理	2					
	5	船舶制冷装置的操作与管理	2					
	6	船舶制冷装置的操作与管理	2					
	7	船舶制冷装置的操作与管理	2					
	8	船舶制冷装置的操作与管理	2					
	9	船舶空调的操作与管理	2					
	10	船舶空调的操作与管理	2					
	11	船舶空调的操作与管理	2					
	12	船舶空调的操作与管理	2					
	13	船舶空调的操作与管理	2					
	14	海水淡化装置的操作与管理	2					
	15	海水淡化装置的操作与管理	2					
	16	海水淡化装置的操作与管理	2					
	17	海水淡化装置的操作与管理	2					
	18	海水淡化装置的操作与管理	2					
	19	船舶锅炉的操作与管理	2					
	20	船舶锅炉的操作与管理	2					
	21	船舶锅炉的操作与管理	2					
	22	船舶锅炉的操作与管理	2					
	23	船舶锅炉的操作与管理	2					
计划课时	46	小计　46	46	0	0	0	0	0

4.1.8　"主推进动力装置(机械基础)"课程教学大纲

1. 课程教学大纲基本信息

"主推进动力装置(机械基础)"课程教学大纲基本信息见表 4.15。

表 4.15　"主推进动力装置(机械基础)"课程教学大纲基本信息

课程名称	主推进动力装置(机械基础)		课程代码	143016B
学分	2	课时:__38__ 其中含理论课时:__38__ 实操课时:__0__		

课程性质:☑ 必修课　　　□选修课

课程类型:□公共课程(含公共基础平台课程、通识课程、公选课程等)
　　　　　　□(跨)专业群基础平台课程　　☑ 专业课程

课程特性:☑学科性课程　　□工作过程系统化课程　　□项目化课程
　　　　　　□任务导向课程　　□其他

教学组织:☑ 以教为主(理论为主)　　□以做为主(实践为主)　　□理实一体(理论＋实践)

编写年月	2020 年 1 月	执 笔	WL	审 核	TJJ

2. 课程性质、任务与目的及基本要求

"主推进动力装置(机械基础)"课程是轮机工程专业的一门重要技术基础课,也是学生参加海船船员适任证书考试的必考课程之一。本课程的任务是使学生掌握轮机力学、轮机工程材料、机构与机械传动等模块的知识内容,使学生从学习方法到学习内容两方面实现由基础知识学习到专业知识学习的顺利衔接与过渡,培养学生将知识应用于轮机实践中解决生产实际问题的能力。本课程在基础课和专业课的学习中起到承上启下的作用,涉及的内容广、理论性强,是轮机工程技术人员在生产管理中必须具备的基本知识。通过该课程的学习,学生可以更好地理解并掌握后续相关的专业课程,为以后从事轮机工程技术工作打下坚实的理论基础。

3. 教学内容及要求

具体包含《培训大纲》中的以下内容:

3.1.1 船舶与设备建造和修理材料的使用特性与局限

3.1.1.1 金属冶炼和金属加工基础

3.1.1.2 特性与使用

3.1.1.3 非金属材料

3.1.2 船舶设备装配和修理材料处理的特性与局限

3.1.2.1 材料处理

3.1.2.2 碳钢热处理

3.1.3 船舶系统及组件装配和修理时应考虑的材料特性与参数

3.1.3.1 材料载荷

3.1.3.2 振动

3.2.2 适当的基础机械知识和技能(表 4.16)

表 4.16　基础机械知识和技能

序号	课题	知识	能力	基本要求
1	力学基础	1. 刚体、力和力偶； 2. 约束、约束反力和受力图	具备对物体受力分析和绘制受力图的能力	1. 掌握力、刚体、平衡、约束和约束反力等基本概念； 2. 掌握各种约束的特点及反力方向
2	刚体系统的平衡	1. 汇交力系、力偶系、一般力系； 2. 力系的简化与平衡条件	具备对力矩、力系简化和计算能力	1. 掌握力矩的概念及计算方法； 2. 了解力偶性能、力偶系的合成及力偶的等效条件； 3. 掌握汇交力系、力偶系、一般力系的简化方法和平衡条件
3	刚体的基本运动	1. 速度和加速度； 2. 角速度和角加速度； 3. 刚体的平动和定轴转动	具备分析刚体运动特征的基础知识和能力	1. 掌握速度与加速度、角速度与角加速度的基本概念； 2. 理解刚体的平动和定轴转动的特征； 3. 了解定轴转动刚体上质点的速度、加速度、角速度和角加速度的分布规律
4	机械振动	1. 机械振动和分类； 2. 自由振动； 3. 有阻尼受迫振动； 4. 振动的利用及消除方法	具备应用机械振动的基础知识分析柴油机振动的能力	1. 掌握机械振动产生的原因、危害及分类； 2. 熟悉自由振动的特点； 3. 熟悉有阻尼受迫振动的特点； 4. 了解振动的应用
5	材料力学的基本概念	1. 载荷、内力和应力； 2. 杆件变形的基本形式	具备简单的材料力学的分析能力	1. 掌握材料力学的基本概念； 2. 理解杆件基本变形的形式及特征
6	轴向拉伸与压缩	1. 杆件拉压时内力与应力、变形与应变； 2. 轴向拉伸与压缩的虎克定律； 3. 材料在拉压时的力学性质； 4. 杆件在拉压时的强度计算	具备构件受力分析的理论知识和强度、刚度的计算能力	1. 掌握杆件在拉压时的内力、应力、变形、应变等特征与分布规律； 2. 掌握虎克定律； 3. 掌握衡量材料强度的指标； 4. 了解塑性材料和脆性材料的性质； 5. 了解提高杆件刚度和强度的措施

表 4.16（续 1）

序号	课题	知识	能力	基本要求
7	剪切与挤压	材料在剪切和挤压时的内力与应力、变形与应变	具备对材料进行应力分析的能力	掌握材料在剪切和挤压时的内力与应力、变形与应变等特征与分布规律
8	扭转	轴在扭转时的内力与应力、变形与应变	具备正确分析轴转动的能力	1. 掌握轴在转动时的内力与应力、变形与应变特点与分布规律； 2. 了解提高轴刚度和强度的措施
9	弯曲	1. 梁与梁的分类及弯曲时内力和应力； 2. 梁的合理截面； 3. 梁的强度计算	具备对船舶机械设备应力分析的能力	1. 了解梁的分类； 2. 了解剪力图和弯矩图； 3. 掌握材料在弯曲时的内力、应力的特征与分布规律； 4. 了解提高梁的刚度和强度的措施
10	交变应力	1. 材料持久极限； 2. 影响构件持久极限的主要因素； 3. 提高构件疲劳强度的措施	具备分析构件疲劳破坏的能力	1. 了解构件在交变应力作用下破坏的特点； 2. 掌握影响构件持久极限的主要因素及提高持久极限的措施； 3. 了解应力集中的概念
11	平面连杆机构	1. 平面四杆机构的基本形式； 2. 其他形式的平面四杆机构	具备分析并排除连杆机构故障的能力	1. 熟悉平面铰链四杆机构的三种基本形式及其演化机构在轮机典型机械中的应用； 2. 熟悉影响连杆机构传力性能、死点位置的因素； 3. 了解连杆机构的运动特点
12	凸轮机构	1. 凸轮机构的应用与组成； 2. 凸轮和从动件类型； 3. 压力角的确定、压力角与基圆半径的关系； 4. 从动件位移与凸轮尺寸关系	具备初步的选用能力	1. 了解凸轮机构的应用、组成及它们的主要特点； 2. 了解凸轮和从动件类型及它们的主要特点； 3. 理解压力角定义、压力角与基圆半径关系； 4. 从动件位移与凸轮轮廓最大直径及基圆半径的关系； 5. 了解凸轮材料及固定方法

表 4.16（续 2）

序号	课题	知识	能力	基本要求
13	间歇运动机构	1. 棘轮机构； 2. 槽轮机构	具备排除故障的能力	掌握棘轮及槽轮机构的工作特点
14	摩擦轮传动	1. 摩擦轮传动概述； 2. 摩擦轮传动中的滑动； 3. 摩擦轮传动的传动比和压紧力； 4. 摩擦轮转动的效率	具备摩擦传动的基本知识和排除故障的能力	1. 了解摩擦轮传动在正常工作及打滑时接触面摩擦力与所传递圆周力等之间的关系； 2. 掌握摩擦轮类型及主要特点； 3. 了解产生滑动的种类及其原因； 4. 掌握摩擦轮传动的传动比特点并能比较圆柱平摩擦轮、圆柱槽摩擦轮在所需压紧力、滑动方面的区别； 5. 掌握摩擦轮传动的功率损失、种类及其影响因素
15	皮带传动	1. 带传动概念； 2. 带传动的弹性滑动和打滑； 3. 影响带传动能力的因素	具备判断失效与处理能力	1. 掌握带传动的主要特点； 2. 掌握平带与三角带的主要区别； 3. 掌握带转动产生弹性滑动和打滑的原因； 4. 了解弹性滑动对传动等方面的影响；熟悉初拉力、带速、小轮包角、工作情况等对带轮传动能力的影响； 5. 了解带传动的失效形式
16	链传动	1. 链传动概述； 2. 链传动的传动比	具备链传动的基本概念	1. 掌握链传动特点； 2. 掌握链传动的传动比公式

表 4.16(续 3)

序号	课题	知识	能力	基本要求
17	齿轮传动	1.齿轮传动概述； 2.直齿圆柱齿轮的主要参数和几何尺寸； 3.渐开线齿轮的啮合特点； 4.齿轮轮齿的失效形式； 5.齿轮加工方法	具备齿轮传动的基础理论和设计能力	1.掌握齿轮传动的特点、分类； 2.了解渐开线主要性质； 3.掌握直齿圆柱齿轮的主要参数、几何尺寸的计算公式； 4.掌握渐开线齿轮的啮合特点、配对条件、连续传动条件（公式推导过程不要求）；理解啮合角、齿形角、分度圆、节圆的定义； 5.掌握齿轮失效形式及失效的主要部件、场合及其原因； 6.了解齿轮加工方法，根切现象
18	蜗杆传动	1.蜗杆传动概述； 2.蜗杆传动的传动比及中心距； 3.蜗杆传动的失效形式	具备排除故障的能力	1.掌握蜗杆传动的组成、特点； 2.掌握蜗杆传动的传动比计算公式、中心距； 3.蜗杆及蜗轮分度圆直径系数的计算公式； 4.了解蜗杆传动的主要失效形式及失效场合
19	液力传动	1.液力传力概述； 2.液力传动的基本类型； 3.液力传动的特点及主要用途	具备管理液力偶合器的能力	1.掌握液力传动的工作原理、组成； 2.了解液力变矩器、液力偶合器的工作特点； 3.掌握液力传动的主要特点及用途
20	金属材料的性能	典型金属材料样品	具备对金属材料性能分析的能力	掌握金属材料性能的分析
21	金相图结晶分布	金属学基本原理	具备分析、判断金属相结晶图基础知识	1.了解金属的构造及其结晶过程； 2.了解合金的相结构及基本的二元合金相图； 3.掌握铁碳合金相图

表 4.16（续 4）

序号	课题	知识	能力	基本要求
22	钢的热处理	1. 钢的热处理基础； 2. 钢的热处理原理； 3. 钢的常规热处理； 4. 表面热处理	具备确定金属材料热处理方案的能力	1. 了解钢的热处理基本原理； 2. 掌握钢的常规热处理（退火、正火、淬火和回火）和表面热处理方法
23	船用材料	1. 工业用钢； 2. 铸铁； 3. 有色金属及其合金； 4. 非金属材料	具备选择材料的能力	1. 掌握碳钢、合金钢、铸铁、铜及其合金、轴承合金的特性及在船上的应用； 2. 掌握非金属材料的特性及在船上的应用
24	轮机主要零、部件材料	轮机主要零、部件材料的选用及热处理	具备主要零、部件材料的选用能力	1. 掌握零、部件材料的选用原则； 2. 掌握轮机主要零、部件（曲轴、连杆、活塞组件、气阀、精密偶件、螺旋桨、重要螺栓等）的材料选用及热处理方法

4. 课程实施建议

（1）"主推进动力装置（机械基础）"课程课时分配（表 4.17）

表 4.17　"主推进动力装置（机械基础）"课程课时分配表

序号	知识模块	参考课时
1	工程力学	6
2	机构与机械传动	20
3	轮机工程材料	12
	合计	38

（2）教学方法

本课程主要以现场教学、案例教学为主，PPT、视频、动画、理论课堂等教学方法作为辅助。

（3）考核方式及成绩评定

①任课教师记录学员出勤和课堂情况，在课程结束时采用闭卷考试方式，试卷总分 100 分，最终结合平时成绩给出培训总成绩（其中平时成绩占 30%，闭卷考试成绩占 70%，总成绩 60 分及以上为合格）。

②学员培训总成绩不合格的安排一次补考，仍不合格须重修本课程。

③学员培训合格后参加中华人民共和国海事局组织的海船船员轮机员适任考试。

（4）教学条件（含实训条件、师资要求等）

①培训教师符合以下要求之一：

a. 具有不少于 1 年的相应等级大管轮任职资历，并具有不少于 2 年的教学经历；

b. 具有中级及以上职称，海上服务资历不少于 3 个月的机电专业教师。

②教学管理和资源保障：

a. 质量管理体系文件《教学与管理人员控制程序》，对从事船员教育、培训的教师和职工提出了相应的配置、培训与考核要求，以保证教师按照要求得到相应的教育、培训，具备与所授课程有关的专业理论知识、专业教学经历和相应的船上任职资历。学员管理人员、教学与管理人员具有履行其岗位职责的水平和能力。

b. 根据国家和海事主管机关的规定，对从事船员教育和培训的教师、管理人员提出配置和适任条件，并通过对教职工任职资格的审查等予以聘用，以使教师与管理人员达到岗位的任职条件和能力的要求。

c. 根据海事主管机关规定船员培训及评估的要求，结合教师实际情况安排教师参加专门培训，获得船上经历等并满足有关规定标准后再准予上岗任教。

d. 通过教职员工的年度工作总结和考核、部门年度工作总结与考核，以及业务培训等方法，不断地提高教职员工的素质和业务工作水平。

5. 教材及参考书

（1）教材

①《主推进动力装置》（978 - 7 - 5632 - 2733 - 4），李斌、王宏志、傅克阳主编，大连海事大学出版社/人民交通出版社于 2012 年出版。

②《主推进动力装置》（978 - 7 - 5632 - 3788 - 3），陈培红，邹俊杰主编，大连海事大学出版社于 2019 年出版。

（2）参考书

①《轮机机械基础》，林小东主编，大连海事大学出版社，2007。

②《轮机机械基础》，高积慧主编，大连海事大学出版社，2000。

③《轮机机械基础》，郭祖平主编，大连海事大学出版社，2000。

④《轮机机械基础》，刘翠萍主编，人民交通出版社，2002。

附

广东某高等职业学院
第一学年第 1 学期授课计划

课　程　名　称:主推进动力装置(机械基础)
教材(版本):《主推进动力装置》
出　　版　　社:大连海事大学出版社
教　材　主　编:陈培红,邹俊杰
授　课　班　级:轮机班
考　核　方　式:考试
课　程　标　准:"主推进动力装置(机械基础)"课程标准

教学目的与要求:通过本课程的学习,学生应了解和认识工程力学的基本概念和基础知识,机构与机械传动的基本概念和基础知识,掌握轮机工程材料的性能、钢的热处理等基础知识,为进一步学习专业课程打下基础。

主 讲 教 师:＿＿＿＿＿＿(签名)　　　　职称:＿＿＿＿＿＿
专业系主任:＿＿＿＿＿＿(签名)　　　　日 期:＿＿＿＿＿＿
副　院　长:＿＿＿＿＿＿(签名)　　　　日 期:＿＿＿＿＿＿
院　院　长:＿＿＿＿＿＿(签名)　　　　日 期:＿＿＿＿＿＿

第一学年第 1 学期授课计划

周别	课次	授课章节与内容提要	课时安排					
			课堂讲授	课堂练习	实验实习	现场教学	复习考试	机动备注
1	1	1-1 力学基础	2					
2	2	1-2 刚体的平衡	2					
3	3	2-1 材料力学的基本概念	2					
4	4	3-1 平面连杆机构	2					
6	6	3-1 平面连杆机构	2					
7	7	3-2 铰链四连杆机构的演化	2					
8	8	3-3 凸轮机构;3-4 间歇运动机构	2					
9	9	3-5 摩擦轮传动	2					
10	10	3-6 皮带轮传动	2					
11	11	3-7 链传动	2					

（续）

周别	课次	授课章节与内容提要			课时安排					
					课堂讲授	课堂练习	实验实习	现场教学	复习考试	机动备注
12	12	3-8 齿轮传动			2					
13	13	3-9 蜗轮蜗杆传动；3-10 液力传动			2					
14	14	4-1 金属材料的性能(一)			2					
15	15	4-1 金属材料的性能(二)			2					
16	16	4-2 金属学基础(一)			2					
17	17	4-2 金属学基础(二)			2					
18	18	4-4 钢的热处理(一)			2					
19	19	4-4 钢的热处理(二)			2					
计划课时		38	小计	38	38					

4.1.9 “主推进动力装置”课程教学大纲

1. 课程教学大纲基本信息

“主推进动力装置”课程教学大纲基本信息见表4.18。

4.18 “主推进动力装置”课程教学大纲基本信息表

课程名称	主推进动力装置		课程代码	143012B
学分	5	课时：86 其中含理论课时：86 实操课时：0		
课程性质：☑ 必修课 □选修课				
课程类型：□公共课程(含公共基础平台课程、通识课程、公选课程等) □(跨)专业群基础平台课程 ☑ 专业课程 课程特性：□学科性课程 □工作过程系统化课程 □项目化课程 □任务导向课程 ☑ 其他 教学组织：☑ 以教为主(理论为主) □以做为主(实践为主) □理实一体(理论+实践)				

编写年月	2020年1月	执笔	WL	审核	TJJ

2. 课程性质、任务与目的及基本要求

“主推进动力装置”课程是轮机工程技术专业的主要专业课程之一，也是核心课程之一。本课程在培养轮机工程技术高级人才方面起着基础性的作用，也是轮机工程技术专业学生取得中华人民共和国海事局规定的海船轮机员适任证书必考科目之一。通过柴油机课程的学习，学生应能够获得船舶柴油机的基础知识和实际操作与维修保养技能，适任船上值班时对柴油机的管理,满足 STCW 公约要求。

3.教学内容及要求

具体包含《培训大纲》中的以下内容:

1.4.1.1.3 柴油机燃油的雾化与燃烧

1.4.1.1.4 柴油机类型

1.4.1.1.5 柴油机原理

1.4.1.1.6 柴油机基本结构

1.4.1.1.7 柴油机电子控制技术

1.4.1.5 推进轴系及螺旋桨

1.4.1.5.1 推进轴系

1.4.1.5.2 螺旋桨

1.4.3 机械设备及控制系统的准备、运行、故障检测及防止损坏的必要措施

1.4.3.1 主机及相关辅助设备(12 h)

模块一　柴油机基本知识

目标:

1.具有认识柴油机总体机构的能力;

2.具有柴油机基本知识、基本工作原理知识的能力;

3.具有分析柴油机性能指标、工作参数的能力。

内容:

1.柴油机总体结构的认识、结构特点、柴油机的基本概念;

2.柴油机的基本工作原理;

3.船舶柴油机的种类、提高经济性的主要措施。

模块二　柴油机吊缸、检查与测量

目标:

1.具有拆装工具选用及使用的能力;

2.具有对柴油机拆装的技术与安全操作的能力;

3.具有正确拆吊和装配四、二冲程柴油机主要零部件的能力;

4.具有正确测量气缸套内径磨损、活塞销磨损、活塞环天地间隙、搭口间隙等的能力;

5.具有柴油机主要零部件结构的知识和对工作条件分析、管理的能力。

内容:

1.中、高速四冲程柴油机和二冲程柴油机的结构特点、各部件的作用、工作条件和要求及特点,以及常见故障分析和管理。

实训一　四冲程柴油机气缸盖的拆装与检查

(1)考核要素

①气缸盖的拆卸;

②缸盖底面烧蚀检验;

③液压实验法检查缸盖裂纹;

④气缸盖的安装。

(2)考核标准

①操作规范、动作熟练,过程没有异常(优);

②操作规范、动作熟练,过程个别异常(良);

③操作规范、动作熟练,过程基本完成(中);

④操作正确、动作正常,过程基本完成(及格);

⑤操作错误、动作生疏,过程无法完成(不及格)。

实训二　柴油机缸套磨损测量及圆柱度、圆度计算

(1)考核要素

①气缸套的拆卸;

②气缸套磨损测量及圆度、圆柱度计算;

③气缸套密封件的预处理和安装;

④气缸套的安装。

(2)考核标准

①操作规范、动作熟练,过程没有异常(优);

②操作规范、动作熟练,过程个别异常(良);

③操作规范、动作熟练,过程基本完成(中);

④操作正确、动作正常,过程基本完成(及格);

⑤操作错误、动作生疏,过程无法完成(不及格)。

实训三　柴油机活塞环拆卸(或装配)、弹性定性检验及活塞销磨损测量

(1)考核要素

①活塞环拆卸;

②活塞环弹性检查,判断活塞环能否继续使用;

③活塞环装配;

④活塞销磨损测量。

(2)考核标准

①操作规范、动作熟练,过程没有异常(优);

②操作规范、动作熟练,过程个别异常(良);

③操作规范、动作熟练,过程基本完成(中);

④操作正确、动作正常,过程基本完成(及格);

⑤操作错误、动作生疏,过程无法完成(不及格)。

实训四　柴油机活塞环搭口间隙、天地间隙测量及活塞环与缸套密封性检验

(1)考核要素

①活塞环搭口间隙测量;

②活塞环天地间隙测量;

③活塞环漏光检查;

④活塞环平面挠曲度检查。

(2)考核标准

①操作规范、动作熟练,过程没有异常(优);

②操作规范、动作熟练,过程个别异常(良);

③操作规范、动作熟练,过程基本完成(中);

④操作正确、动作正常,过程基本完成(及格);

⑤操作错误、动作生疏,过程无法完成(不及格)。

模块三　换气机构的拆装、检查与调整操作

目标:

1.具有气阀机构的拆装与检验、气阀的研磨操作的能力;

2.具有四冲程柴油机气阀间隙、气阀正时的测量与调整的能力;

3.具有换气机构、工作原理的知识以及故障排除的能力。

内容:

四冲程柴油机换气过程、气阀机构形式和传动原理。

实训一　柴油机气阀的拆装、气阀研磨及密封性检验

(1)考核要素

①气阀机构的拆卸;

②气阀研磨及密封性检验;

③气阀机构的装配。

(2)考核标准

①操作规范、动作熟练,过程没有异常(优);

②操作规范、动作熟练,过程个别异常(良);

③操作规范、动作熟练,过程基本完成(中);

④操作正确、动作正常,过程基本完成(及格);

⑤操作错误、动作生疏,过程无法完成(不及格)。

实训二　柴油机气阀间隙检查和调整

(1)考核要素

①工具选择;

②气阀间隙的检查;

③气阀间隙的调整。

(2)考核标准

①操作规范、动作熟练,过程没有异常(优);

②操作规范、动作熟练,过程个别异常(良);

③操作规范、动作熟练,过程基本完成(中);

④操作正确、动作正常,过程基本完成(及格);

⑤操作错误、动作生疏,过程无法完成(不及格)。

模块四　增压器拆装

目标:

1.具有完成增压器维护管理与应急处理操作工作任务的能力;

2.具有增压器结构、工作原理、增压基本知识、废气能量分析,以及增压形式的理论知识;

3.了解新型柴油机增压形式、柴油机废气涡轮增压系统、增压器的运行特点及喘振原

因等。

内容：

1. 增压的概述、废气能量分析、两种基本形式及特点；

2. 废气涡轮增压器的工作原理及喘振机理；

3. 增压系统的维护管理与故障排除。

模块五　喷油设备的拆装、检查和调整

目标：

1. 具有柴油机喷射系统主要设备拆装和检查的能力；

2. 具有对喷油定时和供油量进行正确检查和调整的能力；

3. 具有喷油设备结构的知识、工作原理和管理的能力；

4. 具有燃油喷射与燃烧相关知识的能力。

内容：

1. 船用燃油；

2. 燃油的喷射和雾化；

3. 可燃混合气的形成；

4. 燃油的燃烧；

5. 喷油设备的类型、构造、工作原理；

6. 喷油器的类型、构造、工作原理。

实训一　喷油泵拆卸或装配

(1) 考核要素

①回油孔式喷油泵解体；

②出油阀偶件检验；

③柱塞偶件检验；

④回油孔式喷油泵组装。

(2) 考核标准

①操作规范、动作熟练，过程没有异常(优)；

②操作规范、动作熟练，过程个别异常(良)；

③操作规范、动作熟练，过程基本完成(中)；

④操作正确、动作正常，过程基本完成(及格)；

⑤操作错误、动作生疏，过程无法完成(不及格)。

实训二　柴油机供油正时检查与调整(冒油法)

(1) 考核要素

①工具选择；

②回油孔式喷油泵供油正时的检查；

③回油孔式喷油泵供油正时的调整。

(2) 考核标准

①操作规范、动作熟练，过程没有异常(优)；

②操作规范、动作熟练，过程个别异常(良)；

③操作规范、动作熟练，过程基本完成(中)；

④操作正确、动作正常,过程基本完成(及格);

⑤操作错误、动作生疏,过程无法完成(不及格)。

实训三

1. 多孔闭式喷油器拆卸或装配;

2. 多孔闭式喷油器启阀压力检调;

3. 多孔闭式喷油器雾化实验。

(1)考核要素

①多孔闭式喷油器分解;

②针阀偶件研磨检修;

③多孔闭式喷油器组装;

④多孔闭式喷油器总成密封性检验;

⑤喷油器启阀压力调整;

⑥喷油器雾化实验。

(2)考核标准

①操作规范、动作熟练,过程没有异常(优);

②操作规范、动作熟练,过程个别异常(良);

③操作规范、动作熟练,过程基本完成(中);

④操作正确、动作正常,过程基本完成(及格);

⑤操作错误、动作生疏,过程无法完成(不及格)。

模块六　分油机拆装操作

目标:

1. 具有解体和安装分油机的能力;

2. 具有启动、分油作业、排渣和停止分油机操作管理的能力;

3. 具有分油机结构的知识、工作原理和常见故障分析的能力。

内容:

分油机的种类、结构、工作过程、运行管理及常见故障。

实训一

分油机的拆装

(1)考核要素

①分离筒及其附件的拆装;

②分离盘片的拆装与清洗;

③滑动圈和分流圈的拆装与检修;

④配水盘、导水座的拆装;

⑤比重环的选择与更换。

(2)考核标准

①操作规范、动作熟练,过程没有异常(优);

②操作规范、动作熟练,过程个别异常(良);

③操作规范、动作熟练,过程基本完成(中);

④操作正确、动作正常,过程基本完成(及格);

⑤操作错误、动作生疏,过程无法完成(不及格)。

实训二

分油机的操作

(1)考核要素

①分油机启动前的准备工作;

②分油机启动操作;

③分油机分油作业操作;

④分油机排渣操作;

⑤分油机的运行管理;

⑥停止分油机的操作。

(2)考核标准

①操作规范、动作熟练,过程没有异常(优);

②操作规范、动作熟练,过程个别异常(良);

③操作规范、动作熟练,过程基本完成(中);

④操作正确、动作正常,过程基本完成(及格);

⑤操作错误、动作生疏,过程无法完成(不及格)。

模块七　柴油机的操作

目标:

1.具有完成柴油机的启动、换向、调速、停用与运行管理操作等工作任务的能力;

2.具有完成柴油机应急处理工作任务的能力;

3.具有对柴油机调试和监控的能力;

4.具有柴油机燃油系统、滑油系统、冷却水系统、压缩空气启动装置及调速装置的理论知识。

内容:

1.柴油机燃油、滑油、冷却水系统的组成、设备和维护管理;

2.调速器的类型、性能指标及数值范围;

3.表盘式液压调速器的结构和应用与各旋钮的作用;

4.并联工作的柴油机对稳定调速率的要求及调整;

5.调速器的管理要点、常见故障及排除方法;

6.柴油机压缩空气系统的组成、设备和维护管理;

7.柴油机扫气箱着火、曲轴箱爆炸、敲缸、拉缸等的应急处理。

实训一

发电柴油机启动及停车操作

(1)考核要素

①发电柴油机启动前的准备工作;

②发电柴油机的冲、试车;

③发电柴油机的启动;

④按柴油机停车程序完成停车操作。

（2）考核标准

①操作规范、动作熟练，过程没有异常（优）；

②操作规范、动作熟练，过程个别异常（良）；

③操作规范、动作熟练，过程基本完成（中）；

④操作正确、动作正常，过程基本完成（及格）；

⑤操作错误、动作生疏，过程无法完成（不及格）。

实训二

主柴油机备车、启动及停车操作

（1）考核要素

①压缩空气系统操作；

②主柴油机暖机操作；

③主柴油机备车时滑油系统操作；

④主柴油机备车时冷却系统操作；

⑤主柴油机备车时燃油系统操作；

⑥主柴油机转车与冲车；

⑦主柴油机启动与试车；

⑧按柴油机停车程序完成停车操作。

（2）考核标准

①操作规范、动作熟练，过程没有异常（优）；

②操作规范、动作熟练，过程个别异常（良）；

③操作规范、动作熟练，过程基本完成（中）；

④操作正确、动作正常，过程基本完成（及格）；

⑤操作错误、动作生疏，过程无法完成（不及格）。

模块八　柴油机测试

目标：

1.具有测取柴油机速度特性、负荷特性和推进特性曲线与分析的能力；

2.具有示功图分析的能力。

内容：

1.柴油机特性；

2.示功器的工作原理、示功图的种类、作用、示功图分析与计算。

实训一

柴油机负荷特性的测取

（1）考核要素

①按操作规程启动柴油机并进行暖缸；

②开空车缓慢增速至标定转速；

③逐渐加负荷并测出每个工况点参数；

④按操作规程停车；

⑤分别计算出各测定点的相关参数；

⑥画出负荷特性曲线。

（2）考核标准

①操作规范、动作熟练，过程没有异常（优）；

②操作规范、动作熟练，过程个别异常（良）；

③操作规范、动作熟练，过程基本完成（中）；

④操作正确、动作正常，过程基本完成（及格）；

⑤操作错误、动作生疏，过程无法完成（不及格）。

4. 课程实施建议

（1）"主推进动力装置"课程课时分配（表 4.19）

表 4.19　"主推进劲力装置"课程课时分配表

序号	学习项目/章	学习情境/节	课时	课时分配	
				理论	实践
1	项目一	柴油机基本知识	14	14	0
2	项目二	柴油机吊缸、检查与测量	12	12	0
3	项目三	换气机构的拆装、检查与调整操作	6	6	0
4	项目四	增压器拆装	10	10	0
5	项目五	喷油设备的拆装、检查和调整	15	15	0
6	项目六	分油机拆装操作	4	4	0
7	项目七	柴油机的操作	15	15	0
8	项目八	柴油机测试	10	10	0
	合计		86	86	0

（2）教学方法

本课程主要以现场教学、案例教学为主，PPT、视频、动画、理论课堂等教学方法作为辅助。

（3）考核方式及成绩评定

①任课教师记录学员出勤和课堂情况，在课程结束时采用闭卷考试方式，试卷总分 100 分，最终结合平时成绩给出培训总成绩（其中平时成绩占 30%，闭卷考试成绩占 70%，总成绩 60 分及以上为合格）。

②学员培训总成绩不合格的安排一次补考，仍不合格须重修本课程。

③学员培训合格后参加中华人民共和国海事局组织的海船船员轮机员适任考试。

（4）教学条件（含实训条件、师资要求等）

①培训教师符合以下要求之一：

a. 具有不少于 1 年的相应等级大管轮任职资历，并具有不少于 2 年的教学经历；

b. 具有中级及以上职称，海上服务资历不少于 3 个月的机电专业教师。

②教学管理和资源保障：

a. 质量管理体系文件《教学与管理人员控制程序》，对从事船员教育和培训的教师、职工提出了相应的配置、培训与考核要求,以保证教师按照要求得到相应的教育、培训,具备与所授课程有关的专业理论知识、专业教学经历和相应的船上任职资历。学员管理人员、教学与管理人员具有履行其岗位职责的水平和能力。

b. 根据国家和海事主管机关的规定,对从事船员教育和培训的教师、管理人员提出配置和适任条件,并通过对教职工任职资格的审查等予以聘用,以使教师与管理人员达到岗位的任职条件和能力的要求。

c. 根据海事主管机关规定船员培训及评估的要求,结合教师实际情况安排教师参加专门培训,获得船上经历等并满足有关规定标准后再准予上岗任教。

d. 通过教职员工的年度工作总结和考核、部门年度工作总结与考核,以及业务培训等方法,不断地提高教职员工的素质和业务工作水平。

5. 教材及参考书

(1)教材

①《主推进动力装置》(978 - 7 - 5632 - 2733 - 4),李斌、王宏志、傅克阳主编,大连海事大学出版社/人民交通出版社于 2012 年出版。

②《主推进动力装置》(978 - 7 - 5632 - 3788 - 3),陈培红、邹俊杰主编,大连海事大学出版社于 2019 年出版。

(2)参考书

①《海船船员适任考试和评估大纲》,大连海事大学出版社。

②《钢质海船入级和建造规范》,中国船级社,人民交通出版社。

附

广东某高等职业院校
第二学年第 1 学期授课计划

课 程 名 称:主推进动力装置
教材(版本):《主推进动力装置》
出　　版　　社:大连海事大学出版社
教 材 主 编:李斌,王宏志,傅克阳
授 课 班 级:
考 核 方 式:考试
课 程 标 准:"主推进动力装置"课程标准

教学目的与要求:通过本课程的教学,学生应掌握船舶柴油机的基本结构、基本原理以及相关的拆卸、装配、使用、维护与管理。本课程重点介绍了船舶柴油机工作原理结构、常见的故障与排除实例,为学生参加海船适任证书考试打下坚实的基础。同时,教师应该结合课程的实际特点,培养学生具有辩证思维、分析和解决实际问题的能力,以及实事求是的科学态度。

主 讲 教 师:＿＿＿＿＿＿＿＿(签名)　　　　职称:＿＿＿＿＿＿＿
专业系主任:＿＿＿＿＿＿＿＿(签名)　　　　日期:＿＿＿＿＿＿＿
副　院　长:＿＿＿＿＿＿＿＿(签名)　　　　日期:＿＿＿＿＿＿＿
院　　　长:＿＿＿＿＿＿＿＿(签名)　　　　日期:＿＿＿＿＿＿＿

第二学年第 1 学期授课计划

| 周别 | 课次 | 授课章节与内容提要 | 课时安排 | | | | | |
			课堂讲授	课堂练习	实验实习	现场教学	复习考试	机动备注
	1	1-1 柴油机工作原理	2					
	2	1-1 柴油机工作原理	2					
	3	1-2 柴油机性能指标	2					
	4	1-3 现代船用柴油机提高有效功率和经济性的主要途径	2					
	5	2-1 柴油机结构特点	2					
	6	2-2 燃烧室部件	2					
	7	2-3 活塞及活塞的检修	2					

（续）

周别	课次	授课章节与内容提要	课时安排					
			课堂讲授	课堂练习	实验实习	现场教学	复习考试	机动备注
	8	2-4 活塞环的检修	2					
	9	2-5 活塞销、十字头销、活塞杆与活塞杆填料箱的检修	2					
	10	2-6 气缸	2					
	11	2-7 气缸套的检修	2					
	12	2-8 气缸盖及气缸盖的检修	2					
	13	2-9 连杆	2					
	14	2-10 曲轴和主轴承	2					
	15	2-11 轴承的检修	2					
	16	2-12 曲轴的检修	2					
	17	2-13 推力轴承	2					
	18	2-14 柴油机固定部件	2					
	19	2-15 重要螺栓的检查与更换	2					
	20	2-16 柴油机吊缸检修	2					
	21	3-1 燃油的性能指标、分类及其管理	2					
	22	3-2 过量空气系数及其对燃烧过程的影响	2					
	23	3-3 喷射过程；3-4 可燃混合气的形成	2					
	24	3-5 喷油设备	2					
	25	3-5 喷油设备	2					
	26	3-6 柴油机燃烧过程	2					
	27	3-7 柴油机热平衡	2					
	28	复习考试					2	
计划课时	56	小计	54				2	

广东某高等职业院校
第二学年第 2 学期授课计划

课 程 名 称:主推进动力装置
教材(版本):《主推进动力装置》
出　　版　　社:大连海事大学出版社
教 材 主 编:李斌,王宏志,傅克阳
授 课 班 级:
考 核 方 式:考试
课 程 标 准:"主推进动力装置"课程标准

教学目的与要求:通过本课程的教学,应使学生掌握船舶柴油机的基本结构、基本原理以及相关的拆卸、装配、使用、维护与管理,重点介绍了船舶柴油机工作原理结构、常见的故障与排除实例,为学生参加海船适任证书考试打下坚实的基础。同时,应该结合课程的实际特点,培养学生具有辩证思维、分析和解决实际问题的能力,以及实事求是的科学态度。

主 讲 教 师:_____(签名)　　　职称:_____
专 业 系 主 任:_____(签名)　　　日期:_____
副　院　　长:_____(签名)　　　日期:_____
院　　　　长:_____(签名)　　　日期:_____

第二学年第 2 学期授课计划

周别	课次	授课章节与内容提要	课时安排					
			课堂讲授	课堂练习	实验实习	现场教学	复习考试	机动备注
	1	5-1 柴油机的换气过程 5-2 柴油机的换气机构	2					
	2	5-3 柴油机的增压	2					
	3	5-4 增压的检修	2					
	4	6-1 燃油系统	2					
	5	6-2 滑油系统	2					
	6	6-3 分油机	2					
	7	6-4 冷却系统	2					
	8	7-1 调速的必要性和调速器的类型 7-2 超速保护装置	2					

（续）

周别	课次	授课章节与内容提要	课时安排					
			课堂讲授	课堂练习	实验实习	现场教学	复习考试	机动备注
	9	7-3 机械调速器的工作原理和特点 7-4 液压调速器	2					
	10	7-5 液压调速器的调节	2					
	11	7-6 调速器的维护与管理	2					
	12	8-1 柴油机启动	2					
	13	8-2 柴油机换向	2					
	14	8-3 柴油机的操纵系统	2					
	15	9-1 柴油机的电子控制技术	2					
	16	9-2 示功图	2					
计划课时	30	小计	30					

4.1.10 "动力设备操作"课程教学大纲

1. 课程教学大纲基本信息

"动力设备操作"课程教学大纲基本信息见表4.20。

表4.20 "动力设备操作"课程教学大纲基本信息

课程名称	动力设备操作		课程代码	144076C
学分	2	课时：__48__ 其中含理论课时：__0__ 实操课时：__48__		
课程性质:☑ 必修课　　□选修课				
课程类型:□公共课程(含公共基础平台课程、通识课程、公选课程等) 　　　　　□(跨)专业群基础平台课程　　☑ 专业课程				
课程特性:□学科性课程　　□工作过程系统化课程　　□项目化课程 　　　　　□任务导向课程　　☑ 其他				
教学组织:□以教为主(理论为主)　　☑以做为主(实践为主)　　□理实一体(理论＋实践)				
编写年月	2020 年 1 月	执 笔	DSX	审 核　　TJJ

2. 课程性质与地位

"动力设备操作"是轮机工程技术专业教学计划的一个重要组成部分，是各教学环节的继续深化和检验。通过本专业学科内容的综合训练，学生应将所学理论知识与实践相结合,全面系统了解所学柴油机、辅机内容的相关设备操作要领。本课程对培养学生的实际工作能力具有十分重要的作用。

3. 课程基本理念

本课程根据高等职业院校办学的需要,并密切结合现代轮机管理专业实际需要进行开发和设计。本课程的开发和设计,按照"校企合作、工学结合、职业导向、能力本位"的理念,聘请行业专家对课程的教学目标,能力、知识、素质结构多次进行论证,从广度和深度上不断进行调整,使之更加符合市场需要,充分体现出其职业性、实践性和开放性的特点。

4. 课程设计思路

本课程按照高等职业院校人才培养的特点,充分利用自身的行业优势和资源优势,依据岗位能力标准与课程标准的融合原则,进行课程设计,确立了"以职业活动的工作任务为依据,以项目与任务作为能力训练的载体,以'理论实践一体化'为教学模式,用任务达成度来考核技能掌握程度"的基本思路,以突出专业课程职业能力的培养。

5. 总体教学目标

本课程的总体教学目标是通过训练使学生将所学的理论知识与实践相结合,使学生全面系统地获得操作、管理、维护各船舶设备的能力。

6. 分类目标

(1)专业能力目标

①掌握与了解机舱主要机电设备的组成、基本工作原理,具备安全操作的能力。

②根据训练指导书,完成中华人民共和国海事局规定的训练内容,通过评估。

(2)方法能力目标

①培养学生独立学习的能力。

②培养学生获取新知识的能力。

③培养学生创新的能力。

④培养学生分析问题、解决问题的能力。

(3)社会能力目标

①培养学生的沟通能力及团队协作精神。

②培养学生劳动组织能力及吃苦耐劳的精神。

③培养学生敬业、乐业的工作精神。

④培养学生的自我管理、自我约束能力。

⑤培养学生的集体意识、环保意识、质量意识、安全意识。

7. 课程教学内容标准

教学内容包括船舶主柴油机操作管理、船舶辅锅炉、冷炉点火的操作与管理、发电柴油机的操作与管理、活塞式空气压缩机操作与管理、分油机的操作和运行管理、油水分离器的操作和运行管理、造水机的操作和运行管理、液压甲板机械操作管理、泵系操作等章节。

具体包含《培训大纲》中的以下内容:

1.4.2 推进装置及控制系统的安全操作

1.4.2.1 主机的安全保护项目与安全保护功能

1.4.2.2 主锅炉的安全保护项目与安全保护功能

1.4.2.3 电力故障(全船停电)

1.4.2.4 其他设备及装置的应急程序

1.5 燃油系统、滑油系统、压载水系统和其他泵系及其相关控制系统的操作

1.5.1 泵与管系的工作特性(包括控制系统)

1.5.2 泵系统的操作

1.5.3 油水分离器及类似设备的操作

4.1.2 防污染程序及相关设备

4.1.2.1 排油控制

4.1.2.4 污水处理装置、焚烧炉和压载水处理装置的操作程序

3.1 船舶主柴油机操作管理(40 分)

3.1.1 船舶主柴油机备车操作(10 分)

(1)评估要素

①压缩空气系统操作;

②主柴油机暖机操作;

③主柴油机备车时滑油系统操作;

④主柴油机备车时冷却系统操作;

⑤主柴油机备车时燃油系统操作;

⑥主柴油机转车与冲车;

⑦主柴油机启动与试车。

(2)评估标准

①操作准确、熟练(10 分);

②操作准确、比较熟练(8 分);

③操作准确,但熟练程度一般(6 分);

④操作较差(4 分);

⑤操作差(0~2 分)。

3.1.2 船舶主柴油机动车后的参数监测和调整(10 分)

(1)评估要素

①冷却水温、压力检测及调整;

②燃、滑油压力、温度检测与调整;

③增压器增压压力、温度检查。

(2)评估标准

①操作准确、熟练(10 分);

②操作准确、比较熟练(8 分);

③操作准确,但熟练程度一般(6 分);

④操作较差(4 分);

⑤操作差(0~2 分)。

3.1.3 船舶主柴油机定速后的管理(10 分)

(1)评估要素

①巡回检查;

②液位及温度检查;

③增压系统检查。

(2)评估标准

①操作准确、熟练(10 分);

②操作准确、比较熟练(8 分);

③操作准确,但熟练程度一般(6 分);

④操作较差(4 分);

⑤操作差(0~2 分)。

3.1.4 船舶主柴油机完车操作(10 分)

(1)评估要素

①停机;

②完车操作。

(2)评估标准

①操作准确、熟练(10 分);

②操作准确、比较熟练(8 分);

③操作准确,但熟练程度一般(6 分);

④操作较差(4 分);

⑤操作差(0~2 分)。

3.2 船舶辅锅炉、冷炉点火的操作与管理(20 分)

3.2.1 辅锅炉点火前的准备工作(5 分)

(1)评估要素

①检查锅炉本体,并使其处于工作状态;

②检查给水系统、蒸汽系统、凝水系统、排污系统,并使其处于工作状态,给水泵试运转正常;

③检查燃油系统及燃油设备,并使其处于工作状态,油泵试运转正常;

④检查供风系统,开启风机试运转正常;

⑤检查自动调节报警系统无缺陷;

⑥检查并试验安全阀强开装置;

⑦检查水位表,关闭冲洗阀,开启通汽和通水阀;

⑧开启压力表旋塞、压力表泄放阀、空气阀,待产生蒸汽后,关闭泄放阀和空气阀;

⑨启动给水泵给水;

⑩关闭供汽阀。

(2)评估标准

①操作准确、熟练(5 分);

②操作准确、比较熟练(4 分);

③操作准确,但熟练程度一般(3 分);

④操作较差(2 分);

⑤操作差(0~2 分)。

3.2.2 辅锅炉点火升汽(5 分)

(1)评估要素

①点火操作;

②升汽过程操作。

（2）评估标准

①操作准确、熟练（5 分）；

②操作准确、比较熟练（4 分）；

③操作准确,但熟练程度一般（3 分;）

④操作较差（2 分）；

⑤操作差（0～2 分）。

3.2.3 辅锅炉运行管理（5 分）

（1）评估要素

①经常检查各系统及其附件；

②冲洗水位表和叫水；

③排污；

④判断燃烧情况；

⑤注意观察凝水柜中是否有油；

⑥炉水化验和投药处理；

⑦安全阀的工作状态。

（2）评估标准

①操作准确、熟练（5 分）；

②操作准确、比较熟练（4 分）；

③操作准确,但熟练程度一般（3 分）；

④操作较差（2 分）；

⑤操作差（0～2 分）。

3.2.4 辅锅炉停火操作（5 分）

（1）评估要素

①供汽阀操作；

②排污；

③冷却；

④空气阀操作。

（2）评估标准

①操作准确、熟练（5 分）；

②操作准确、比较熟练（4 分）；

③操作准确,但熟练程度一般（3 分）；

④操作较差（2 分）；

⑤操作差（0～2 分）。

3.3 发电柴油机的操作与管理（20 分）

3.3.1 发电柴油机启动（5 分）

（1）评估要素

①发电柴油机启动前的准备工作；

②发电柴油机的冲、试车

③发电柴油机的启动。

(2)评估标准

①操作准确、熟练(5 分);

②操作准确、比较熟练(4 分);

③操作准确,但熟练程度一般(3 分);

④操作较差(2 分);

⑤操作差(0～2 分)。

3.3.2 发电柴油机的管理(10 分)

(1)评估要素

①巡回检查;

②液位及温度检查。

(2)评估标准

①操作准确、熟练(10 分);

②操作准确、比较熟练(8 分);

③操作准确,但熟练程度一般(6 分);

④操作较差(4 分);

⑤操作差(0～2 分)。

3.3.3 发电柴油机的停车操作(5 分)

(1)评估要素

按发电柴油机停车程序完成停车操作。

(2)评估标准

①操作准确、熟练(5 分);

②操作准确、比较熟练(4 分);

③操作准确,但熟练程度一般(3 分);

④操作较差(2 分);

⑤操作差(0～2 分)。

3.4 活塞式空气压缩机操作与管理(10 分)

(1)评估要素

①空气压缩机启动操作;

②空气压缩机运行管理;

③空气压缩机停车操作。

(2)评估标准

①操作准确、熟练(10 分);

②操作准确、比较熟练(8 分);

③操作准确,但熟练程度一般(6 分);

④操作较差(4 分);

⑤操作差(0～2 分)。

3.5 分油机的操作和运行管理(10 分)

(1)评估要素

①分油机启动前的准备工作;

②分油机启动操作;

③分油机分油作业操作;

④分油机排渣操作;

⑤分油机的运行管理;

⑥停止分油机的操作。

(2)评估标准

①操作准确、熟练(10分);

②操作准确、比较熟练(8分);

③操作准确,但熟练程度一般(6分);

④操作较差(4分);

⑤操作差(0~2分)。

3.6 油水分离器的操作和运行管理(10分)

(1)评估要素

①油水分离器启动操作;

②油水分离器运行管理;

③油水分离器停车操作。

(2)评估标准

①操作准确、熟练(10分);

②操作准确、比较熟练(8分);

③操作准确,但熟练程度一般(6分);

④操作较差(4分);

⑤操作差(0~2分)。

3.7 造水机操作管理(10分)

(1)评估要素

①造水机启动操作;

②调整造水机冷却水流量;

③造水机给水水位调整操作;

④造水机凝水抽出及凝水水位控制;

⑤造水装置加热水量的调整操作;

⑥停止造水机。

(2)评估标准

①操作准确、熟练(10分);

②操作准确、比较熟练(8分);

③操作准确,但熟练程度一般(6分);

④操作较差(4分);

⑤操作差(0~2分)。

3.8 液压甲板机械操作和运行管理(10分)

3.8.1 液压甲板机械的启动与停用(5)

(1)评估要素

①正确开关有关阀件;

②操作程序正确无误;

③油泵油压、油量检查;

④系统及阀件有无漏泄现象;

⑤系统有无不正常噪声。

(2)评估标准

①操作准确、熟练(5 分);

②操作准确、比较熟练(4 分);

③操作准确,但熟练程度一般(3 分);

④操作较差(2 分);

⑤操作差(0~2 分)。

3.8.2 系统加滑油,冷却器与过滤器清洗(5 分)

(1)评估要素

①液压甲板机械加油;

②加油时应避免空气进入系统;

③应保持适当油位;

④冷却器与过滤器拆装及清洁;

⑤拆装及清洁方法正确无误。

(2)评估标准

①操作准确、熟练(5 分);

②操作准确、比较熟练(4 分);

③操作准确,但熟练程度一般(3 分);

④操作较差(2 分);

⑤操作差(0~2 分)。

3.9 泵系操作

3.9.1 压载水系统(10 分)

(1)评估要素

①压载水系统启动;

②压载水系统运行管理;

③压载水系统停用。

(2)评估标准

①操作准确、熟练(10 分);

②操作准确、比较熟练(8 分);

③操作准确,但熟练程度一般(6 分);

④操作较差(4 分);

⑤操作差(0~2 分)。

3.9.2 舱底水系统(10 分)

(1)评估要素

①舱底水系统启动;

②舱底水系统运行管理;

③舱底水系统停用。

（2）评估标准

①操作准确、熟练（10分）；

②操作准确、比较熟练（8分）；

③操作准确,但熟练程度一般（6分）；

④操作较差（4分）；

⑤操作差（0～2分）。

8.课程课时分配

"动力设备操作"课程课时分配见表4.21。

表4.21　"动力设备操作"课程课时分配表

教学单元	讲课	习题课	讨论课	实训	教学模式	合计
船舶主柴油机操作管理				8	讲练结合	8
船舶辅锅炉、冷炉点火的操作与管理				8	讲练结合	8
发电柴油机的操作与管理				8	讲练结合	8
活塞式空气压缩机的操作与管理				4	讲练结合	4
分油机的操作和运行管理				4	讲练结合	4
油水分离器的操作和运行管理				4	讲练结合	4
造水机的操作和运行管理				4	讲练结合	4
液压甲板机械操作管理				4	讲练结合	4
泵系操作				4	讲练结合	4
合计				48		48

9.教学建议

（1）师资要求

动力设备拆装和动力设备操作教员应具有不少于1年的大管轮或轮机长海上任职资历;或具有相关专业中级及以上职称并具有2年及以上的机电相关专业教学经历。

（2）教学模式

为了培养船员在实践中应用知识的能力,保证他们在日趋激烈的世界航运、劳务市场中处于领先地位,在教学过程中注重以市场为导向,突出理论与实践结合、素质与能力并举的教学理念。根据教育部《面向21世纪教育振兴行动计划》,结合STCW公约和交通运输部《中华人民共和国海船船员适任考试、评估和发证规则》的有关要求,研究航运国际化人才需求趋势,积极推进教学内容与课程体系优化设置,修订教学计划,增强实践课和技能课程比例,形成合理的教学体系,聘请航运企业高管及兄弟院校专家教授,适时评审教学计划,以便更好地符合STCW公约中关于海船船员培训质量的要求,符合21世纪航运企业对应用型人才的要求。

（3）教学组织与教学过程

①以讲练结合为主,同时结合直接法、听说法、循序直接法、功能法和认知法。

②动力设备操作教学应遵循《中华人民共和国海船船员适任适任评估大纲和规范》的要求,注重培养学生实际动手能力。

（4）教学方法

在教学过程中,采用"以学生为中心"的教学策略,让其全面参与、积极思考、自主学习、亲自实践。学生根据自己的经验背景,对外部信息进行主动地选择、加工和处理,从而获得自己的意义。在这一过程中,学生原有的知识经验因为新知识经验的进入而发生调整和改变。教师应当引导学生从原有的知识经验中,生成新的知识经验。教师不但要传授知识,而且应该重视学生自己对各种现象的理解,倾听他们的看法,思考他们想法的由来,同时通过测验和考试,来分析研究教学中的问题,以加深正确的认识,从中总结教学经验,并在认识提高的基础上,调整教学方法和步骤,再在教学实践中去经受检验,不断研究和解决新问题,不断丰富和完善教学法。

（5）教学手段

本专业在教学过程中应坚持"以学生为中心",不断开展教学方法和教学手段改革的研究,形成明确的思路:积极实践启发式、案例式、讨论式等教学方法。

从制度上引导广大教师改革教学方法和手段,倡导"互动型"的教学方法改革。在学院制订的优秀教学成果奖励方法、课堂教学效果评价质量标准、课程评估等一系列规章制度中,把教学方法和教学手段改革作为一项重要的考核内容,规范和约束教师的教学行为。

10.教学评价建议

（1）评估形式及内容

①评估形式:现场操作。

②评估内容:本评估项目的组题办法是船舶主柴油机操作管理、船舶辅锅炉操作管理、发电柴油机操作管理各出一道题,空气压缩机与分油机、油水分离器与造水机、甲板机械及泵系抽取两道题。

a.成绩评定:一套评估题目总分 100 分,成绩 60 分及以上者为及格,成绩 60 分以下者为不及格。

b.评估时间:每人次不超过 60 分钟。

11.教材和参考书

（1）教材

选用新版全国海船船员适任考试培训教材《中华人民共和国海船船员适任适任评估大纲和规范》,由中国海事服务中心组织编审。

①《轮机动力设备操作与管理》(978 - 7 - 5632 - 3524 - 7),李忠辉、王永坚、刘建华主编,大连海事大学出版社于 2017 年出版。

②《动力设备操作》,WHS 等自编,2020 年。

（2）参考书

《船舶动力装置》《船舶辅机》等。

12.课程资源的利用与开发

这方面应积极建设符合课程要求并利于学生职业能力培养的教学资源,学校图书馆拥有大量的与本课程相关的扩充性资料,涉及与课程相关的方方面面。除了任课教师指定的参考书之外,学生还可以根据自身兴趣和发展方向使用其他有关的资料。

　　本专业教师与行业企业合作积极编写《动力设备操作指导书》特色教材,学生通过使用该教材,为日后的实践和提高评估打下坚实的基础。

　　学校与企业密切合作,企业为课程的实践教学提供真实的实船环境,满足学生了解企业实际、体验企业文化的需要。除学生顶岗实习外,学校定期邀请实习单位轮机长来学校上课,学校教师帮助企业进行员工培训。

附

广东某高等职业院校

第三学年第 1 学期综合实训计划

课程/项目名称:"船舶动力设备操作"综合实训
实 训 教 材:《动力设备拆装与操作(二/三管轮)》
出 版 社:大连海事大学出版社
实训教材主编:刘转照,张进堂,马海成
班 级:轮机工程技术
课 程 标 准:"船舶动力设备操作"综合实训课程标准
实 训 周 数:2 周
实 训 地 点:校内轮机自动化机舱实训室

综合实训目的与要求:通过训练使学生将所学的理论知识与实践相结合,使学生全面系统获得操作、管理、维护各船舶设备的能力,满足中华人民共和国海事局评估考试要求。

主讲教师/项目负责人:_____(签名) 职称:_____
专 业 系 主 任:_____(签名) 日期:_____
副 院 长:_____(签名) 日期:_____
院 长:_____(签名) 日期:_____

第三学年第 1 学期综合实训计划

实训(验)时间			实训(验)内容与要求	实训(验)地点	班级(人数)	备注
周别	星期	节				
1	一	1~4	安全教育; 轮机自动化机舱概述; 动力设备操作的基本要点	轮机自动化机舱实训室	理论教学 2 个班合班教学(每班 40 人);实践教学师生比 1:20(分组进行)	实训指导老师共 3 人
			船舶主柴油机操作管理			
	二	1~4	船舶主柴油机操作管理			
		5~6	发电柴油机操作与管理			
	三	1~4	发电柴油机操作与管理			
		5~6	发电柴油机操作与管理			
	四	1~4	活塞式空气压缩机操作与管理			
	五	1~4	造水机的操作和运行管理			

（续）

实训(验)时间			实训(验)内容与要求	实训(验)地点	班级(人数)	备注
周别	星期	节				
2	一	1~4	分油机的操作和运行管理	轮机自动化机舱实训室		
	二	1~4	油水分离器操作和运行管理			
		5~6	船舶辅锅炉、冷炉点火的操作与管理			
	三	1~4	船舶辅锅炉、冷炉点火的操作与管理			
		5~6	船舶辅锅炉、冷炉点火的操作与管理			
	四	1~4	泵系操作			
	五	1~4	液压甲板机械操作和管理			
计划课时			48课时			

注:1.备注一栏,可根据需要,填写需配备的实训指导教师数、使用软件名称与版本等内容。

2.本综合实训计划一式3份,主讲教师/项目负责人、二级学院(部)和教务处各存档一份。

4.1.11　"电工电子技术"课程教学大纲

1.课程教学大纲基本信息

"电工电子技术"课程教学大纲基本信息见表4.22。

表4.22　"电工电子技术"课程教学大纲基本信息

课程名称	电工电子技术			课程代码	143033B	
学分	2.5	课时: 46	其中含理论课时:	46	实操课时:	0
课程性质:☑ 必修课　　□选修课						

课程类型:□公共课程(含公共基础平台课程、通识课程、公选课程等)

　　　　　□(跨)专业群基础平台课程　　☑ 专业课程

课程特性:☑学科性课程　　□工作过程系统化课程　　□项目化课程

　　　　　□任务导向课程　　□其他

教学组织:☑以教为主(理论为主)　　□以做为主(实践为主)□理实一体(理论+实践)

编写年月	2020年1月	执笔	WL	审核	TJJ

2.课程性质、任务与目的及基本要求

"电工电子技术"课程在培养轮机工程技术高级人才方面起着综合提高的作用,是轮机工程技术专业工学结合的课程之一,也是轮机工程技术专业学生今后取得中华人民共和国海事局规定的二/三管轮适任证书必考科目之一船舶电气设备内容的一部分。通过"电工电子技术"课程的学习,学生应具有掌握现代海洋船舶电气的原理、性能以及日常维护的能力和正确操作的能力,适任船上值班时对船舶电气的管理,满足 STCW 公约和修正案的要求。

通过本课程的学习,学生应具备电路分析和计算的基本能力、交流电的基本理论和基本分析的能力,熟悉船舶电气的维护、管理的能力,管理、调节和排除自动电站故障的能力,为培养高素质技能型自动化船舶管理人才打好基础。

根据高等职业院校办学的需要,学校紧密依托行业开发课程。本课程的开发和设计,按照"校企合作、工学结合、职业导向、能力本位"的理念,聘请行业专家对课程的教学目标、能力、知识、素质结构进行论证,不断调整,使之更加符合市场需要,充分体现出其职业性、实践性和开放性的特点。

本课程按照高等职业院校人才培养的特点,充分利用自身的行业优势和资源优势,依据岗位能力标准与课程标准的融合原则,进行课程设计,确立了"以职业活动的工作任务为依据,以项目与任务作为能力训练的载体,以'理论实践一体化'为教学模式,用任务达成度来考核技能掌握程度"的基本思路,以突出专业课程职业能力的培养。

3. 教学内容及要求

教学内容包括交流信息、燃油和备件的供给、修理、接船、船检、防污等章节。

具体包含《培训大纲》中的以下内容:

2.1.1 电气工程基础

2.1.1.1 电气理论

2.1.1.2 交流电基础

模块一　船舶电气电路分析和基本概念

目标:

1. 具有正确使用电路基本物理量的能力;

2. 具有分析电阻串联、并联、混联电路的能力;

3. 具有使用欧姆定律、基尔霍夫定律简单分析直流电路的能力。

内容:

1. 直流电路的基本概念;

2. 欧姆定律、基尔霍夫定律;

3. 电阻串并联;

4. 磁场的基本概念。

现场教学一　万用表使用注意事项(口试和实操)

(1)考核要素

①使用万用表测量电阻和交直流电压;

②使用万用表进行可控硅的性能测量及极性判别。

(2)考核标准

①操作规范、动作熟练,过程没有异常(优);

②操作规范、动作熟练,过程个别异常(良);

③操作规范、动作熟练,过程基本完成(中);

④操作正确、动作正常,过程基本完成(及格);

⑤操作错误、动作生疏,过程无法完成(不及格)。

现场教学二 正确测量电阻的注意事项

(1)考核要素

①万用表的检查;

②用万用表测量电阻;

③用万用表测交直流电压。

(2)考核标准

①操作规范、动作熟练,过程没有异常(优);

②操作规范、动作熟练,过程个别异常(良);

③操作规范、动作熟练,过程基本完成(中);

④操作正确、动作正常,过程基本完成(及格);

⑤操作错误、动作生疏,过程无法完成(不及格)。

现场教学三 用万用表测量交直流电压

(1)考核要素

使用交流电压表测量电压。

(2)考核标准

①操作规范、动作熟练,过程没有异常(优);

②操作规范、动作熟练,过程个别异常(良);

③操作规范、动作熟练,过程基本完成(中);

④操作正确、动作正常,过程基本完成(及格);

⑤操作错误、动作生疏,过程无法完成(不及格)。

模块二 正弦交流电路

目标:

1.具有正确分析正弦交流电的三要素、单一元件正弦交流电路及交流电路提高功率因数的能力;

2.具有正确分析三相交流电路的能力。

内容:

1.正弦交流电;

2.电阻、电感和电容元件;

3.电阻、电感与电容元件串联的交流电路;

4.三相交流电动势的产生、电源的连接;

5.三相负载的连接。

现场教学一 用便携式兆欧表测量电气设备绝缘电阻

(1)考核要素

①使用兆欧表测量三相异步电动机绝缘电阻;

②测量电气设备绝缘电阻。

(2)考核标准

①操作规范、动作熟练,过程没有异常(优);

②操作规范、动作熟练,过程个别异常(良);

③操作规范、动作熟练,过程基本完成(中);

④操作正确、动作正常,过程基本完成(及格);

⑤操作错误、动作生疏,过程无法完成(不及格)。

模块三　半导体理论

目标:

1.具有正确分析 PN 结性质的能力;

2.具有正确使用二极管、稳压管、晶体管、晶闸管、集成放大器等元件的能力;

3.具有正确分析、使用单相整流电路、基本放大电路、数字逻辑电路的能力。

内容:

1.半导体的导电特性;

2.PN 结的单向导电性;

3.半导体二极管和稳压管;

4.单相整流电路;

5.滤波与稳压电路;

6.晶体管;

7.基本放大电路;

8.晶闸管及其应用;

9.集成运算放大器及其应用;

10.数字逻辑电路。

现场教学一　用万用表测试三极管

(1)考核要素

①用万用表判断三极管的性能;

②用万用表判断三极管的基极、集电极、发射极;

③测量电流放大系数 β。

(2)考核标准

①操作规范、动作熟练,过程没有异常(优);

②操作规范、动作熟练,过程个别异常(良);

③操作规范、动作熟练,过程基本完成(中);

④操作正确、动作正常,过程基本完成(及格);

⑤操作错误、动作生疏,过程无法完成(不及格)。

现场教学二　电子线路及电路板焊接装配

(1)考核要素

①采用正确的方法完成电子线路的焊接与装配;

②经仪器测试,电路功能正确;

③查外观,电子元件排列整齐、焊点圆润光滑且无虚焊。

（2）考核标准

①操作规范、动作熟练，过程没有异常（优）；

②操作规范、动作熟练，过程个别异常（良）；

③操作规范、动作熟练，过程基本完成（中）；

④操作正确、动作正常，过程基本完成（及格）；

⑤操作错误、动作生疏，过程无法完成（不及格）。

课程作业：

本课程应注重对学生实际应用能力的培养和训练，强调对教学过程的监控，规定每门课程的作业要占一定的成绩，由授课教师负责批改，给定成绩。

课程规定有实训作业，学生必须按规定完成，并提交实验报告，由指导教师负责批改，给定成绩。

4.课程实施建议

（1）课程课时分配

"电工电子技术"课程课时分配见表4.23。

表4.23　"电工电子技术"课程课时分配表

教学单元	讲课	现场教学	教学模式	合计
模块一船舶电气电路分析和基本概念	14	6	一体化教学	20
模块二正弦交流电路	12	2	一体化教学	14
模块三半导体理论	8	4	一体化教学	12
合计	34	12		46

（2）教学方法

本课程采用理论实践一体化教学模式，以学生能力培养为中心，优化组合、综合应用多种教学媒体，构建"真实的虚拟"学习情境，以真实的工作任务或产品为载体设计教学过程，合理设计实验、实训等关键环节，使理论教学和实践教学有机地融合。

传统高等职业教育的理论教学是在课堂进行，实践教学是在实验室或实习车间进行，沿袭的方法往往是先理论后实践，即在理论指导下的实践；或有部分改革，先实践后理论，只是从直观性教学原则出发，先通过实践获取感性认识，然后抽象概括成理性知识，实践和理论是在两个不同的空间和时间完成的；而理论与实践一体化的教学是指理论与实践在同一空间和时间同步进行，实训中心（传统实验室整合形成）或实习车间即课堂，课堂即实训中心或实习车间，理论和实践交替进行，直观和抽象交错出现，没有固定的先实践后理论或先理论后实践，而是理论中有实践，实践中有理论，理论和实践周期交替互换。理论实践一体化有三个特性：

①空间和时间的同一性；

②认识过程的同步性；

③认识形式的交错性。

本课程以典型工作任务为载体设计多个工作过程实训项目。把课程学习内容联系实际运行船舶,提出各种问题并形成主题任务,进行任务驱动式教学;将学生置于发现问题、提出问题、思考问题、探究问题、解决问题的动态过程中学习。

本课程授课场所为电工电子实验室等实训中心,通过参与式、体验式、交互式和模拟教学等实践教学环节,构筑课程内实践教学体系。

(3)考核方式及成绩评定

课程考核与评价由课程学习的过程性考核和期末课程的终结性考核组成,成绩采用百分制。

①过程性考核成绩:50%。

a.学习纪律:由教师课堂点名、课堂纪律情况确定,占平时成绩 20%;

b.完成作业:由作业成绩确定,占平时成绩 30%;

c.实训过程:根据每次实训项目的过程和完成情况,由教师确定,占平时成绩 50%。

②期末理论考核成绩:50%,采取闭卷笔试的方式。

(4)教学条件(含实训条件、师资要求等)

①培训教师符合以下要求之一:

a.具有不少于 1 年的相应等级大管轮任职资历,并具有不少于 2 年的教学经历;

b.具有中级及以上职称,海上服务资历不少于 3 个月的机电专业教师。

②教学管理和资源保障:

a.质量管理体系文件《教学与管理人员控制程序》,对从事船员教育和培训的教师、职工提出了相应的配置、培训与考核要求,以保证教师按照要求得到相应的教育、培训,具备与所授课程有关的专业理论知识、专业教学经历和相应的船上任职资历。学员管理人员、教学与管理人员具有履行其岗位职责的水平和能力。

b.根据国家和海事主管机关的规定,对从事船员教育和培训的教师、管理人员提出配置和适任条件,并通过对教职工任职资格的审查等予以聘用,以使教师与管理人员达到岗位的任职条件和能力的要求。

c.根据海事主管机关规定船员培训及评估的要求,结合教师实际情况安排教师参加专门培训,获得船上经历等并满足有关规定标准后再准予上岗任教。

d.通过教职员工的年度工作总结和考核、部门年度工作总结与考核,以及业务培训等方法,不断地提高教职员工的素质和业务工作水平。

5.教材及参考书

(1)教材

选用国家海事局认可的教材《电工学》,该教材是交通教育指导委员会航海分委员会推荐的教材。

该教材适应了《中华人民共和国海船船员适任考试、评估和发证规则》和《中华人民共和国海船船员适任考试大纲》的要求,同时能反映现代科学技术的最新成就和船舶最新技术发展水平,教材难易适中,符合学生的接受能力。

a.《船舶电气与自动化(船舶电气)》(978 - 7 - 5632 - 2734 - 1),张春来、林叶春主编,大连海事大学出版社/人民交通出版社于 2012 年出版。

b.《船舶电气与自动化(船舶自动化)》(978 - 7 - 5632 - 2704 - 4),林叶锦、徐善林主编,大连海事大学出版社/人民交通出版社于 2012 年出版。

c.《船舶电气设备管理与工艺》(第 3 版)(978 - 7 - 5632 - 3182 - 9),张春来、吴浩峻主编,大连海事大学出版社于 2016 年出版。

（2）实训教材

《电工工艺与电气测试》实训指导书,由学院轮机工程技术系和实训中心编写。

该实训指导书实用性、针对性强,理论与实践结合紧密,操作步骤清楚。随着实验室的不断建设与更新,实验项目和内容将得到不断更新与扩展。

（3）参考书

①《船舶电气》史际昌,大连海事大学出版社,1999。

②《船舶电气》张春来,汤畴羽,船舶电气,大连海事大学出版社,2008。

③《船舶电气设备》孙旭清,大连海事大学出版社,2007。

④《电工与电子技术》赵晓玲,大连海事大学出版社,2007。

附

广东某高等职业院校
第一学年第 1 学期授课计划

课 程 名 称:电工电子技术
教材(版本):《电工电子技术》
出　版　社:清华大学出版社
教 材 主 编:陈新龙
授 课 班 级:轮机工程技术
考 核 方 式:考试
课 程 标 准:"电工电子技术"课程标准

教学目的与要求:掌握电路、电动机及其控制和模拟电子技术、数字电子技术等电工电子技术基础。通过对直流、交流、三相电路、电动机、放大器、门电路、触发器等内容的学习,使学习掌握电工与电子技术最基本的理论知识,为以后的专业课程的学习打下必要的基础,还为以后从事的工作准备基本的电工检测维护技能。

主 讲 教 师:＿＿＿＿＿＿＿＿(签名)　　　职称:＿＿＿＿＿＿＿
专业系主任:＿＿＿＿＿＿＿＿(签名)　　　日期:＿＿＿＿＿＿＿
副　院　长:＿＿＿＿＿＿＿＿(签名)　　　日期:＿＿＿＿＿＿＿
院　　　长:＿＿＿＿＿＿＿＿(签名)　　　日期:＿＿＿＿＿＿＿

第一学年第 1 学期授课计划

周别	课次	授课章节与内容提要	课时安排					教具	机动备注
			课堂讲授	课堂练习	实验实习	现场教学	复习考试		
1	1	1-1 电路的组成及其模型 1-2 组成直流电路元件的约束	2					多媒体	
2		1-3 电阻元件的连接方法及其特点 1-4 电源元件及其应用	2					多媒体	
3		1-5 电路分析基本方法 1-4 电路定理	2					多媒体	
4		课堂练习				2			
5		实验一:常用电子仪器仪表的使用				2			

（续 1）

周别	课次	授课章节与内容提要	课时安排					教具	机动备注
			课堂讲授	课堂练习	实验实习	现场教学	复习考试		
6		2-1 正弦量及其向量表示 2-2 三种基本元件及其交流特性	2					多媒体	
7		2-3 三种基本元件的向量模型 2-4 RLC 串联电路 2-4 功率因数的提高	2					多媒体	
8		实验二：电路定理、功率因数的提高				2			
9		3-1 三相电压 3-2 对称三相电路的特点	2					多媒体	
10		3-3 三相电压的计算 3-4 安全用电	2					多媒体	
11		5-1 感应电动机 5-2 三相异步电动机的结构、特性	2					多媒体	
12		5-3 三相异步电动机的应用 5-4 三相异步电动机的控制	2					多媒体	
13		实验三：正反转电机控制线路接线				2			
14		6-1 半导体二极管及其模型 6-2 半导体三极管及其模型	2					多媒体	
15		6-3 用三极管构成小信号放大器的原则 6-4 放大器的三种组态及其典型电路	2					多媒体	
16		实验四：晶体管共射极单管放大电路				2			
17		7-1 集成运算放大器简介 7-2 用集成运放构成放大电路	2					多媒体	
18		7-3 用集成运放构成信号运算电路	2					多媒体	
19		实验五：运放电路中的反馈问题				2			
20		8-1 逻辑代数基础知识	2					多媒体	
21		8-2 组合逻辑电路的分析与设计 8-3 常见中规模组合逻辑电路芯片设计	2					多媒体	
22		机动							

（续2）

周别	课次	授课章节与内容提要	课时安排					教具	机动备注
			课堂讲授	课堂练习	实验实习	现场教学	复习考试		
	23	8-1 触发器 8-2 时序逻辑电路的分析	2					多媒体	
	24	复习考试					2		
计划课时	46	小计	32	2		12			

4.1.12　"船舶电工工艺与电气设备"课程教学大纲

1. 课程教学大纲基本信息

"船舶电工工艺与电气设备"课程教学大纲基本信息见表4.24。

表4.24　"船舶电工工艺与电气设备"课程教学大纲基本信息

课程名称	船舶电工工艺与电气设备		课程代码	144066C
学分	2	课时：__36__ 其中含理论课时：__0__ 实操课时：__36__		
课程性质：☑ 必修课　　　□选修课				
课程类型：□公共课程（含公共基础平台课程、通识课程、公选课程等） 　　　　　□（跨）专业群基础平台课程　☑ 专业课程				
课程特性：□学科性课程　　□工作过程系统化课程　　□项目化课程 　　　　　□任务导向课程　　☑ 其他				
教学组织：□以教为主（理论为主）　　☑以做为主（实践为主）　　□理实一体（理论＋实践）				
编写年月	2020 年 1 月	执 笔	WL	审 核　　TJJ

2. 课程性质、任务与目的及基本要求

"船舶电工工艺与电气设备"是轮机工程技术专业的一门专业课,课程根据船舶电气设备管理维护岗位的技能要求而设立,具有很强的岗位针对性、专业性和实践性。课程的目标是通过本课程的学习,学生能运用船舶电气的基本知识,进行船舶电气设备的管理、船舶电气设备的维护和修理等工作,为学生顶岗就业和将来职业能力的发展夯下坚实的基础。

本课程是依据轮机工程技术专业就业岗位（群）工作任务与职业能力的要求设置的。课程内容突出对学生职业能力的训练,理论知识的选取紧紧围绕工作任务完成的需要来进行,同时又充分考虑高等职业教育对理论知识学习的需要,并融合了相关职业资格证书对知识、技能和态度的要求。本课程按照船舶电气设备的工艺过程、安装方法的选择、安装工具的选择与运用、安装调试的操作规范、安装调试工艺的编制等工作程序进行课程内容安排。教学过程中,要通过校企合作、校内实训基地建设等多种途径,采取工学结合、工学交替、一体化教学等形式,充分开发学习资源,给学生提供丰富的实践机会。教学效果评价采取过程评价与结果评价相结合的方式,通过理论与实践相结合,重点评价学生的职业能力。

通过任务引领型的项目活动,学生能够掌握船舶电气设备的装配与调试的工艺过程和相关理论知识,能对船舶电气设备的装配与调试的基础知识有基本的了解,并掌握船舶电气设备装配与调试的基本操作技能,能够承担各类船舶电气设备的管理与维护修理的工作任务。同时,学生应养成诚实、守信、善于沟通和合作的品质,为发展职业能力奠定良好的基础。

职业能力培养目标:电工工具的使用能力;船舶电气设备的原理图和线路图的识图与绘图能力;电气设备的安装方法、安装组织形式、安装技术的选择与应用能力;典型电气线路的安装、调整、试验能力。

3.教学内容及要求

教学内容包括万用表的使用、钳形电流表的使用、交流电压表和电流表的使用、便携式兆欧表的使用、继电器与接触器的维护和参数调整、测量电磁制动器间隙的方法、电气控制箱的维护与保养、常见电机的维护保养等章节。

具体包含《培训大纲》中的以下内容:

2.1.1 电气工程基础

2.1.2 电子设备

2.1.2.1 基本电子电路元件

2.1.2.2 电子控制设备

2.1.2.3 自动控制系统流程图

2.2.2.1 维护保养原理

2.2.2.2 发电机

2.2.2.3 配电盘

2.2.2.4 电动机

2.2.2.5 启动器

2.2.2.6 配电系统

2.2.2.7 直流电力系统及设备

2.2.6 电路图及简单电子电路图

第一章　万用表的使用

【目的要求】

1.具有万用表的使用的能力;

2.具有正确测量交直流电压、电流和电阻的能力;

3.具有测量二极管、三极管的参数及极性的能力。

【主要内容】

1.万用表的使用方法、注意事项;

2.正确测量交直流电压、电流和电阻;

3.测量二极管、三极管的参数及极性判断。

第二章　钳形电流表的使用

【目的要求】

具有使用钳形电流表正确测量线路电流的能力。

【主要内容】

1. 钳形电流表使用方法与注意事项；
2. 正确测量线路电流、电压。

第三章　交流电压表和电流表的使用

【目的要求】

具有交流电流、电压的测试的能力。

【主要内容】

1. 交流电流、电压的测试；
2. 根据电表参数和被除数测量选配互感器；
3. 电流互感器和电压互感器的使用。

第四章　便携式兆欧表的使用

【目的要求】

具有用兆欧表进行电机绝缘电阻值测试的能力。

【主要内容】

1. 兆欧表性能、使用方法；
2. 电机绝缘电阻值测试方法。

第五章　继电器、接触器的维护和参数调整

【目的要求】

具有各种继电器、接触器的维护和参数调整的能力。

【主要内容】

1. 压力继电器、温度继电器设定值和幅差值的测试和调整；
2. 时间继电器和热继电器的整定方式；
3. 各种继电器、接触器的维护。

第六章　测量电磁制动器间隙的方法

【目的要求】

具有电磁制动器间隙的测量和调整的能力。

【主要内容】

电磁制动器间隙的测量和调整。

第七章　电气控制箱的维护与保养

【目的要求】

具有电气控制箱的维护保养的能力。

【主要内容】

1. 电气控制箱的维护保养要求；
2. 根据线路图识别控制箱的故障判断与分析；
3. 断电查线的应用。

第八章　常见电机的维护保养

【目的要求】

具有常见电机的维护保养的能力。

【主要内容】

1. 电机的安全使用与维护；
2. 电机结构、铭牌含义、解体步骤；
3. 电机的清洁，零部件的检查及轴承的加油；
4. 电机常见故障的判断与查找。

第九章　直流电机的电刷和换向器的调整和维护

【目的要求】

具有直流电机的电刷和换向器的调整和维护的能力。

【主要内容】

1. 换向器表面清洁、磨光及换向器的拉槽；
2. 电刷的更换与研磨，电刷压力的调整；
3. 电刷位置不在中性线时对发电机电压、电动机转速及换向火花的影响。

第十章　电缆的使用

【目的要求】

具有船舶电缆使用的能力。

【主要内容】

1. 船用电缆的主要类型；
2. 电缆的选用、切割、端头连接。

第十一章　照明设备维护

【目的要求】

具有船舶照明设备维护的能力。

【主要内容】

1. 照明设备的管理与维护要求；
2. 正确检修灯具的方法；
3. 照明电路故障排除。

第十一章　电网绝缘故障的查找

【目的要求】

具有船舶电网绝缘故障查找和排除的能力。

【主要内容】

1. 绝缘指示灯和指示仪的工作原理；
2. 判断电网的绝缘状态和单相接地故障；
3. 故障排除。
4. 课程实施建议

(1)课程课时分配

"船舶电工工艺与电气设备"课程课时分配见表 4.25。

表 4.25　"船舶电工工艺与电气设备"课程课时分配表

序号	课程章节	课时	课时分配	
			实践	理论
1	万用表的使用	2	2	0
2	钳形电流表的使用	2	2	0

表 4.25(续)

序号	课程章节	课时	课时分配	
			实践	理论
3	交流电压表和电流表的使用	4	4	0
4	便携式兆欧表的使用	4	4	0
5	继电器、接触器的维护和参数调整	4	4	0
6	测量电磁制动器间隙的方法	4	4	0
7	电气控制箱的维护与保养	4	4	0
8	常见电机的维护与保养	4	4	0
9	直流电机的电刷和换向器的调整和维护	2	2	0
10	电缆的使用	2	2	0
11	照明设备维护	2	2	0
12	电网绝缘故障的查找	2	2	0
	合计	36	36	0

2.教学方法

①在教学过程中,应立足于加强学生实际操作能力的培养,采用项目教学,以工作任务引领提高学生学习兴趣,激发学生的成就动机。

②本课程教学按照教、学、做一体的教学方式进行教学,在教学过程中,教师示范和学生分组操作训练互动,学生提问与教师解答、指导有机结合,让学生在"教""学""练"过程中,能正确装配与调试船舶柴油机。

③在教学过程中,要创设工作情景,同时应加大实践实操的容量,要紧密结合职业技能证书的考证,加强考证的实操项目的训练,在实践实操过程中,使学生掌握船舶电气设备的安装与管理的操作技能,提高学生的岗位适应能力。

④在教学过程中,要重视本专业领域新技术、新工艺、新设备发展趋势,贴近生产现场;为学生提供职业生涯发展的空间,努力培养学生参与社会实践的创新精神和职业能力。

⑤教学过程中教师应积极引导学生提升职业素养,提高职业道德。

3.考核方式及成绩评定

①以三个项目的完成情况进行考核,完成情况占总成绩的 70%,出勤、作业与训练时的态度、积极性等占总成绩的 30%。

②应注重对学生动手能力和实践中分析问题、解决问题能力的考核,对在学习和应用上有创新的学生应予特别鼓励,全面综合评价学生能力。

③学员培训合格后参加中华人民共和国海事局组织的海船船员轮机员适任考试。

4.教学条件(含实训条件、师资要求等)

①培训教师符合以下要求之一:

a.具有不少于 1 年的相应等级大管轮任职资历,并具有不少于 2 年的教学经历;

b.具有中级及以上职称,海上服务资历不少于 3 个月的机电专业教师。

②教学管理和资源保障:

a.质量管理体系文件《教学与管理人员控制程序》,对从事船员教育和培训的教师、职工提出了相应的配置、培训与考核要求,以保证教师按照要求得到相应的教育、培训,具备与所授课程有关的专业理论知识、专业教学经历和相应的船上任职资历。学员管理人员、教学与管理人具有履行其岗位职责的水平和能力。

b.根据国家和海事主管机关的规定,对从事船员教育和培训的教师、管理人员提出配置和适任条件,并通过对教职工任职资格的审查等予以聘用,以使教师与管理人员达到岗位的任职条件和能力的要求。

c.根据海事主管机关规定船员培训及评估的要求,结合教师实际情况安排教师参加专门培训,获得船上经历等并满足有关规定标准后再准予上岗任教。

d.通过教职员工的年度工作总结和考核、部门年度工作总结与考核,以及业务培训等方法,不断地提高教职员工的素质和业务工作水平。

5.教材及参考书

(1)教材

①《船舶电工工艺与电气设备》(978 - 7 - 5632 - 2968 - 0),鲍军晖主编,大连海事大学出版社于 2014 年出版。

②《船舶电气设备管理与工艺》(第 3 版)(978 - 7 - 5632 - 3182 - 9),张春来、吴浩峻主编,大连海事大学出版社于 2016 年出版。

(2)参考书

①《船舶电工工艺和电气设备》,刘希村主编,大连海事大学出版社于 2015 年出版。

②《船舶电气设备管理与工艺》,赵殿礼主编,大连海事大学出版社于 2004 年出版。

附

广东某高等职业院校
第二学年第2学期综合实训计划

课程/项目名称:船舶电工工艺与电气设备
实 训 教 材:《船舶电工工艺与电气设备》
出 版 社:大连海事大学出版社
实训教材主编:鲍军晖
班 级:轮机工程技术
课 程 标 准:"船舶电工工艺与电气设备"课程标准
实 训 周 数:2周
实 训 地 点:电工工艺实训室

综合实训目的与要求:通过实训教学,学生应熟练地进行照明系统各种灯具的安全接线操作,船用交直流电机的拆装、清洁与维护管理,正确使用常规电工仪表,具备常用开关的维护管理能力和各控制电路故障分析判断及处理的能力等,达到船舶电工工艺与电气设备管理的能力要求。

基本要求:

1. 掌握常用电气设备的安装、维护管理方法。
2. 掌握各控制电路故障分析判断及处理的能力。
3. 满足中华人民共和国海事局评估考试要求。

主 讲 教 师:＿＿＿＿＿＿＿(签名)   职称:＿＿＿＿＿＿
专业系主任:＿＿＿＿＿＿＿(签名)   日期:＿＿＿＿＿＿
副 院 长:＿＿＿＿＿＿＿(签名)   日期:＿＿＿＿＿＿
院 长:＿＿＿＿＿＿＿(签名)   日期:＿＿＿＿＿＿

第二学年第2学期综合实训计划

综合实训时间			实训内容与要求	实训地点	班级人数	备注
周别	星期	节				
8	一	1~4	电气控制线路的安装试验	电工工艺实训室		
	二、三	1~6	电气控制线路的安装试验	电工工艺实训室		
	四	1~4	万用表的使用; 交流电压表和电流表的使用; 电气控制线路的安装试验; 钳形电流表的使用; 电动机的常见故障与排除	电工工艺实训室		

（续）

综合实训时间			实训内容与要求	实训地点	班级人数	备注
周别	星期	节				
	五	1~4	使用便携式兆欧表对电气设备的绝缘电阻值进行测量；电气控制线路的安装试验	电工工艺实训室		
	一	1~4	继电器、接触器的维护保养及其参数整定；电子控制线路器件识别与功能测试、焊接与装配电缆的使用	电工工艺实训室		
9	二	1~6	电磁制动器间隙的调整；船用电机的维护保养；照明设备的维护；使用万用表进行二极管性能测量与极性判别；使用万用表进行晶体管性能测量与极性判别	电工工艺实训室	理论教学 2 个班合班教学（每班 40 人）；实践教学师生比 1：20（分组进行）	
9	三	1~6	蓄电池及充放电系统的维护；测定蓄电池电压和电解液比重，判别蓄电池充放电状态各项练习	电工工艺实训室		
9	四	1~4	交流电动机解体；清洁电机、检查零部件，添加轴承润滑脂；电机受潮、绕组绝缘值降低时的处理；三相异步电动机常见故障的判断；各项练习	电工工艺实训室		
9	五	1~4	交流电动机装配；各项练习	电工工艺实训室		
计划周数			2 周	小计	2 周	

注：1. 备注一栏，可根据需要，填写需配备的实训指导教师数、使用软件名称与版本等内容。

2. 本综合实训计划一式 3 份，主讲教师/项目负责人、二级学院（部）和教务处各存档一份。

4.1.13　"电气与自动控制"实操课程教学大纲

1.课程教学大纲基本信息

"电气与自动控制"实操课程教学大纲基本信息见表4.26。

表 4.25　"电气与自动控制"实操课程教学大纲基本信息

课程名称	电气与自动控制		课程代码	144072C
学分	3	课时：＿22＿其中含理论课时：＿0＿实操课时：＿22＿		
课程性质:☑ 必修课　　□选修课				
课程类型:□公共课程(含公共基础平台课程、通识课程、公选课程等) 　　　　　□(跨)专业群基础平台课程　　☑ 专业课程				
课程特性:☑学科性课程 □工作过程系统化课程　□项目化课程 　　　　　□任务导向课程　　　□其他				
教学组织:□以教为主(理论为主)　　☑以做为主(实践为主)　　□理实一体(理论＋实践)				
编写年月	2020 年 1 月	执　笔	DSX	审　核　　TJJ

2.课程性质、任务与目的及基本要求

本课程是根据 STCW 公约的要求使学生掌握必备的电气与自动控制知识,达到中华人民共和国海事局对船员所规定的实操技能要求。通过本课程的学习,学生能掌握基本的控制电路及其原理、性能;掌握主要的船用电气设备性能、原理和特点并能正确操作;掌握船舶电站构成及主要设备的性能并能正确操作;掌握现代化船舶自动控制的基本知识;掌握自动控制系统的组成和工作原理并能正确操作;掌握机舱主要自动化设备的管理维护方法和技能。

3.教学内容及要求

教学内容包括万用表的使用、钳形电流表的使用、交流电压表和电流表的使用、便携式兆欧表的使用、继电器与接触器的维护和参数调整、电气控制箱的维护与保养、常见电机的维护保养等章节。

具体包含《培训大纲》中的以下内容:

2.1.3 控制系统

2.1.3.1 自动控制原理

2.1.3.2 自动控制方法

2.1.3.3 双位控制

2.1.3.4 时序控制

2.1.3.5 PID 控制

2.1.3.6 程序控制

2.1.3.7 过程值测量

2.1.3.8 信号变送

2.1.3.9 执行元件

2.2.3 电气系统故障诊断及防护
2.2.3.1 故障保护
2.2.3.2 故障定位
2.2.4 电气检测设备的结构及操作

项目一　电气控制箱的维护保养及故障查找与排除

【目的要求】

1.识别电路图；
2.掌握故障点的查找方法并排除故障。

【主要内容】

1.识别电路图；
2.运用断电查线法寻找故障点，并排除故障；
3.运用带电查线法寻找故障点，并排除故障。
重点：故障点的查找方法。

项目二　电子控制线路识图、器件识别与功能测试、焊接与装配

【目的要求】

1.能够识别线路图和电子元器件；
2.电路板、电子元器件的焊接与装配；
3.掌握电子控制线路的功能测试。

【主要内容】

1.简单电子控制线路识图；
2.电子元器件的识别；
3.电路板、电子元器件的焊接与装配。
重点：识图，焊接。

项目三　船舶电力系统的继电保护及主要故障的判断和排除

【目的要求】

1.了解自动空气断路器的维护、主要故障的判断及排除；
2.掌握发电机常见故障分析和处理方法；
3.掌握船舶电网绝缘降低和单相接地故障的查找方法。

【主要内容】

1.自动空气断路器的维护、主要故障的判断及排除(合闸故障、误跳闸、脱扣故障)；
2.发电机外部短路、过载、失(欠)压和逆功率故障的判断；

3.船舶电网绝缘降低和单相接地故障的查找。

重点:发电机常见故障分析。

项目四　船用蓄电池

【目的要求】

1.掌握蓄电池的测量方法和状态判断;

2.掌握蓄电池的充电方法。

【主要内容】

1.利用万用表和比重计测量蓄电池的电压及电解液的比重;

2.判断蓄电池的状态;

3.采用分段恒流充电法对蓄电池进行充电和过充电。

重点:蓄电池的测量方法。

项目五　船舶电站手动操作

【目的要求】

1.掌握发电机并车、负荷转移及分配和解列操作。

【主要内容】

1.发电机手动准同步并车;

2.并联运行发电机组的负荷转移及分配;

3.发电机组的解列。

重点:准同步并车。

项目六　船舶电站的管理与维护

【目的要求】

1.掌握主配电板安全运行管理;

2.掌握发电机主开关跳闸的应急处理方法;

3.掌握船舶应急配电板与应急发电机功能试验;

4.掌握岸电箱的使用及其功能试验;

5.掌握船舶自动化电站的使用。

【主要内容】

1.主配电板安全运行管理。

2.发电机主开关跳闸的应急处理:

(1)自动化电站停电事故的应急处理;

(2)常规电站并车操作时发生电网跳电的应急处理;

（3）常规电站运行机组因机械故障跳电的应急处理；

（4）常规电站单机运行时跳闸电网失电的应急处理；

（5）常规电站运行机组因发电机短路或失压保护跳闸电网失电的应急处理。

3.船舶应急配电板与应急发电机功能试验。

4.岸电箱的使用及其功能试验。

5.船舶发电机的自动启动、自动并车、自动解列与停机功能试验。

6.发电机组自动启动顺序设置。

重点：发电机主开关跳闸的应急处理。

项目七　自动化仪表

【目的要求】

1.掌握电动差压变送器的使用操作与调整；

2.掌握 PID 调节器的使用操作与调整。

【主要内容】

1.电动差压变送器的使用操作与调整：

（1）气路或电路的连接；

（2）差压变送器的调零；

（3）差压变送器量程的调整。

2.电动差压变送器的使用操作与调整：

（1）气动调节器的使用操作与调整；

（2）电动调节器的使用操作与调整；

（3）数字式调节器的使用操作与调整。

重点：电动差压变送器的操作及调整。

项目八　船舶自动控制系统

【目的要求】

1.掌握冷却水温度控制系统的操作与管理；

2.掌握燃油黏度控制系统的操作与管理；

3.掌握辅锅炉燃烧时序控制系统的操作；

4.掌握分油机自动控制系统的操作；

5.熟悉主机遥控系统。

【主要内容】

1.冷却水温度控制系统的操作、参数的调整以及故障分析与排除；

2.燃油黏度控制系统的操作、参数的调整以及故障分析与排除；

3.辅锅炉燃烧时序控制系统的操作以及故障分析与排除；

4.分油机自动控制系统的操作以及故障分析与排除；

5. 主机遥控系统认识。

重点：各控制系统的使用操作。

项目九 机舱监测与报警系统

【目的要求】

1. 掌握机舱监测与报警系统的使用操作；

2. 火警探测装置的使用操作。

【主要内容】

1. 机舱监测与报警系统的使用操作；

2. 火警探测装置的使用操作、测试以及常见的故障排除。

重点：机舱监测与报警系统的使用操作。

4. 课时分配建议

"电气与自动控制"实操课程课时分配见表4.27。

表4.27 "电气与自动控制"实操课程课时分配

序号	课程内容	课时分配		
		理论	实践	机动
电气与自动控制	电气控制箱的维护保养及故障查找与排除		4	
	电子控制线路识图、器件识别与功能测试、焊接与装配		4	
	船舶电力系统的继电保护及主要故障的判断和排除		2	
	船用蓄电池		2	
	船舶电站手动操作		2	
	船舶电站的管理与维护		2	
	自动化仪表		2	
	船舶自动控制系统		2	
	机舱监测与报警系统		2	
合计			22	

5. 教学建议

（1）师生配比：1：20。

（2）教师资格：

船舶电气和船舶电站操作教员须满足下列条件之一：

①具有不少于2年的海船电机员海上资历；

②具有船舶电气专业大专以上学历,并具有不少于 1 年的航海教学经历。

(3)教学管理和资源保障:

①质量管理体系文件《教学与管理人员控制程序》,对从事船员教育和培训的教师、职工提出了相应的配置、培训与考核要求,以保证教师按照要求得到相应的教育、培训,具备与所授课程有关的专业理论知识、专业教学经历和相应的船上任职资历。学员管理人员、教学与管理人员具有履行其岗位职责的水平和能力。

②根据国家和海事主管机关的规定,对从事船员教育和培训的教师、管理人员提出配置和适任条件,并通过对教职工任职资格的审查等予以聘用,以使教师与管理人员达到岗位的任职条件和能力的要求。

③根据海事主管机关规定船员培训及评估的要求,结合教师实际情况安排教师参加专门培训,获得船上经历等并满足有关规定标准后再准予上岗任教。

④通过教职员工的年度工作总结和考核、部门年度工作总结与考核,以及业务培训等方法,不断地提高教职员工的素质和业务工作水平。

(4)对教学手段的改进:

①不断添置和更新实验设备,加强理论教学与实操评估教学的联系。

②重视辅助教学,例如实物教学、多媒体教学等。

③重视课外作业。

④加强教学法研究和教学经验交流。

6. 课程考核方式

本课程为评估考试科目,包括日常考核,由培训教师考核出勤,出勤率低于 90% 的学生取消考试资格;最终考核,由中华人民共和国海事局组织评估员现场评估,按照评估大纲组题现场考核。

7. 教材及参考书建议

(1)教材

①《电气与自动控制》,WHS 等自编,2020 年。

②《电气与自动控制》(978 - 7 - 5632 - 3043 - 3),张亮主编,大连海事大学出版社于2014 年出版。

(2)参考书

①《轮机自动化》,郑凤阁主编,大连海事大学出版社。

②《轮机实操与评估指南》,自编教材。

③《电工工艺与船舶电站》,张肖霞主编,大连海事出版社。

附

广东某高等职业院校
第三学年第 1 学期综合实训计划

课程/项目名称:船舶电气与自动控制综合实训
实 训 教 材:《电工工艺与船舶电站》
出 版 社:大连海事出版社
实训教材主编:张肖霞
班 级:轮机工程技术
课 程 标 准:"船舶电气与自动控制综合实训"课程标准
实 训 周 数:2 周
实 训 地 点:校内　轮机自动化机舱实训室/机舱资源管理模拟训练中心

综合实训目的与要求:按评估要求进行使被评估者达到中华人民共和国海事局《海船船员适任考试与评估大纲》对船员所规定的实操、实做技能要求,满足中华人民共和国海事局签发船员适任证书的必备条件;培养他们良好的工作态度,提高动手能力。

主讲教师/项目负责人:_____(签名)　　　　职称:_____
专 业 系 主 任:_____(签名)　　　　日期:_____
副 院 长:_____(签名)　　　　日期:_____
院 长:_____(签名)　　　　日期:_____

第三学年第 1 学期综合实训计划

实训(验)时间			实训(验)内容与要求	实训(验)地点	班级(人数)	备注
周别	星期	节				
9	一	1~4	安全教育; 模拟电站操作概述及要点	轮机自动化机舱实训室机舱资源管理模拟训练中心	理论教学 2 个班合班教学(每班 40 人);实践教学师生比 1:20(分组进行)	实训指导老师共 3 人
	二	1~6	电气控制箱的维护保养及故障查找与排除			
	三	1~6	电子控制线路识图、器件识别与功能测试、焊接与装配			
	四	1~4	船舶电力系统的继电保护及主要故障的判断和排除			
	五	1~4	船用蓄电池的使用与维护			

（续）

实训(验)时间			实训(验)内容与要求	实训(验)地点	班级(人数)	备注
周别	星期	节				
10	一	1~4	船舶电站手动操作	轮机自动化机舱实训室机舱资源管理模拟训练中心		
	二	1~6	船舶电站管理与维护			
	三	1~6	自动化仪表的操作与调整			
	四	1~4	船舶自动控制系统的操作与管理			
	五	1~4	机舱监视与报警系统的操作			
计划课时			48 节			

注:1. 备注一栏,可根据需要,填写需配备的实训指导教师数、使用软件名称与版本等内容。

　　2. 本综合实训计划一式 3 份,主讲教师/项目负责人、二级学院(部)和教务处。

4.1.14 "金工工艺"课程教学大纲

1. 课程教学大纲基本信息

"金工工艺"课程教学大纲基本信息见表 4.28。

表 4.28　"金工工艺"课程教学大纲基本信息

课程名称	金工工艺		课程代码	144085C
学分	6	课时:　100　其中含理论课时:　16　实操课时:　84		
课程性质:☑ 必修课　　□选修课				
课程类型:□公共课程(含公共基础平台课程、通识课程、公选课程等) 　　　　　□(跨)专业群基础平台课程　 ☑ 专业课程				
课程特性:□学科性课程　　□工作过程系统化课程　　□项目化课程 　　　　　□任务导向课程　 ☑ 其他				
教学组织:☑ 以教为主(理论为主)　　□以做为主(实践为主)　　□理实一体(理论 + 实践)				
编写年月	2020 年 1 月	执笔	WL	审核　　TJJ

2. 课程性质、任务与目的及基本要求

"金工工艺"是轮机工程技术专业中的一门专业技能课程。

本课程的教学任务是使学生初步学习车工基本知识和钳工概述。通过学习游标卡尺、千分尺的使用方法;车刀的安装和刃磨;工件安装的校正;切削量选择;外圆、端面的加工方法;阶台和切断的加工方法,金属凿削的概念,锉削的基本概念与注意事项等知识和技能,从而使学生能更好地胜任以后的专业工作。

根据高职办学的需要,并密切结合现代轮机管理专业实际需要开发课程。本课程的开发和设计,按照"校企合作、工学结合、职业导向、能力本位"的理念,聘请行业专家对课程的教学目标,能力、知识、素质结构多次进行论证,从广度和深度上不断进行调整,使之更加符合市场需要,充分体现出其职业性、实践性和开放性的特点。

按照高职院校人才培养的特点,充分利用自身的行业优势和资源优势,依据岗位能力标准与课程标准的融合原则,进行课程设计,确立了"以职业活动的工作任务为依据,以项目与任务作为能力训练的载体,以'理论实践一体化'为教学模式,用任务达成度来考核技能掌握程度"的基本思路,以突出专业课程职业能力的培养。

3. 教学内容及要求

教学内容包括焊接、车工、钳工等章节。

具体包含《培训大纲》中的以下内容:

3.1.6 使用手动工具、机床及测量仪器

3.1.6.1 手动工具

3.1.6.2 动力工具

3.1.6.3.1 钻床

3.1.6.3.2 磨床

3.1.6.3.3 普通车床

3.1.6.3.4 焊接和钎焊

3.1.6.4 测量仪器

(一)焊接实习

1. 基本知识要求

(1)焊接生产工艺过程、特点和应用;

(2)手工电弧焊的设备分类、结构及组成,安全操作方法;

(3)焊条的组成、作用、规格及牌号表示方法;

(4)手工电弧焊的工艺参数对焊缝质量的影响;

(5)常用焊接接头形式、坡口作用种类、不同空间位置的焊接特点;

(6)常见焊接缺陷产生原因及防止方法;

(7)气焊、气割设备的组成和作用,气焊火焰的种类和应用,焊丝和焊剂的作用,气割过程的实质,切割条件;

(8)其他焊接方法。

2. 基本技能要求

(1)正确选择焊接电流及调整火焰,独立完成简单手工电弧焊操作;

(2)能进行简单的气焊操作。

(二)热处理实习

1. 基础知识要求

(1)常用金属材料的热处理性能;

(2)常用热处理工艺(淬火、退火、回火、正火、调质)的工艺过程、特点及应用;

(3)常用热处理加热设备的种类及特点;

(4)常见热处理缺陷的产生原因及预防措施。

2. 基本技能要求

简单零件的淬火、退火工艺安全操作。

（三）车工实习

1. 基础知识要求

（1）金属切削的基本知识；

（2）普通车床组成部分及其作用，传动系统，通用车床的型号；

（3）常用车刀的组成和结构，常用的车刀材料，车刀的主要角度和作用，刀具材料的性能要求；

（4）车床上常用工件的装夹方法及车床附件；

（5）车削的加工范围、特点，车工安全操作；

（6）车削工艺参数对车削质量的影响。

2. 基本技能要求

掌握车床的操作技能，制订一般零件的车工工艺，正确选择刀、夹、量具，独立完成简单零件的车削加工。

（四）钳工实习

1. 基本知识要求

（1）钳工在机械制造维修中的作用；

（2）划线、锯割、锉削、钻孔、螺纹加工的方法和应用，各种工具、量具的操作和测量方法；

（3）钻床的主要结构和安全使用方法，了解扩孔、铰孔等方法；

（4）机器装配的基本知识。

2. 基本技能要求

（1）常用工具、量具的使用方法，正确独立完成钳工的各种操作；

（2）拆装简单部件的技能。

4. 课程实施建议

（1）课程课时分配

"金工工艺"课程课时分配见表 4.29。

表 4.29　"金工工艺"课程课时分配

序号	学习项目/章	学习情境/节	课时	课时分配	
				理论	实践
1	项目一	电焊实习	19	3	16
2	项目二	热处理实习	19	3	16
3	项目三	钳工实习	23	3	20
4	项目四	普通车床实习	19	3	16
5	项目五	铣刨磨实习	20	4	16
合计			100	16	84

（2）教学方法

在教学过程中,采用"以学生为中心"的教学策略,让其全面参与、积极思考、自主学习、亲自实践。学生根据自己的经验背景,对外部信息进行主动地选择、加工和处理,从而获得自己的意义。在这一过程中,学生原有的知识经验因为新知识经验的进入而发生调整和改变。教师应当引导学生从原有的知识经验中,生长新的知识经验。教师不单传授知识,而且应该重视学生自己对各种现象的理解,倾听他们的看法,思考他们想法的由来,同时通过对学生的测验和考试,来分析研究教学里的问题,以加深正确的认识,从中总结教学经验,并在认识提高的基础上,调整自己的教学方法和步骤,再在教学实践里去接受检验。不断研究和解决新问题,不断丰富和完善教学法。

（3）考核方式及成绩评定

①评估形式及内容:a. 评估形式:现场操作。

b. 评估内容:本评估项目的组题办法是焊工、车工、钳工分别一套题。

②成绩评定:每一套评估题目总分 100 分,三个项目各自成绩 60 分及以上者为及格,有一项成绩 60 分以下者为不及格。

③评估时间:每人次每项不超过 60 分钟。

（4）教学条件(含实训条件、师资要求等)

①培训教师符合以下要求之一:

a. 具有不少于 1 年的相应等级大管轮任职资历,并具有不少于 2 年的教学经历;

b. 具有中级及以上职称,海上服务资历不少于 3 个月的机电专业教师。

②教学管理和资源保障:

a. 质量管理体系文件《教学与管理人员控制程序》,对从事船员教育和培训的教师、职工提出了相应的配置、培训与考核要求,以保证教师按照要求得到相应的教育、培训,具备与所授课程有关的专业理论知识、专业教学经历和相应的船上任职资历。学员管理人员、教学与管理人员具有履行其岗位职责的水平和能力。

b. 根据国家和海事主管机关的规定,对从事船员教育和培训的教师、管理人员提出配置和适任条件,并通过对教职工任职资格的审查等予以聘用,以使教师与管理人员达到岗位的任职条件和能力的要求。

c. 根据海事主管机关规定船员培训及评估的要求,结合教师实际情况安排教师参加专门培训,获得船上经历等并满足有关规定标准后再准予上岗任教。

d. 通过教职员工的年度工作总结和考核、部门年度工作总结与考核,以及业务培训等方法,不断地提高教职员工的素质和业务工作水平。

5. 教材及参考书

（1）教材

①《金工工艺实习》(978 - 7 - 5632 - 1422 - 8),陈振肖主编,大连海事大学出版社于 2010 年出版。

②《船舶金工工艺实训》(978 - 7 - 5632 - 3059 - 4),何宏康主编,大连海事大学出版社于 2014 年出版。

（2）参考教材

《金工工艺实习》等。

附

广东某高等职业院校
第二学年第 2 学期综合实训计划

课程/项目名称:金工工艺

实 训 教 材:《金工实习指导书》

出 版 社:国防工业出版社

实训教材主编:何淑梅,彭育强

班 级:轮机工程技术

课 程 标 准:"金工工艺"课程标准

实 训 周 数:4 周

实训地点:金工实训室

综合实训目的与要求:通过教学使学生了解金工工艺过程的基本知识和进行基本操作技能的训练,使学生树立产品质量观念,培养学生严谨认真、吃苦耐劳、勇于实践的工作作风,为进一步学习专业理论知识和职业技能考证打下基础。

基本要求:

1.了解金工工艺过程、特点和应用。

2.掌握金工工艺的基本操作方法,熟练掌握工量具的结构、使用方法、车床的结构、加工方法、螺母的开料、划线开锯、钻孔及修锉方法。

3.掌握并遵守车、钳工工作安全技术规则。

主 讲 教 师:＿＿＿＿＿＿(签名)　　　　职称:＿＿＿＿＿＿

专 业 系 主 任:＿＿＿＿＿＿(签名)　　　　日期:＿＿＿＿＿＿

海事学院副院长:＿＿＿＿＿＿(签名)　　　　日期:＿＿＿＿＿＿

海 事 学 院 院 长:＿＿＿＿＿＿(签名)　　　　日期:＿＿＿＿＿＿

第二学年第 2 学期综合实训计划

综合实训时间			实训内容与要求	实训地点	班级人数	备注
周别	星期	节				
1	一	1~4	实训安全教育;实训要求,钳工常用量具的简介及使用读数方法	金工实训室		
1	二	1~6	钢锯的安装及使用方法;锉刀的使用方法及分类;螺母制作方法及开料要求、螺母划线要求及练习	金工实训室		
1	三	1~6	螺母锉削制作	金工实训室		

（续 1）

综合实训时间			实训内容与要求	实训地点	班级人数	备注
周别	星期	节				
1	四	1~4	螺母锉削制作； 钻床安全操作规程	金工实训室		
1	五	1~6	攻螺纹基本知识与攻螺纹习； 完成钻孔及攻丝,螺母成型	金工实训室		
2	一	1~4	车削的基本知识： (1)车床简介(含安全操作、基本操作)； (2)车刀简介	金工实训室		
2	二	1~6	车床操作基本练习	金工实训室		
2	三	1~6	车外圆柱面： (1)车外圆、端面和台阶； (2)车外圆及长度尺寸控制(2个台阶)	金工实训室		
2	四	1~4	车外圆、端面和台阶练习	金工实训室	理论教学 2个班合班教学（每班 40人）；实践教学师生比 1：20（分组进行）	配备实训指导教师 3人
2	五	1~6	车外圆、端面和台阶练习	金工实训室		
3	一	1~4	车外圆、端面和台阶练习车外圆锥面练习	金工实训室		
3	二	1~6	车外圆锥面练习	金工实训室		
3	三	1~6	车外圆锥面练习	金工实训室		
3	四	1~4	车槽、切断及车外圆锥： 切断刀刃磨及使用 车槽、切断练习	金工实训室		
3	五	1~6	螺纹加工： 车三角螺纹练习	金工实训室		
4	一	1~4	螺纹加工： 车三角螺纹练习	金工实训室		
4	二	1~6	车内孔、内锥： 车内孔、内锥练习	金工实训室		
4	三	1~6	综合技能训练	综合技能训练		
4	四	1~4	综合技能训练	金工实训室		
4	五	1~4	学生完成作业并交实训作品、清点工量具、打扫卫生	金工实训室		

（续 2）

综合实训时间			实训内容与要求	实训地点	班级人数	备注
周别	星期	节				
4	五	5~6	下午学生在宿舍写实训报告	金工实训室		
计划周数		4 周		小计		4 周

注：1. 备注一栏，可根据需要，填写需配备的实训指导教师数、使用软件名称与版本等内容。

　　2. 本综合实训计划一式 3 份，主讲教师/项目负责人、二级学院（部）和教务处各存档一份。

4.1.15　"动力设备拆装"课程教学大纲

1. 课程教学大纲基本信息

"动力设备拆装"课程教学大纲基本信息见表 4.30。

表 4.30　"动力设备拆装"课程教学大纲基本信息

课程名称	动力设备拆装		课程代码	144072C
学分	3	课时：__74__ 其中含理论课时：__0__ 实操课时：__74__		
课程性质：☑ 必修课　　　□选修课				
课程类型：□公共课程（含公共基础平台课程、通识课程、公选课程等） □（跨）专业群基础平台课程　☑ 专业课程				
课程特性：□学科性课程　　□工作过程系统化课程　　□项目化课程 □任务导向课程　☑ 其他				
教学组织：□以教为主（理论为主）　☑以做为主（实践为主）　□理实一体（理论＋实践）				
编写年月	2020 年 1 月	执笔	DSX	审核 TJJ

2. 课程性质、基本理念及设计思路

"动力设备拆装"是轮机工程技术专业教学计划的一个重要组成部分，是各教学环节的继续深化和检验。通过本专业学科内容的综合训练，使学生所学理论知识与实践相结合，使学生全面系统了解所学柴油机、辅机内容的相关动力设备拆装动作要领，对培养学生的实际工作能力具有十分重要的作用。

根据高职办学的需要，并密切结合现代轮机管理专业实际需要开发课程。本课程的开发和设计，按照"校企合作、工学结合、职业导向、能力本位"的理念，聘请行业专家对课程的教学目标，能力、知识、素质结构多次进行论证，从广度和深度上不断进行调整，使之更加符合市场需要，充分体现出其职业性、实践性和开放性的特点。

按照高职院校人才培养的特点，充分利用自身的行业优势和资源优势，依据岗位能力标准与课程标准的融合原则,进行课程设计,确立了"以职业活动的工作任务为依据,以项目与任务作为能力训练的载体,以'理论实践一体化'为教学模式,用任务达成度来考核技能掌握程度"的基本思路,以突出专业课程职业能力的培养。

3.课程目标

(1)总体目标

本课程的总体教学目标是通过训练使学生将所学的理论知识与实践相结合,使学生巩固和验证已经获得的专业理论知识,掌握海船三管轮以上船员必备的实践操作能力,进行动力设备拆装与调试基本技能训练。

(2)分类目标

①专业能力目标

a.掌握与了解机舱主要机电设备的组成、基本工作原理,具备安全操作的能力;

b.掌握动力设备各机件各系统的构成和组成,能正确使用各种拆装、起重、检验和测量等工具、量具的能力;

c.能按技术要求进行调试的能力;

d.根据训练指导书,完成中华人民共和国海事局规定的训练内容,通过评估。

②方法能力目标

a.培养学生独立学习的能力;

b.培养学生获取新知识的能力;

c.培养学生创新的能力;

d.培养学生分析问题、解决问题的能力。

③社会能力目标

a.培养学生的沟通能力及团队协作精神;

b.培养学生劳动组织能力及吃苦耐劳的精神;

c.培养学生敬业、乐业的工作精神;

d.培养学生的自我管理、自我约束能力;

e.培养学生的集体意识、环保意识、质量意识、安全意识。

(3)课程教学内容标准

教学内容包括工具及常用量具、拆装的安全规则、柴油机拆装与操作、增压器拆装、分油机拆装与操作、制冷压缩机拆装、活塞式空气压缩机拆装与操作等章节。

具体包含《培训大纲》中的以下内容:

3.1.7 各类密封剂及填料的使用

3.2.3 船舶机械和设备的维护与修理

3.2.4 正确使用专用工具和测量仪器

(一)工具及常用量具

选用拆装的工具、常用量具、专用工具及吊索具;使用专用工具及吊索具。

重点:使用专用工具及吊索具。

(二)拆装的安全规则

配置拆装现场辅助工具;拆装技术与安全规则;选用清洗液及清洗方法。

重点:拆装技术与安全规则。

（三）柴油机拆装、操作

1. 拆装工艺；拆装顺序。

2. 气缸盖拆装；进、排气阀，安全阀，气缸启动阀研磨及间隙调整。

3. 气缸套测量；活塞组件解体及测量；活塞环搭口间隙锉配。

4. 连杆螺栓拆装。

5. 轴承拆装；轴承间隙测量。

6. 拐挡差测量；存气间隙测量；供油定时调整；供油量均匀度调整；配气定时调整；气门间隙调整；上止点调整。

7. 正时齿轮安装。

8. 喷油泵拆装；喷油泵调整。

9. 喷油器拆装；喷油器雾化试验及调整。

10. 空气分配器安装与调整。

11. 气缸盖螺栓安装；连杆螺栓安装；主轴承螺栓安装。

12. 启动、运转、停车操作。

重点：拆装工艺；拆装顺序；启动、运转、停车操作。

（四）增压器拆装

压气机解体；抽出转子；轴承拆装；装配间隙检查与调整。

重点：装配间隙检查与调整。

（五）分油机拆装、操作

分离筒拆装；附件拆装；活动底盘、滑动盘、配水盘拆装；摩擦离合器拆装；齿轮箱拆装；滑动下支撑弹簧测量；测量主轴承高度。

分油机启动、运转、停止。

重点：活动底盘、滑动盘、配水盘拆装。

（六）泵浦拆装、操作

离心泵、往复泵、齿轮泵、旋涡泵、螺杆泵、柱塞泵解体与组装；测量泵浦装配间隙；安装密封圈和轴封；泵与电机对中。

重点：测量泵浦装配间隙。

（七）制冷压缩机拆装、活塞式空气压缩机拆装、操作

制冷压缩机拆装；活塞式空气压缩机拆装；制冷剂充收程序。

（八）油水分离器拆装、操作

油水分离器拆装；部件清洗；起吊。

重点：油水分离器拆装。

（九）辅助锅炉拆装、操作

拆装工艺；拆装给水阀、排污阀、水位计、喷油器。

重点：拆装工艺。

4. 课程实施建议

（1）课程课时分配建议

"动力设备拆装"课程课时分配见表 4.31。

表 4.31　"动力设备拆装"课程课时分配

序号	课题	实践课时
1	工具及常用量具	2
2	拆装的安全规则	2
3	柴油机拆装、操作	34
4	增压器拆装	6
5	分油机拆装、操作	6
6	泵浦拆装、操作	6
7	制冷压缩机拆装、操作	4
	活塞式空气压缩机拆装、操作	2
8	油水分离器拆装、操作	6
9	辅锅炉拆装、操作	6
合计		74

（2）教学建议

①教学模式

为了培养船员在实践中应用知识的能力，保证他们在日趋激烈的世界航运、劳务市场中处于领先地位，在教学过程中注重以市场为导向，突出理论与实践结合、素质与能力并举的教学理念。根据教育部《面向 21 世纪教育振兴行动计划》，结合 STCW 公约和交通运输部《中华人民共和国海船船员适任考试、评估和发证规则》的有关要求，研究航运国际化人才需求趋势，积极推进教学内容与课程体系优化设置，修订教学计划，增强实践课和技能课的比例，形成合理的教学体系，聘请航运企业高管及兄弟院校专家教授，适时评审教学计划，以便更好地符合 STCW 公约中关于海船船员培训质量的要求，培养符合 21 世纪航运企业对应用型人才的要求。

②教学组织与教学过程

a. 以讲练结合为主，同时直接法、听说法、循序直接法、功能法和认知法。

b. 动力设备操作教学应遵循《中华人民共和国海船船员适任适任评估大纲和规范》的要求进行，注重培养学生实际动手能力。

③教学方法

在教学过程中，采用"以学生为中心"的教学策略，让其全面参与、积极思考、自主学习、亲自实践。学生根据自己的经验背景，对外部信息进行主动地选择、加工和处理，从而获得自己的意义。在这一过程中，学生原有的知识经验因为新知识经验的进入而发生调整和改变。教师应当引导学生从原有的知识经验中，生长新的知识经验。教师不单传授知识，而且应该重视学生自己对各种现象的理解，倾听他们的看法，思考他们想法的由来，同时通过对学生的测验和考试，来分析研究教学里的问题，以加深正确的认识，从中总结教学经验，并在认识提高的基础上，调整自己的教学方法和步骤，再在教学实践里去接受检验。不断研究和解决新问题，不断丰富和完善教学法。

④教学手段

本专业在教学过程中坚持"以学生为中心",不断开展教学方法和教学手段改革的研究,形成了明确的思路:积极实践启发式、案例式、讨论式等教学方法。

从制度上引导广大教师改革教学方法和手段,倡导"互动型"的教学方法改革。在我院制订的优秀教学成果奖励方法、课堂教学效果评价质量标准、课程评估等一系列规章制度中,都把教学方法和教学手段改革作为一项重要的考核内容,规范和约束教师的教学行为。

(3)教学评价建议

①评估形式及内容

a. 评估形式:现场操作。

b. 评估内容:本评估项目的组题办法是船舶主柴油机拆装、船舶辅锅炉拆装各出一道题,空气压缩机与分油机拆装、油水分离器与造水机拆装抽取两道题。

②成绩评定

一套评估题目总分 100 分,成绩 60 分及以上者为及格,成绩 60 分以下者为不及格。

③评估时间

每人次不超过 60 分钟。

(4)教材和参考书

①教材

选用新版全国海船船员适任考试培训教材《动力设备拆装》,本教材在着重于航海实践的同时,紧密结合现代船舶的特点,有较强的针对性、适用性,符合学生的接受能力。

a.《轮机动力设备操作与管理》(978 - 7 - 5632 - 3524 - 7),李忠辉、王永坚、刘建华主编,大连海事大学出版社于 2017 年出版。

b.《动力设备操作》,WHS 等自编,2020 年。

②参考书

《船舶动力装置》《船舶辅机》等。

(5)课程资源的利用与开发

积极建设符合课程要求并利于学生职业能力培养的教学资源,学校图书馆拥有大量的与本课程相关的扩充性资料,涉及与课程相关的方方面面。除了任课教师指定的参考书之外,学生还可以根据自身兴趣和发展方向使用其他有关的资料。

本专业教师与行业企业合作积极编写《动力设备拆装指导书》特色教材,学生通过使用该教材,为日后的实践和提高评估打下坚实的基础。

学校与企业密切合作,企业为课程的实践教学提供真实的实船环境,满足学生了解企业实际、体验企业文化的需要。除学生顶岗实习外,学校定期邀请实习单位轮机长来学校上课,学校教师帮助企业进行员工培训。

附

广东某高等职业院校
第二学年第2学期综合实训计划

课程/项目名称:动力设备拆装

实 训 教 材:《动力设备拆装与操作》

出 版 社:大连海事大学出版社

实训教材主编:刘转照等

班 级:轮机工程技术

课 程 标 准:"动力设备拆装"课程标准

实 训 周 数:2周

实 训 地 点:校内动力拆装实训室

综合实训目的与要求:通过教学使学生了解柴油机零件拆装、检验与测量和船用辅助机械拆装、检验与测量的基本知识和进行基本操作技能的训练,使学生树立产品质量观念,培养学生严谨认真、吃苦耐劳、勇于实践的工作作风,为进一步学习专业理论知识和职业技能考证打下基础。

基本要求:

1. 掌握柴油机零件拆装、检验与测量方法。

2. 了解分油机拆装、泵浦的拆装、活塞式空气压缩机拆装、辅锅炉拆装等检修工艺,掌握各工种基本操作技能。

3. 满足中华人民共和国海事局评估考试要求。

主 讲 教 师:＿＿＿＿＿＿＿(签名) 职称:＿＿＿＿＿＿

专 业 系 主 任:＿＿＿＿＿＿＿(签名) 日期:＿＿＿＿＿＿

海事学院副院长:＿＿＿＿＿＿＿(签名) 日期:＿＿＿＿＿＿

海 事 学 院 院 长:＿＿＿＿＿＿＿(签名) 日期:＿＿＿＿＿＿

第二学年第2学期综合实训计划

综合实训时间			实训内容与要求	实训地点	班级人数	备注
周别	星期	节				
2	一	1~4	拆装基本知识,工、量具使用,实训内容,实训安全规则等			
	二	1~6	柴油机零件拆装、检验与测量			
	三	1~6	柴油机零件拆装、检验与测量			
	四	1~4	柴油机零件拆装、检验与测量			

（续）

综合实训时间			实训内容与要求	实训地点	班级人数	备注
周别	星期	节				
	五	1~4	柴油机零件拆装、检验与测量		理论教学 2 个班合班教学（每班 40 人）；实践教学师生比 1：20（分组进行）	实训指导教师（ ）
3	一	1~4	柴油机零件拆装、检验与测量			
	二	1~6	泵浦的拆装	动力设备拆装室		
	三	1~6	泵浦的拆装			
3	四	1~4	活塞式空气压缩机拆装			
3	五	1~4	辅锅炉设备拆装			
计划周数			2 周	小计	2 周	

注:1.备注一栏,可根据需要,填写需配备的实训指导教师数、使用软件名称与版本等内容。

　　2.本综合实训计划一式 3 份,主讲教师/项目负责人、二级学院(部)和教务处各存档一份。

第三学年第 1 学期综合实训计划

综合实训时间			实训内容与要求	实训地点	班级人数	备注
周别	星期	节				
	一	1~4	柴油机零件拆装、检验与测量		理论教学 2 个班合班教学（每班 40 人）；实践教学师生比 1：20（分组进行）	实训指导教师（ ）
	二	1~6	油水分离器拆装、操作			
2	三	1~6	增压器拆装	动力设备拆装室		
	四	1~4	分油机拆装、操作			
	五	1~4	制冷压缩机拆装			
计划周数			1 周	小计	1 周	

注:1.备注一栏,可根据需要,填写需配备的实训指导教师数、使用软件名称与版本等内容。

　　2.本综合实训计划一式 3 份,主讲教师/项目负责人、二级学院(部)和教务处各存档一份。

4.1.16 "机械制图"课程教学大纲

1.课程教学大纲基本信息

"机械制图"课程教学大纲基本信息见表 4.32。

表 4.32　"机械制图"课程教学大纲基本信息

课程名称		机械制图		课程代码	143034B
学分	2.5	课时：__42__　其中含理论课时：__26__　实操课时：__16__			
课程性质:☑ 必修课　　　□选修课					
课程类型:□公共课程(含公共基础平台课程、通识课程、公选课程等) 　　　　　□(跨)专业群基础平台课程　　☑ 专业课程 课程特性:☑学科性课程　　□工作过程系统化课程　　□项目化课程 　　　　　□任务导向课程　　□其他 教学组织:☑ 以教为主(理论为主)　　□以做为主(实践为主)　　□理实一体(理论＋实践)					
编写年月	2020 年 1 月	执 笔	WL	审 核	TJJ

2.课程性质、任务与目的及基本要求

"机械制图"是研究机械图样的绘制(画图)和识图(看图)规律与方法的一门课程,是理工类专业的主干技术基础课程之一,在专业知识学习和实际工作中都有着非常重要的地位。它研究绘制和阅读机械图样的原理和方法,为培养学生的空间思维能力和绘图技能打下必要的基础。同时,它又是学习后续课程和完成课程设计、毕业设计不可缺少的基础。课程旨在培养学生空间想象能力,突出看图能力的培养,强化学生应用 CAD 技术、绘图仪器和徒手绘制机械图样的能力,以适应从事工程技术工作的需要。

该课程改革原有的知识学科本位课程设置模式,建立职业能力本位的任务引领型课程体系。以学生工作过程为导向,根据机械行业专家对相关专业所涵盖的岗位群进行工作任务和职业能力分析,设定职业能力培养目标。按"机械制图的内容"确定工作任务,以"识图方法"为主线,紧紧围绕完成工作任务的需要,遵循学生认知规律选择课程内容,以零部件为载体,联系工程实际,设计教学活动,强化识图技能操练,以达到培养学生相应的职业能力目标。

(1)针对高职的培养目标,整合教学内容,优化知识结构。

本课程按照高等职业教育特色要求,以"必需、够用"为原则,以应用为目的,以培养技能为重点,突出基本理论、基本知识的实用性和实践性,主要体现在以下几方面:

①制图标准与专业图样内容整合。

打破教材的固定模式,从工程特点及工程图样内容和要求出发,讲清工程制图的概念、规律、规范要求和行业规定,把技术制图标准与机械图样的标准结合在一起,渗透到工程图样内容中讲述,让学生感到学习有目的性,又切合工程实际,使学生感觉想学、爱学,不断挖掘人类对新事物的好奇和对知识不断追求的本能。

②制图的基本知识与投影基本知识整合。

从基本体的投影开始讲,采用逆向思维的方式,先将画好的基本体投影图挂在黑板上让学生看后思考基本体的实际形状,并鼓励同学发表意见和提问,同时老师也可以提问引导学生思考,然后老师按制图的规律讲解基本体投影的绘图步骤和方法,并将教材前面关于制图的基本知识和投影的基本知识渗透在里面讲解。

以上做法,既可以避免照本宣科,又可以把大纲上要求的内容讲到位,让学生感觉不是被动地接受知识,而是主动地获取知识。

③弱化绘图,强化读图;弱化手工绘图,强化徒手绘图。

工程实际中,设计和绘图广泛采用计算机绘图,教学主要让学生掌握物体的结构分析、绘图的方法和步骤、图线的应用等,这样可以大大减少手工仪器绘图训练量,在后续计算机绘图训练中得到加强。高职学生主要要求具备培养空间想象能力,能看懂图。而徒手绘图是一种快速表达物体和设计意图的能力,学生必须具备。

(2)以实际工程案例为载体设计教学情境,采用灵活多样的教学手段,培养学生的想象力和实践与创新能力。

3. 教学内容及要求

教学内容主要包括机械制图国家标准、投影法、三视图、尺寸、公差和配合等,见表4.33。

具体包含《培训大纲》中的以下内容:

3.2.6 船舶设备图纸及手册的阐释

3.2.6.1 图纸种类

3.2.6.2 线型

3.2.6.3 立体投影图

3.2.6.4 展开图

3.2.6.5 尺寸

3.2.6.6 几何公差

3.2.6.7 公差和配合

表 4.33 "机械制图"教学内容及要求

序号	教学内容	基本要求
1	制图国家标准	了解机械制图国家标准的编号及作用
2	图纸幅面和格式比例;字体;图线;一般尺寸注法;基本规则;尺寸组成;尺寸注法	了解制图国家标准中各项规定的含义,掌握机械图样中图形绘制的基本规则和尺寸标注基本规则
3	绘图的方法和步骤	掌握绘图的基本方法和步骤
4	锥度和斜度;圆弧连接;平面图形的绘制方法	了解锥度和斜度的含义及标注方法,掌握圆弧连接图形的绘制方法
5	投影基本知识	了解投影的基本概念
6	三投影面体系;投影法的分类;正投影的特性;三面投影	掌握三投影体系的形成和基本规则,了解多面投影之间的投影规律
7	点、直线、平面和曲面的投影基本规律;点的投影;直线的投影	掌握点、直线的投影基本规律
8	平面的投影;曲面的投影	掌握平面和简单曲面的投影基本规律

表 4.33(续 1)

序号	教学内容	基本要求
9	基本形体的投影规律;平面体的投影规律	掌握基本形体的投影规律
10	回转体的投影规律;基本形体的尺寸标注	掌握回转类基本形体的投影规律,掌握基本形体尺寸标注的规律
11	组合形体中的截交线和相贯线;圆柱体表面的截交线;圆锥体表面的截交线;圆球表面的截交线	了解形体表面截交线和相贯线的形成基本规律
12	用表面找点的方法绘制相贯线;组合形体表面的相贯线的绘制方法;相贯线的简化画法和特殊情况的相贯线	掌握形体表面简单截交线和相贯线的绘制方法
13	组合体概述;组合体视图的绘制方法	了解组合体的概念和分析方法
14	组合体的尺寸标注	掌握组合体尺寸标注的方法要求
15	组合体的视图读图方法	练习组合体图形的读图方法
16	零件表达方法	了解零件的图形表达方法
17	视图:基本视图;局部视图;斜视图	了解国家标准中关于视图的各项规定
18	剖视图:剖视图的概念;剖视图的种类	了解剖视图的各种绘制方法和国家标准中的规定
19	断面图:局部放大图和简化画法;表达方法综合举例	了解国家标准中关于断面图、局部放大图和简化画法以及各种表达方法的规定
20	标准件、常用件	了解标准件和常用件的各项规定
21	螺纹、螺纹紧固件及其连接;标准件手册的查表方法	了解螺纹、螺纹紧固件及其连接的各种图形绘制方法,了解标准件手册的查表方法
22	销、键连接;滚动轴承;齿轮;弹簧	掌握各种标准件和常用件的绘制方法
23	零件图;公差	了解零件图的作用和内容
24	零件图的作用和内容;零件图的尺寸标注	了解零件图中的各种图形绘制规定,掌握零件图尺寸标注的要求
25	零件图的技术要求;表面粗糙度;公差与配合的概念;公差与配合的标注方法;公差标准手册的查表方法;零件上常见的工艺结构	掌握零件图中各项技术要求的表达方法
26	装配图	了解装配图的作用
27	装配图的作用和内容;装配图的视图表达方法;装配图的绘制方法	掌握装配图的视图表达方法

表 4.33（续 2）

序号	教学内容	基本要求
28	装配体的测绘方法与步骤；装配图的读图方法与步骤；由装配图拆画零件图	了解装配体的测绘方法与步骤，掌握装配图的读图方法与步骤
29	二维制图软件的界面和命令输入方法、数据的输入方法、图形显示的变换方法	了解二维制图软件的基本使用方法
30	基本绘图命令的使用方法	了解基本绘图命令的使用方法
31	基本编辑命令的使用方法	了解基本编辑命令的使用方法
32	绘图命令和编辑命令综合使用方法	了解图形绘制命令和编辑命令的综合使用方法及设置方法
33	尺寸标注命令的使用方法	了解尺寸标注命令的使用方法和标注参数的设置方法

4. 课程实施建议

（1）课程课时分配

课堂教学除了文化知识、理论知识等的教学外，实践知识、实践经验等也应该纳入课堂教学。将实际工作中的规范、经验等在课堂上进行解析，将实际工作中的有关问题在课堂上进行剖析，做到理论与实践有机结合，相互渗透。根据本课程突出实践性和直观性的特点，教学过程中可采用现场观摩、实物演示、挂图分析、工程参观和多媒体教学等多种教学手段以调整学生对本课程的兴趣，减少对本课程学习的难度。

该门课程的总课时为 42，相关教学情境课时安排见表 4.34。

表 4.34 "机械制图"课程课时分配

序号	主要内容	理论课时	实践课时
1	制图的基本知识	4	0
2	投影基础	4	0
3	组合体	4	2
4	物体的表达方法	4	2
5	标准件和常用件	4	2
6	零件图	2	2
7	装配图	2	2
8	计算机绘图	2	6
	合计	26	16

（2）教学方法

本课程包括画法几何、工程制图和计算机制图三大内容，通过教学应达到如下要求：

画法几何部分：

①正确理解正投影法的投影特性，通过了解工程物体在三面投影体系中的投影、投影面展开、最后工程图样获得全过程，掌握工程物体在三面投影体系中"长对正，宽相等，高平齐"的作图规律。

②掌握空间三要素——点、线、面在三面投影体系中的投影规律和作图方法，要求重点掌握点与点和点与线、线与面、面与面的三种重影关系。线与面相交、面与面相交部分，能在已知其中一个投影有积聚性情况下求解交点或交线。

③了解常见的基本立体投影，掌握截交线和相贯线的性质和作图方法。要求能求解一个投影已知或者能用简单的辅助平面法求解截交线和相贯线。

④组合体视图部分，掌握组合体的两种组合方式，能应用形体分析和线面分析方法分析组合体表面交线，以及由立体实物绘制组合体视图和由视图分析构想空间立体的方法。通过看立体图给三视图补线和由两视图补第三视图的例题讲解和作业联系，初步具备绘图和阅读视图的基本技能。

工程制图部分：

①应掌握图样版面、尺寸标准和机械图样表达等方面的国家标准规范。

②工程图样典型的表达方法，掌握 6 个基础视图的投影概念，半剖视图、局部剖视图和旋转剖视图是重点。

③常用件和标准件，根据化工工艺的专业特点，要求重点掌握螺纹、螺纹紧固件的规定画法，以及它们的代号含义、标注和查表方法。

④零件图部分，掌握零件图的作用和内容，各类零件的视图表达、尺寸标注、零件的结构工艺知识，以及画和看零件图的方法和步骤。以化学工程行业如阀门、泵等通用机械设备或部件的零件作为了解对象。

⑤装配图部分，掌握装配图的作用和内容、装配图的表达方法，了解装配图与零件图在视图表达、尺寸标注和技术要求方面的内容和重点差异。

计算机制图部分：

介绍计算机绘图的原理和工程制图的发展趋势，以 CAD 为绘图软件，介绍计算机绘图的基本操作，并上机操作练习。

本课程的实践性教学为一周，主要有以下两个方面：机械零部件的测绘、计算机绘图实训。

①机械零部件测绘：在理论课程结束时安排减速器测绘，通过实物对照、现场参观和测量，提高学生的识图能力和工程素质。通过绘制装配图草图，训练学生阅读和绘制专业图的综合能力，为后续专业课学习和课程设计做好准备。

②计算机绘图实训：要求学生使用 CAD 绘图软件将测绘的减速器装配图草图绘制打印出来。

（3）考核方式及成绩评定

①改革课程的考核方式与计价机制：建立试卷闭、开卷考试，现场测绘，现场操作，上机考试测绘，答辩等多种考核方式，成绩评定力求客观、真实、准确、公正。

②结合课堂提问、学生作业、平时测验、实验实训、技能竞赛以及考试情况，综合评定学生的学业成绩。

③要注重学生实践能力和分析解决问题能力的考核，引导、培养、鼓励学生具有认真负

责的学习态度、团队协作的精神和严谨细致的工作作风。

本门课程是考试课程,采用闭卷笔试的形式进行考核。考核成绩由三部分组成,其中:卷面成绩占 60%,出勤、作业及平时表现等占 40%,用百分制计成绩,各项成绩按比例折算后相加即为最终考核成绩。

(4)教学条件(含实训条件、师资要求等)

①培训教师符合以下要求之一:

a.具有不少于 1 年的相应等级大管轮任职资历,并具有不少于 2 年的教学经历;

b.具有中级及以上职称,海上服务资历不少于 3 个月的机电专业教师。

②教学管理和资源保障:

a.质量管理体系文件《教学与管理人员控制程序》,对从事船员教育和培训的教师、职工提出了相应的配置、培训与考核要求,以保证教师按照要求得到相应的教育、培训,具备与所授课程有关的专业理论知识、专业教学经历和相应的船上任职资历。学员管理人员、教学与管理人员具有履行其岗位职责的水平和能力。

b.根据国家和海事主管机关的规定,对从事船员教育和培训的教师、管理人员提出配置和适任条件,并通过对教职工任职资格的审查等予以聘用,以使教师与管理人员达到岗位的任职条件和能力的要求。

c.根据海事主管机关规定船员培训及评估的要求,结合教师实际情况安排教师参加专门培训,获得船上经历等并满足有关规定标准后再准予上岗任教。

d.通过教职员工的年度工作总结和考核、部门年度工作总结与考核,以及业务培训等方法,不断地提高教职员工的素质和业务工作水平。

5.教材及参考书

(1)《船舶辅机》(978 - 7 - 5632 - 3385 - 4),陈海泉主编,大连海事大学出版社于 2017 年出版。

(2)《机械制图》,胡建生主编,高等职业技术教育机电类专业规划教材,机械工业出版社出版。

(3)《机械制图习题集》,胡建生主编,高等职业技术教育机电类专业规划教材,机械工业出版社出版。

(4)《AutoCAD 2006 中文版工程制图》,郭玲文主编,机械工业出版社出版。

附

广东某高等职业院校

第二学年第 1 学期授课计划

课 程 名 称:机械制图与 AutoCAD

教材(版本):《机械制图与 AutoCAD》

出　 版　 社:航空工业出版社

教 材 主 编:王冰,邢伟

授 课 班 级:轮机工程技术

考 核 方 式:考查

课 程 标 准:"机械制图与 AutoCAD"课程标准

　　教学目的与要求:培养学生正确使用《机械制图》和《技术制图》国家标准的能力,能够使用 AutoCAD 绘制一些简单的图形;建立投影法的概念,掌握点、直线、平面的投影规律,深刻理解并掌握三视图的绘制方法和步骤;理解回转曲面的投影及其转向轮廓线的概念,掌握圆柱、圆锥和球面与平面相交的各种情况;掌握绘制、阅读以及标注组合体三视图的方法,熟练掌握形体分析法在画图、读图和尺寸标注中的应用;熟悉机件基本视图、向视图、剖视图等各类视图的定义及画法,掌握标准件和常用件的画法及标注方法,学习并认识零件图和装配图。

主 讲 教 师:＿＿＿＿＿＿＿＿(签名)　　　　职称:＿＿＿＿＿＿＿＿

专业系主任:＿＿＿＿＿＿＿＿(签名)　　　　日期:＿＿＿＿＿＿＿＿

副　 院　 长:＿＿＿＿＿＿＿＿(签名)　　　　日期:＿＿＿＿＿＿＿＿

院　　 　长:＿＿＿＿＿＿＿＿(签名)　　　　日期:＿＿＿＿＿＿＿＿

第二学年第 1 学期授课计划

周别	课次	授课章节与内容提要	课时安排					
			课堂讲授	课堂练习	实验实习	现场教学	复习考试	机动备注
3	1	制图国家标准简介	2					
3	2	常用绘图工具及平面图形的绘制			2			
4	3	机动(国庆节)						
5	4	机动(国庆节)						
5	5	投影法及基本概念	2					
6	6	CAD 上机实训			2			

（续）

周别	课次	授课章节与内容提要	课时安排					
			课堂讲授	课堂练习	实验实习	现场教学	复习考试	机动备注
7	7	三视图的形成及投影规律	2					
7	8	点、直线、平面的投影	2					
8	9	CAD 上机实训			2			
9	10	基本几何体的投影	2					
9	11	CAD 上机实训			2			
10	12	截交线的形状和画法	2					
11	13	相贯线的形状和画法	2					
11	14	组合体的画图与读图方法	2					
12	15	CAD 上机实训			2			
13	16	向视图、局部视图、斜视图、剖视图	2					
13	17	CAD 上机实训			2			
14	18	断面图、局部放大图和简化画法	2					
15	19	螺纹及螺纹紧固件表示法	2					
15	20	普通平键连接、齿轮、滚动轴承	2					
16	21	CAD 上机实训			2			
17	22	零件图	2					
17	23	装配图			2			
18	24							
计划课时	42	小计	42	26		16		

附

实验实习计划安排表

主讲教师：_____　　　　实验实习指导教师：_____

序号	实验实习名称	计划实验实习时间			人数	准备部门、地点
		周	星期	节		
1	CAD 上机实训	7	二	1、2		三楼机房（CAD）
2	CAD 上机实训	9	二	1、2		三楼机房（CAD）
3	CAD 上机实训	10	二	1、2		三楼机房（CAD）
4	CAD 上机实训	13	二	1、2		三楼机房（CAD）
5	CAD 上机实训	14	二	1、2		三楼机房（CAD）
6	CAD 上机实训	17	二	1、2		三楼机房（CAD）
7	CAD 上机实训	18	二	1、2		三楼机房（CAD）

注：1. 此课程实验实习计划安排表，由主讲教师根据教师课程表填写好时间、人数、准备部门与地点。如果时间、地点冲突时，由准备部门与任课老师协商修改后，报教务处。

　　2. 本授课计划一式 3 份，主讲教师本人、二级学院（部）和教务处各存档一份。

4.2　培训课程表

　　按照人才培养方案，遵循国家和学校教学教育制度政策和规律，另根据实际教学实施场地师资等条件实施培训课程安排。

　　如下按照人才培养方案（课程进程计划表），遵循国家和学校教学教育制度政策和规律，根据实际情况展示 4 个班级的培训课程安排。

4.2.1　轮机工程技术专业 1/2 班第 1～6 学期教学安排示例（培训课程表）

　　轮机工程技术专业 1/2 班第 1～6 学期教学安排见表 4.35～表 4.40。

表 4.35　轮机工程技术专业 1/2 班第 1 学期教学安排

节次	星期一	星期二	星期三	星期四	星期五	星期六	星期日
1~2节	计算机应用基础★1,3,5,7,11，13，19〔0102〕★15~3楼机房C区☆考试☆	主推进动力装置★★1~7,11~14,16~19〔0102〕★16－606☆考试☆	电工电子技术★2,4,6,12,14，16，18〔0102〕★16－508☆考试☆	计算机应用基础★1~7,11~14,17~19〔0102〕★15~3楼机房C区☆考试☆	船舶辅机（热工与流力）★3,5,7,11,13,17~19〔0102〕★16－405☆考试☆		
3~4节	计算机应用基础★19〔0304〕★15~3楼机房AB区☆考试☆航海体育健康★1~7,11~14,16~18〔0304〕★北操场2☆考查☆	大学英语（2）★1~7,11~14，16~19〔0304〕★16－305☆考试☆	海洋观★1~6,11~14,16~18〔0304〕★16－505☆考查☆	大学英语（2）★1~7,11~14，16~19〔0304〕★16－305☆考试☆	思想道德修养与法律基础（含廉洁修身）（2）★1~7，13~14〔0304〕★1－301☆考查☆思想政治教育实践课★16~19〔0304〕★1－301☆考查☆		
5~6节		船舶辅机（热工与流力）★1~7,11~14,16~19〔0506〕★16－506☆考试☆	大学数学（海事模块）★1~7,11~14,16~19〔0506〕★16－410☆考查☆	思想道德修养与法律基础（含廉洁修身）（2）★12〔0506〕★1－302☆考查☆	主推进动力装置★★1~7,11~14,16~19〔0506〕★16－206☆考试☆		
7~8节	电工电子技术★1~7,11~14，16~19〔0708〕★16－505☆考试☆			计算机应用基础★16〔0708〕★15~3楼机房C区☆考试☆			
9~10节		海洋观★6〔0910〕★1－404☆考查☆	思想道德修养与法律基础（含廉洁修身）（2）★14〔0910〕★1－301☆考查☆				

表 4.35（续）

节次	星期一	星期二	星期三	星期四	星期五	星期六	星期日
11～12节							
考试科目	计算机应用基础,船舶辅机(热工与流力),基本安全(Z01),大学英语(2),电工电子技术,主推进动力装置★						
考查科目	形势与政策(含军事理论)(2),大学数学(海事模块),海洋观,思想政治教育实践课,公益劳动,思想道德修养与法律基础(含廉洁修身)(2),航海体育健康						
实训安排	课程名称:公益劳动—周次:15 课程名称:基本安全(Z01)—周次:8～10						

表 4.36　轮机工程技术专业 1/2 班第 2 学期教学安排

节次	星期一	星期二	星期三	星期四	星期五	星期六	星期日
1～2节	高等数学★4～8,10～18[0102]★16－405☆考试☆	思想道德修养与法律基础(含廉洁修身)★4～18[0102]★1－101☆考查☆	形势与政策(含军事理论)★15[0102]★1－301☆考查☆	高等数学★4～18[0102]★16－405☆考试☆	机械制图★4～14,16～19[0102]★16－303机房☆考查☆		
3～4节	大学英语★4～18[0304]★16－305☆考试☆ 大学生心理健康★19[0304]★16－205☆考查☆	主推进动力装置(机械基础)★4～7,9～19[0304]★16－308☆考试☆	航海心理学★16[0304]★1－504☆考查☆ 机械制图★5,7,9,11,13,17,19[0304]★1－301☆考查☆	航海心理学★8[0304]★16－208☆考查☆		

表 4.36（续）

节次	星期一	星期二	星期三	星期四	星期五	星期六	星期日
5 ~ 6 节		主推进动力装置（机械基础）★4 ~ 7,9 ~ 19 [0506] ★16 – 308 ☆考试☆	形势与政策（含军事理论）★5,7,9, 13, 15, 17 [0506] ★16 – 405 ☆考查☆ 大学生心理健康★4,6,10, 12, 14, 16 [0506]★1 – 505☆考查☆		大学体育★4 ~ 12,14 ~ 18 [0506] ★☆考查☆		
7 ~ 8 节	航海心理学★4 ~ 8,10 ~ 14, 16 ~ 17[0708] ★1 – 501☆考查☆	创新基础★5, 7, 9, 11, 13, 15, 17, 19 [0708] ★1 – 101☆考查☆		大学英语★4 ~ 18 [0708] ★1 – 302☆考试☆	高等数学★9 [0708] ★16 – 206 ☆ 考试☆		
9 ~ 10 节	机械制图★16 ~ 17 [0910] ★1 – 402☆考查☆						
考试科目	高等数学,主推进动力装置(机械基础),大学英语						
考查科目	水上运输专业群导论,创新基础,大学生心理健康,思想道德修养与法律基础(含廉洁修身),航海心理学,入学教育与军训,机械制图,大学体育,形势与政策(含军事理论),军事理论						
实训安排	课程名称:入学教育与军训—周次:2 ~ 3						

表 4.37　轮机工程技术专业 1/2 班第 3 学期教学安排

节次	星期一	星期二	星期三	星期四	星期五	星期六	星期日
1～2节	轮机英语★1～7,12,14～18[0102]★16－608☆考试☆	主推进动力装置(2)★2,4,6,14,16,18[0102]★16－405☆考试☆ 轮机英语★15[0102]★16－605☆考试☆	船舶电气与自动化★1,3～7,14～15,17～18[0102]★16－506☆考试☆	船舶辅机★1～7,12～18[0102]★16－605☆考试☆	主推进动力装置(2)★17[0102]★16－410☆考试☆ 船舶电气与自动化★1,13[0102]★16－308☆考试☆ 船舶辅机★12[0102]★16－406☆考试☆		
3～4节	轮机英语★16[0304]★16－608☆考试☆ 船舶电气与自动化★12～13,17[0304]★16－505☆考试☆	船舶电气与自动化★1～7,12,14～15,17～18[0304]★16－508☆考试☆	轮机英语★1～7,14～18[0304]★16－506☆考试☆ 船舶电气与自动化★12～13[0304]★16－506☆考试☆	主推进动力装置(2)★1～7,12～16,18[0304]★16－412☆考试☆	船舶辅机★1～7,12～18[0304]★16－406☆考试☆		
5～6节		轮机英语★16[0506]★16－608☆考试☆ 船舶电气与自动化★17[0506]★16－506☆考试☆	轮机英语★14[0506]★16－405☆考试☆				

表 4.37(续)

节次	星期一	星期二	星期三	星期四	星期五	星期六	星期日
7~8节	轮机英语★17 [0708] ★16 - 606 ☆考试☆ 船舶辅机★12 [0708] ★16 - 210 ☆考试☆		毛泽东思想和中国特色社会主义理论体系概论★1~7, 12~13[0708] ★1-201☆考查☆				
9~10节				毛泽东思想和中国特色社会主义理论体系概论★4~7, 12~13[0910] ★1-201☆考查☆			
考试科目	船舶辅机,轮机英语,主推进动力装置(2),船舶电气与自动化						
考查科目	毛泽东思想和中国特色社会主义理论体系概论,高级消防(Z04),思想政治教育实践课(2),精通救生艇筏和救助艇(Z02),精通急救(Z05)						
实训安排	课程名称:高级消防(Z04)—周次:9~10 课程名称:精通救生艇筏和救助艇(Z02)—周次:11 课程名称:精通急救(Z05)—周次:11						

表 4.38　轮机工程技术专业 1/2 班第 4 学期教学安排

节次	星期一	星期二	星期三	星期四	星期五	星期六	星期日
1~2节	船舶管理(轮机员)★6,8, 10,12,14,16, 18[0102]★16 - 508 ☆考试☆	船舶电气与自动化(2)★6 ~18[0102] ★16 - 605 ☆考试☆	船舶辅机(2) ★6,8,10,12, 14, 16, 18 [0102] ★16 - 406 ☆考试☆		船舶管理(轮机员)★6~19 [0102] ★16 - 505 ☆考试☆		

表 4.38（续）

节次	星期一	星期二	星期三	星期四	星期五	星期六	星期日
3~4 节	船舶管理（轮机员）★6~19 [0304]★16-508☆考试☆	轮机英语(2) ★6~19 [0304]★16-508☆考试☆	轮机英语(2) ★7,9,11,13,15,17[0304] ★16-508☆考试☆	创业就业指导 ★6,8,10,12,14,16,18,20 [0304]★1-502☆考查☆ 船舶电气与自动化(2)★7,9,11,13,15,17,19[0304] ★16-506☆考试☆	毛泽东思想和中国特色社会主义理论体系概论(2)★6~17[0304]★16-406☆考查☆		
5~6 节			船舶动力装置节能减排技术 ★7,9,11,13,15,17,19 [0506]★16-412☆考查☆		船舶辅机(2) ★6~18 [0506]★16-411☆考试☆		
7~8 节							
9~10 节	毛泽东思想和中国特色社会主义理论体系概论(2)★6,8,10[0910]★1-302☆考查☆						
考试科目	轮机英语(2),船舶辅机(2),船舶电气与自动化(2),船舶管理(轮机员)						
考查科目	船舶保安意识与职责(Z07/Z08),船舶动力装置节能减排技术,动力设备拆装,船舶电工工艺与电气设备,创业就业指导,毛泽东思想和中国特色社会主义理论体系概论(2)						
实训安排	课程名称:船舶保安意识与职责(Z07/Z08)—周次:5 课程名称:动力设备拆装—周次:1~2 课程名称:船舶电工工艺与电气设备—周次:3~4						

表 4.39　轮机工程技术专业 1/2 班第 5 学期教学安排

节次	星期一	星期二	星期三	星期四	星期五	星期六	星期日
1~2节							
3~4节							
5~6节							
7~8节							
考试科目							
考查科目	毕业测试(适任证书考试与评估),动力设备操作,轮机英语听力与会话,机舱资源管理,金工工艺,电气与自动控制						
实训安排	课程名称:毕业测试(适任证书考试与评估)—周次:15~19 课程名称:金工工艺—周次:1~6 课程名称:机舱资源管理—周次:11~12 课程名称:电气与自动控制—周次:9~10 课程名称:动力设备操作—周次:7~8 课程名称:轮机英语听力与会话—周次:13~14						

表 4.40　轮机工程技术专业 1/2 班第 6 学期教学安排

节次	星期一	星期二	星期三	星期四	星期五	星期六	星期日
1~2节							
3~4节							
5~6节							
7~8节							
考试科目							

表 4.40（续）

节次	星期一	星期二	星期三	星期四	星期五	星期六	星期日
考查科目	计算机等级证书,职业技能证书,全国高校英语应用能力等级证书,毕业顶岗实习						
实训安排	课程名称:毕业顶岗实习—周次:1～21						

4.2.2　轮机工程技术专业 3/4 班第 1～6 学期教学安排示例（培训课程表）

轮机工程技术专业 3/4 班第 1～6 学期教学安排见表 4.41～表 4.46。

表 4.41　轮机工程技术专业 3/4 班第 1 学期教学安排

节次	星期一	星期二	星期三	星期四	星期五	星期六	星期日
1～2 节	船舶辅机(热工与流力)★3,5,7,11,13,17～19[0102]★16－405☆考试☆	计算机应用基础★1,3,5,7,11,13,19[0102]★15－3 楼机房 C 区☆考试☆	主推进动力装置★★1～7,11～14,16～19[0102]★16－606☆考试☆	电工电子技术★2,4,6,12,14,16,18[0102]★16－508☆考试☆	计算机应用基础★1～7,11～14,17～19[0102]★15－3 楼机房 C 区☆考试☆		
3～4 节	思想道德修养与法律基础(含廉洁修身)(2)★1～7,13～14[0304]★1－301☆考查☆ 思想政治教育实践课★16～19[0304]★1－301☆考查☆	计算机应用基础★19[0304]★15－3 楼机房 AB 区☆考试☆ 航海体育健康★1～7,11～14,16～18[0304]★北操场 2☆考查☆	大学英语(2)★1～7,11～14,16～19[0304]★16－305☆考试☆	海洋观★1～6,11～14,16～18[0304]★16－505☆考查☆	大学英语(2)★1～7,11～14,16～19[0304]★16－305☆考试☆		

表 4.41(续)

节次	星期一	星期二	星期三	星期四	星期五	星期六	星期日
5~6 节	主推进动力装置★1~7,11~14,16~19[0506]★16-206☆考试☆		船舶辅机(热工与流力)★1~7,11~14,16~19[0506]★16-506☆考试☆	大学数学(海事模块)★1~7,11~14,16~19[0506]★16-410☆考查☆	思想道德修养与法律基础(含廉洁修身)(2)★12[0506]★1-302☆考查☆		
7~8 节		电工电子技术★1~7,11~14,16~19[0708]★16-505☆考试☆			计算机应用基础★16[0708]★15-3楼机房C区☆考试☆		
9~10 节			海洋观★6[0910]★1-404☆考查☆	思想道德修养与法律基础(含廉洁修身)(2)★14[0910]★1-301☆考查☆			
11~12 节							
考试科目	计算机应用基础,船舶辅机(热工与流力),基本安全(Z01),大学英语(2),电工电子技术,主推进动力装置						
考查科目	形势与政策(含军事理论)(2),大学数学(海事模块),海洋观,思想政治教育实践课,公益劳动,思想道德修养与法律基础(含廉洁修身)(2),航海体育健康						
实训安排	课程名称:公益劳动—周次:16 课程名称:基本安全(Z01)—周次:9~11						

表 4.42　轮机工程技术专业 3/4 班第 2 学期教学安排

节次	星期一	星期二	星期三	星期四	星期五	星期六	星期日
1～2节	机械制图★4～14,16～19[0102]★16-303机房☆考查☆	高等数学★4～8,10～18[0102]★16-405☆考试☆	思想道德修养与法律基础（含廉洁修身）★4～18[0102]★1-101☆考查☆	形势与政策（含军事理论）★15[0102]★1-301☆考查☆	高等数学★4～18[0102]★16-405☆考试☆		
3～4节	航海心理学★8[0304]★16-208☆考查☆		大学英语★4～18[0304]★16-305☆考试☆ 大学生心理健康★19[0304]★16-205☆考查☆	主推进动力装置（机械基础）★4～7,9～19[0304]★16-308☆考试☆	航海心理学★16[0304]★1-504☆考查☆ 机械制图★5,7,9,11,13,17,19[0304]★1-301☆考查☆		
5～6节	大学体育★4～12,14～18[0506]★☆考查☆		主推进动力装置（机械基础）★4～7,9～19[0506]★16-308☆考试☆	形势与政策（含军事理论）★5,7,9,13,15,17[0506]★16-405☆考查☆ 大学生心理健康★4,6,10,12,14,16[0506]★1-505☆考查☆			
7～8节	高等数学★9[0708]★16-206☆考试☆	航海心理学★4～8,10～14,16～17[0708]★1-501☆考查☆	创新基础★5,7,9,11,13,15,17,19[0708]★1-101☆考查☆		大学英语★4～18[0708]★1-302☆考试☆		

表 4.42(续)

节次	星期一	星期二	星期三	星期四	星期五	星期六	星期日
9 ~ 10 节		机械制图 ★16 ~ 17 ［0910］ ★1 – 402 ☆考查☆					
考试科目	高等数学,主推进动力装置(机械基础),大学英语						
考查科目	水上运输专业群导论,创新基础,大学生心理健康,思想道德修养与法律基础(含廉洁修身),航海心理学,入学教育与军训,机械制图,大学体育,形势与政策(含军事理论),军事理论						
实训安排	课程名称:入学教育与军训—周次:2 ~ 3						

表 4.43　轮机工程技术专业 3/4 班第 3 学期教学安排

节次	星期一	星期二	星期三	星期四	星期五	星期六	星期日
1 ~ 2 节	主推进动力装置(2) ★2,4,6,14,16,18 ［0102］ ★16 – 405 ☆考试☆ 轮机英语★15 ［0102］ ★16 – 605 ☆考试☆	船舶电气与自动化 ★1,3 ~ 7,14 ~ 15,17 ~ 18 ［0102］ ★16 – 506 ☆考试☆	船舶辅机 ★1 ~ 7,12 ~ 18 ［0102］ ★16 – 605 ☆考试☆	主推进动力装置(2) ★17 ［0102］ ★16 – 410 ☆考试☆ 船舶电气与自动化 ★1,13 ［0102］ ★16 – 308 ☆考试☆ 船舶辅机 ★12 ［0102］ ★16 – 406 ☆考试☆	轮机英语 ★1 ~ 7,12,14 ~ 18［0102］ ★16 – 608 ☆考试☆		

表 4.43（续 1）

节次	星期一	星期二	星期三	星期四	星期五	星期六	星期日
3～4节	船舶电气与自动化★1～7,12,14～15,17～18［0304］★16－508☆考试☆	轮机英语★1～7,14～18［0304］★16－506☆考试☆ 船舶电气与自动化★12～13［0304］★16－506☆考试☆	主推进动力装置（2）★1～7,12～16,18［0304］★16－412☆考试☆	船舶辅机★1～7,12～18［0304］★16－406☆考试☆	轮机英语★16［0304］★16－608☆考试☆ 船舶电气与自动化★12～13,17［0304］★16－505☆考试☆		
5～6节	轮机英语★16［0506］★16－608☆考试☆ 船舶电气与自动化★17［0506］★16－506☆考试☆	轮机英语★14［0506］★16－405☆考试☆					
7～8节		毛泽东思想和中国特色社会主义理论体系概论★1～7,12～13［0708］★1－201☆考查☆			轮机英语★17［0708］★16－606☆考试☆ 船舶辅机★12［0708］★16－210☆考试☆		
9～10节			毛泽东思想和中国特色社会主义理论体系概论★4～7,12～13［0910］★1－201☆考查☆				

表 4.43(续 2)

节次	星期一	星期二	星期三	星期四	星期五	星期六	星期日
考试科目	船舶辅机,轮机英语,主推进动力装置(2),船舶电气与自动化						
考查科目	毛泽东思想和中国特色社会主义理论体系概论,高级消防(Z04),思想政治教育实践课(2),精通救生艇筏和救助艇(Z02),精通急救(Z05)						
实训安排	课程名称:高级消防(Z04)—周次:10～11 课程名称:精通救生艇筏和救助艇(Z02)—周次:9 课程名称:精通急救(Z05)—周次:12						

表 4.44　轮机工程技术专业 3/4 班第 4 学期教学安排

节次	星期一	星期二	星期三	星期四	星期五	星期六	星期日
1～2节	船舶管理(轮机员)★6～19[0102]★16－505☆考试☆	船舶管理(轮机员)★6,8,10,12,14,16,18[0102]★16－508☆考试☆	船舶电气与自动化(2)★6～18[0102]★16－605☆考试☆	船舶辅机(2)★6,8,10,12,14,16,18[0102]★16－406☆考试☆			
3～4节	毛泽东思想和中国特色社会主义理论体系概论(2)★6～17[0304]★16－406☆考查☆	船舶管理(轮机员)★6～19[0304]★16－508☆考试☆	轮机英语(2)★6～19[0304]★16－508☆考试☆	轮机英语(2)★7,9,11,13,15,17[0304]★16－508☆考试☆	创业就业指导★6,8,10,12,14,16,18,20[0304]★1－502☆考查☆ 船舶电气与自动化(2)★7,9,11,13,15,17,19[0304]★16－506☆考试☆		
5～6节	船舶辅机(2)★6～18[0506]★16－411☆考试☆			船舶动力装置节能减排技术★7,9,11,13,15,17,19[0506]★16－412☆考查☆			

表 4.44（续）

节次	星期一	星期二	星期三	星期四	星期五	星期六	星期日
7～8节							
9～10节		毛泽东思想和中国特色社会主义理论体系概论（2）★6,8,10［0910］★1－302 ☆考查☆					
考试科目	轮机英语（2）,船舶辅机（2）,船舶电气与自动化（2）,船舶管理（轮机员）						
考查科目	船舶保安意识与职责（Z07/Z08）,船舶动力装置节能减排技术,动力设备拆装,船舶电工工艺与电气设备,创业就业指导,毛泽东思想和中国特色社会主义理论体系概论（2）						
实训安排	课程名称:船舶保安意识与职责（Z07/Z08）—周次:5 课程名称:动力设备拆装—周次:3～4 课程名称:船舶电工工艺与电气设备—周次:1～2						

表 4.45　轮机工程技术专业 3/4 班第 5 学期教学安排

节次	星期一	星期二	星期三	星期四	星期五	星期六	星期日
1～2节							
3～4节							
5～6节							
7～8节							
考试科目							
考查科目	毕业测试（适任证书考试与评估）,动力设备操作,轮机英语听力与会话,机舱资源管理,金工工艺,电气与自动控制						

表 4.45(续)

节次	星期一	星期二	星期三	星期四	星期五	星期六	星期日
实训安排	课程名称:毕业测试(适任证书考试与评估)—周次:15~19						
	课程名称:金工工艺—周次:1~6						
	课程名称:机舱资源管理—周次:7~8			课程名称:电气与自动控制—周次:11~12			
	课程名称:动力设备操作—周次:13~14			课程名称:轮机英语听力与会话—周次:9~10			

表 4.46　轮机工程技术专业 3/4 班第 6 学期教学安排

节次	星期一	星期二	星期三	星期四	星期五	星期六	星期日
1~2节							
3~4节							
5~6节							
7~8节							
考试科目							
考查科目	计算机等级证书,职业技能证书,全国高校英语应用能力等级证书,毕业顶岗实习						
实训安排	课程名称:毕业顶岗实习—周次:1~21						

4.3　实操教学方案

4.3.1　实操课表(1 班)

按照培训实施计划,在校学生各职能模块的实践教学培训在第 4,5 学期(每个学期 20 个教学周)完成。

说明:授课教师根据师资条件、教学规律和实际情况统筹安排,下面课表中的授课教师代号与对应教师名单列举见表 4.47。

表 4.47　授课教师代号与对应教师名单

教师代号	A	B	C	D	E	F	G	H	I	J
对应教师	DSX	YCA	GB	LTY	FWH	YJJ	WL	ZJX	WHS/HFP	ZMZ/ZMQ

750 kW 及以上船舶三管轮培训实训 1 班课程表见表 4.48。

表 4.48　750 kW 及以上船舶三管轮培训实训 1 班课程表(　　)期

日期	星期	时间	培训内容	授课人	地点
第 1 次		上午(1~4 节)	1.1.4 机舱资源管理(4 h)在轮机值班过程中: 1. 熟练按照优先顺序分配和分派机舱资源 2. 熟练与机舱其他值班人员和驾驶台值班人员进行清楚、无歧义的通信与沟通 3. 熟练领导机舱其他值班人员对驾驶台或轮机长的指令迅速响应 4. 熟练领导机舱其他值班人员对机舱设备的状态和船舶所处的环境保持足够关注	教师 A 教师 B	实训楼、ERM 训练中心
第 2 次		上午(1~4 节) 下午(5~8 节)	1.2.3 专业听说(8 h) 熟练进行与履行轮机职责相关的听说	教师 A 教师 C	教学楼、实训楼
第 3 次		上午(1~4 节) 下午(5~8 节)	1.2.3 专业听说(8 h) 熟练进行与履行轮机职责相关的听说	教师 D 教师 E	教学楼、实训楼
第 4 次		上午(1~4 节) 下午(5~8 节)	1.2.3 专业听说(8 h) 熟练进行与履行轮机职责相关的听说	教师 F 教师 G	教学楼、实训楼
第 5 次		上午(1~4 节) 下午(5~8 节)	1.2.3 专业听说(8 h) 熟练进行与履行轮机职责相关的听说	教师 A 教师 C	教学楼、实训楼
第 6 次		上午(1~4 节) 下午(5~8 节)	1.2.3 专业听说(8 h) 熟练进行与履行轮机职责相关的听说	教师 D 教师 E	教学楼、实训楼
第 7 次		上午(1~2 节)	熟练使用船舶内部的各种通信系统(2 h)	教师 A 教师 B	教学楼、实训楼

表 4.48(续 1)

日期	星期	时间	培训内容	授课人	地点
第 8 次		上午(1~4 节) 下午(5~8 节)	自动控制系统(8 h) 1. 熟练操作与管理冷却水温度自动控制系统 (1 h) 2. 熟练操作与管理分油机自动控制系统 (1 h) 3. 熟练操作与管理船舶辅锅炉自动控制系统 (1 h) 4. 熟练操作与管理船舶燃油黏度自动控制系统 (1 h) 5. 熟练操作与管理主机(包括传统柴油机和电子控制柴油机)及其遥控系统(2 h) 6. 熟练操作与管理机舱监测报警系统(1 h) 7. 熟练操作与管理火灾报警系统(1 h)	教师 A 教师 B	实训楼、轮机实训室
第 9 次		上午(1~4 节)	推进装置及控制系统的安全操作与应急程序 1. 熟练实施主机自动减速和停车后的恢复程序 (包括机动操作的转换、机动操作方法、故障排除等)(2 h) 2. 熟练实施主锅炉应急停炉后的恢复程序,包括故障排除、重新点火等(如适用)(2 h)	教师 A 教师 B	实训楼、轮机实训室
第 10 次		上午(1~4 节) 下午(5~6 节)	3. 熟练实施全船停电后的恢复程序,包括副机的重新启动或备用副机的启动、电力供应的恢复、故障排除等(4 h) 4. 熟练实施火警系统、风油切断装置动作后的故障排除及功能恢复(2 h)	教师 A 教师 B	实训楼、轮机实训室
第 11 次		上午(1~4 节) 下午(5~8 节)	机械设备及控制系统的准备、运行、故障检测及防止损坏的必要措施 1. 船舶主机的操作与管理(6 h) 1.1 熟练实施主机开航前的备车操作 1.2 熟练实施主机启动后的参数监测和调整 1.3 熟练实施主机定速后的操作与管理	教师 A 教师 B	实训楼、轮机实训室

表 4.48(续 2)

日期	星期	时间	培训内容	授课人	地点
第 12 次		上午(1~4 节) 下午(5~8 节)	1.4 熟练实施主机的完车操作 2. 船舶辅锅炉的操作与管理(3 h) 2.1 熟练实施辅锅炉点火前的准备工作 2.2 熟练实施辅锅炉的点火、升汽 2.3 熟练实施辅锅炉运行管理 2.4 熟练实施辅锅炉的停火操作 3. 船舶副机的操作与管理(2 h) 3.1 熟练实施副机的启动和停车操作 3.2 熟练实施副机的运行管理 4. 其他辅助设备的操作与管理 4.1 熟练操作与管理分油机(2 h)	教师 A 教师 B	实训楼、轮机实训室
第 13 次		上午(1~4 节) 下午(5~8 节)	4.2 熟练操作与管理活塞式空气压缩机(2 h) 4.3 熟练操作与管理造水机(2 h) 4.4 制冷装置操作与管理(2 h) 4.4.1 熟练启动、停止制冷装置 4.4.2 熟练管理制冷装置 4.4.3 熟练调整制冷装置的参数 4.5 熟练操作与管理空调装置(2 h)	教师 A 教师 B	实训楼、轮机实训室
第 14 次		上午(1~4 节)	4.6 液压舵机装置的操作与管理(2 h) 4.6.1 熟练启动、停止舵机 4.6.2 熟练管理舵机系统 4.6.3 熟练实施舵机的试验与调整 4.6.4 熟练实施舵机的应急操作 4.7 液压甲板机械的操作与管理(2 h) 4.7.1 熟练启动、停止液压甲板机械 4.7.2 熟练管理液压系统 4.7.3 熟练实施液压甲板机械的试验与调整	教师 A 教师 B	实训楼、轮机实训室
第 15 次		上午(1~4 节) 下午(5~8 节)	泵与管系的工作特性(包括控制系统) 熟练启动、停止离心泵,并判断其工作性能(1 h) 泵系统的操作(2 h) 1. 熟练操作与管理压载水系统 2. 熟练操作与管理舱底水系统	教师 A 教师 B	实训楼、轮机实训室
第 16 次		上午(1~4 节)	熟练操作与管理油水分离器(2 h)	教师 A 教师 B	实训楼、轮机实训室

表 4.48(续 3)

日期	星期	时间	培训内容	授课人	地点
第 17 次		上午(1~4 节) 下午(5~8 节)	电气工程基础 1. 发电机 1.1 船舶电站手动操作(4 h) 1.1.1 熟练实施发电机组的手动准同步并车操作 1.1.2 熟练转移、分配并联运行发电机组的负荷 1.1.3 熟练解列发电机组 1.2 船舶自动化电站的操作(1 h) 1.2.1 熟练实施发电机的自动启动、自动并车、自动解列与停机功能试验 1.2.2 熟练设置发电机组的自动启动顺序	教师 B 教师 H	实训楼、轮机实训室
第 18 次		上午(1~4 节) 下午(5~8 节)	2. 电力分配系统(2 h) 2.1 熟练测试、安装并使用电压和电流互感器 2.2 熟练使用岸电箱并对其进行功能试验 3. 电动机启动方法(2 h) 3.1 熟练连接三相异步电动机启动控制电路,包括:直接启动、星–三角降压启动和变频起动 4. 高电压设备(如适用)(2 h) 4.1 能够在高压系统出故障时采取必要的补救措施,制订高压系统部件隔离的切换方案 4.2 能够按照安全操作文件的要求,熟练操作船舶高压电系统,执行系统切换和隔离程序,进行高压设备绝缘电阻和极化指数检测	教师 B 教师 H	实训楼、轮机实训室
第 19 次		上午(1~4 节) 下午(5~6 节)	电子技术基础 1. 熟练进行电子元器件的识别,电路板、电子元器件的焊接与装配(2 h) 2. 熟练使用 PLC 控制电动机的启停,并进行编程和测试(2 h)	教师 B 教师 H	实训楼、轮机实训室
第 20 次		上午(1~4 节) 下午(5~6 节)	过程值测量(3 h) 1. 熟练使用、保养温度和压力测量仪表 2. 熟练操作、调整压力开关和电动差压变送器 3. 熟练操作、调整气动和数字式 PID 调节器	教师 B 教师 H	实训楼、轮机实训室

表 4.48（续 4）

日期	星期	时间	培训内容	授课人	地点
第 21 次		上午（1～4 节） 下午（5～8 节）	维护保养与修理 1. 电动机（8 h） 1.1 熟练解体交流电动机 1.2 熟练装配交流电动机 1.3 熟练清洁电动机、检查零部件，添加轴承润滑脂 1.4 熟练处理受潮、绕组绝缘值降低的电动机 1.5 熟练判断并排除三相异步电动机常见故障，包括：不能启动、启动后转速低且显得无力、温升过高、运行时振动过大、轴承过热等	教师 B 教师 H	实训楼、轮机实训室
第 22 次		上午（1～4 节）	2. 配电系统（2 h） 2.1 熟练安装与检修日光灯灯具 2.2 熟练判断并排除白炽灯灯具的常见故障，包括：灯泡不发光、灯泡发光强烈、灯光忽亮忽暗或时亮时熄、连续烧断熔丝、灯光暗红等 2.3 熟练判断并排除日光灯的常见故障，包括：灯管不发光、灯管两端发亮中间不亮、起辉困难、灯光闪烁或管内有螺旋形滚动光带、镇流器异声等	教师 B 教师 H	实训楼、轮机实训室
第 23 次		上午（1～4 节） 下午（5～8 节）	电气系统故障诊断及防护 1. 故障保护 1.1 继电器、接触器的维护保养及其参数整定（2 h） 1.1.1 熟练测试、调整压力继电器（或温度继电器）的设定值与幅差值 1.1.2 熟练整定时间继电器和热继电器 1.2 熟练判断并排除自动空气断路器的合闸故障、误跳闸及脱扣故障（1 h） 1.3 熟练判断发电机的外部短路、过载与失（欠）压故障（1 h） 1.4 熟练排除船舶电网绝缘降低和单相接地故障（1 h） 1.5 熟练实施主配电板的安全运行管理（1 h）	教师 B 教师 H	实训楼、轮机实训室

表 4.48（续 5）

日期	星期	时间	培训内容	授课人	地点
			1.6 熟练处理各种情况下的发电机主开关跳闸故障（2 h） 1.6.1 自动化电站的停电事故 1.6.2 常规电站并车操作时发生电网跳电 1.6.3 常规电站的运行机组因机械故障跳电 1.6.4 常规电站单机运行时跳电 1.6.5 常规电站的运行机组因发电机短路或失压保护跳电		
第 24 次		上午（1～4 节） 下午（5～8 节）	1.7 熟练实施应急配电板与应急发电机的功能试验（1 h） 2. 故障定位 2.1 电气控制箱的维护保养及故障查找与排除（2 h） 2.1.1 熟练指出各元器件在控制箱内的实际位置（根据线路图） 2.1.2 熟练判断故障性质和故障可能存在的环节（根据故障现象） 电气检测设备的结构及操作 1. 熟练使用便携式兆欧表对电气设备的绝缘电阻值进行测量（0.5 h） 2. 熟练使用万用表（2 h） 2.1 测量电阻和交（直）流电压 2.2 进行二极管性能测量与极性判别 2.3 进行晶体管性能测量与极性判别 2.4 进行可控硅性能测量及极性判别 3. 熟练使用钳形电流表测量线路电流（0.5 h） 4. 熟练使用交流电压表和电流表（1 h）	教师 B 教师 H	实训楼、轮机实训室
第 25 次		上午（1～4 节）	电路图及简单电子电路图 1. 熟练识别电气控制线路图（1 h） 2. 熟练识别简单的电子控制线路图（1 h）	教师 B 教师 H	实训楼、轮机实训室
第 26 次		上午（1～4 节） 下午（5～8 节）	使用手动工具、机床及测量仪器 1. 钳工工艺（20 h） 熟练使用手动、动力工具、钻床、磨床等完成下列操作： 1.1 螺栓拆卸与紧固	教师 I 教师 J	金工实习工厂、实训楼

表 4.48（续 6）

日期	星期	时间	培训内容	授课人	地点
第 27 次		上午（1~4节） 下午（5~8节）	1.2 轴承的装卸 1.3 断节螺栓的拆卸 1.4 方铁錾切、锯割、锉削	教师 I 教师 J	金工实习工厂、实训楼
第 28 次		上午（1~4节） 下午（5~8节）	1.5 方铁划线、钻孔、攻丝 1.6 螺帽加工	教师 I 教师 J	金工实习工厂、实训楼
第 29 次		上午（1~4节） 下午（5~8节）	2. 车工工艺（20 h） 熟练使用普通车床完成下列操作： 2.1 车刀的安装 2.2 刻度盘使用时的注意事项	教师 I 教师 J	金工实习工厂、实训楼
第 30 次		上午（1~4节） 下午（5~8节）	2.3 车削螺纹锥销 2.4 车削台阶轴	教师 I 教师 J	金工实习工厂、实训楼
第 31 次		上午（1~4节）	2.5 车削锥体 2.6 车削螺纹柱	教师 I 教师 J	金工实习工厂、实训楼
第 32 次		上午（1~4节） 下午（5~8节）	3. 电焊工艺（20 h） 熟练使用电焊设备完成下列操作： 3.1 钢板平对接焊	教师 I 教师 J	金工实习工厂、实训楼
第 33 次		上午（1~4节） 下午（5~8节）	3.2 管子对接焊	教师 I 教师 J	金工实习工厂、实训楼
第 34 次		上午（1~4节）	3.3 管板垂直角焊	教师 I 教师 J	金工实习工厂、实训楼
第 35 次		上午（1~4节） 下午（5~8节）	4. 气焊工艺（20 h） 熟练使用气焊设备完成下列操作： 4.1 回火的处理 4.2 气焊设备着火的处理	教师 I 教师 J	金工实习工厂、实训楼
第 36 次		上午（1~4节） 下午（5~8节）	4.3 气焊进行补焊 4.4 气焊进行铜焊 4.5 钢板平对接焊	教师 I 教师 J	金工实习工厂、实训楼

表 4.48（续 7）

日期	星期	时间	培训内容	授课人	地点
第 37 次		上午(1~4 节) 下午(5~6 节)	4.6 管子对接焊 4.7 气割方圆 5.熟练选取并使用各种测量仪器(2 h)	教师 I 教师 J	金工实习工厂、实训楼
第 38 次		上午(1~4 节)	熟练使用不同的密封剂、密封垫片和密封填料(1 h)	教师 A 教师 B	教学楼、实训楼
第 39 次		上午(1~4 节) 下午(5~7 节)	船舶机械和设备的维护与修理 1.运用正确的上紧程序,熟练安装双头螺栓和螺栓(1 h) 2.熟练实施离心泵的拆卸、清洗、检查与测量、修理、装复和密封调整(3 h)	教师 A 教师 B	教学楼、实训楼
第 40 次		上午(1~4 节) 下午(5~7 节)	3.熟练实施往复泵的拆卸、清洗、检查与测量、修理、装复和密封调整(4 h) 4.熟练实施齿轮泵的拆卸、清洗、检查与测量、修理、装复和密封调整(3 h)	教师 A 教师 B	教学楼、实训楼
第 41 次		上午(1~4 节) 下午(5~8 节)	5.熟练实施截止阀、止回阀、截止止回阀、蝶阀和安全阀的拆卸、清洗、检查与测量、修理、装复和试验(2 h) 6.熟练实施空压机的拆卸、清洗、检查与测量、修理和装复(4 h) 7.熟练实施换热器的拆卸、清洗、检查与测量、修理、装复和试验(2 h)	教师 H 教师 D	教学楼、实训楼
第 42 次		上午(1~4 节) 下午(5~8 节)	8.熟练实施柴油机的吊缸拆装、零部件检查与测量(24 h) 8.1 气缸盖的拆装与检查 8.2 气阀机构的拆装与检查、气阀的研磨与密封面检查、气阀间隙与气阀定时的测量与调整 8.3 气缸套的拆装与测量、圆度和圆柱度的计算、内径增大量的计算 8.4 活塞组件的拆装与解体、活塞的测量与圆度和圆柱度的计算、活塞销及连杆小端轴承间隙的测量	教师 H 教师 D	教学楼、实训楼

表 4.48(续 8)

日期	星期	时间	培训内容	授课人	地点
第 43 次		上午(1~4 节) 下午(5~8 节)	8.5 活塞环的拆装与检查、活塞环天地间隙、搭口间隙、活塞环厚度及活塞环槽的测量 8.6 连杆、连杆大端轴瓦和连杆螺栓的拆装与检查、连杆螺栓的上紧方法、曲轴销的测量 8.7 主轴承的拆装与测量以及轴承间隙的测量 8.8 喷油泵的拆装与检修、供油定时的检查与调整、密封性的检查与处理	教师 A 教师 B	教学楼、实训楼
第 44 次		上午(1~4 节) 下午(5~8 节)	8.9 喷油器的拆装与检修、启阀压力的检查与调节 8.10 曲轴臂距差的测量与计算、曲轴轴线的状态分析 8.11 气缸启动阀、安全阀、示功阀、空气分配器拆装与检修 8.12 液压拉伸器的使用和管理	教师 A 教师 B	教学楼、实训楼
第 45 次		上午(1~4 节) 下午(5~8 节)	9. 熟练实施增压器的拆卸、清洁、检查与测量、修理和装复(6 h) 10. 熟练实施锅炉水位计和燃烧器的解体、清洁、修理与组装(2 h)	教师 A 教师 B	教学楼、实训楼
第 46 次		上午(1~4 节)	11. 熟练实施制冷压缩机的解体、清洁、修理与组装(4 h)	教师 A 教师 B	教学楼、实训楼
第 47 次		上午(1~4 节) 下午(5~6 节)	12. 熟练实施自清滤器和分油机的解体、检修与装复(6 h)	教师 A 教师 B 教师 H 教师 D	教学楼、实训楼
第 48 次		上午(1~4 节) 下午(5~8 节)	13. 熟练实施液压控制阀、液压泵和液压马达的解体、清洁、修理与组装(8 h)	教师 A 教师 B	教学楼、实训楼
第 49 次		上午(1~4 节)	管系图、液压系统图及气动系统图(2 h) 1. 熟练识读管系图 2. 熟练识读液压系统图 3. 熟练识读气动系统图	教师 A 教师 C	教学楼、实训楼

表 4.48(续 9)

日期	星期	时间	培训内容	授课人	地点
第 50 次		上午(1~4 节) 下午(5~8 节)	工程制图练习(15 h) 1. 熟练使用下列方法绘制工程图:阶梯剖、旋转剖、单一全剖图、局部剖、半剖、虚线图、机械符号、表面粗糙度、角度标注、箭头、辅助尺寸、中心线、节圆直径、螺纹、粗线型、放大视图、剖面线、指引线	教师 A 教师 C	教学楼、实训楼
第 51 次		上午(1~4 节) 下午(5~7 节)	2. 熟练使用参考资料,用简略标识制图 3. 熟练使用习惯画法表示下列特征:内、外螺纹,轴上的方槽,三角形齿花键轴和花键轴,分布在线或圆周上的孔的简化画法,轴承,中断视图,拉伸和压缩的弹簧	教师 A 教师 C	教学楼、实训楼
第 52 次		上午(1~4 节)	生活污水处理装置、焚烧炉、粉碎机、压载水处理装置等防污染设备的操作程序(3 h) 1. 熟练操作生活污水处理装置 2. 熟练操作焚烧炉 3. 熟练操作压载水处理装置	教师 A 教师 B	教学楼、实训楼
第 53 次		上午(1~4 节) 下午(5~6 节)	船舶的主要构件 1. 船舶尺度和船形(2 h) 1.1 认识船舶的总体布置、纵剖面图和平面布置图 1.2 认识船舶的主要构件及主要舱室的位置 2. 船体结构(3 h) 2.1 认识船体结构形式,包括纵骨架	教师 A 教师 B	教学楼、实训楼
第 54 次		上午(1~4 节) 下午(5~6 节)	4. 船舶附件(4 h) 4.1 认识舱口、舱盖的类型与布置 4.2 认识系缆设备、锚设备的主要部件与布置 4.3 认识桅杆、吊杆柱、吊杆、甲板起重机的结构与布置 4.4 认识船舶的舱底管系、压载管系和消防系统的布置 4.5 认识舱柜测量管、空气管的结构和布置 5. 舵与轴隧(1 h) 5.1 认识舵设备的结构与布置 5.2 认识轴隧的结构特点 6. 载重线及吃水标志(1 h) 6.1 认识载重线标志 6.2 认识水尺标志并熟练读取船舶吃水	教师 A 教师 B	教学楼、实训楼

表 4.48(续 10)

日期	星期	时间	培训内容	授课人	地点
第 55 次		上午(1~4 节)	4.7.1 船上人员管理及训练 与理论课同时实践(采用分组讨论、场景演练等方式进行)(2 h) 4.7.3 运用任务和工作量管理的能力 与理论课同时实践(采用分组讨论、场景演练等方式进行)(2 h)	教师 A 教师 B	教学楼、实训楼
第 56 次		上午(1~4 节) 下午(5~8 节)	4.7.4 运用有效资源管理的知识和能力 与理论课同时实践(采用分组讨论场景演练等方式进行)(2 h) 4.7.5 运用决策技能的知识和能力 与理论课同时实践(采用分组讨论、场景演练等方式进行)(2 h)	教师 A 教师 B	教学楼、实训楼

4.3.2　实操课表(2 班)

　　按照培训实施计划,在校学生各职能模块的实践教学培训在第 4,5 学期(每个学期 20 个教学周)完成。

　　750 kW 及以上船舶三管轮培训实训 2 班课程表见表 4.49。

表 4.49　750 kW 及以上船舶三管轮培训实训 2 班课程表(　　)期

日期	星期	时间	培训内容	授课人	地点
第 1 次		上午(1~4 节) 下午(5~8 节)	自动控制系统(8 h) 1. 熟练操作与管理冷却水温度自动控制系统(1 h) 2. 熟练操作与管理分油机自动控制系统(1 h) 3. 熟练操作与管理船舶辅锅炉自动控制系统(1 h) 4. 熟练操作与管理船舶燃油黏度自动控制系统(1 h) 5. 熟练操作与管理主机(包括传统柴油机和电子控制柴油机)及其遥控系统(2 h) 6. 熟练操作与管理机舱监测报警系统(1 h) 7. 熟练操作与管理火灾报警系统(1 h)	教师 H 教师 C	教学楼、实训楼

表 4.49(续 1)

日期	星期	时间	培训内容	授课人	地点
第 2 次		上午(1~4 节)	推进装置及控制系统的安全操作与应急程序 1. 熟练实施主机自动减速和停车后的恢复程序(包括机动操作的转换、机动操作方法、故障排除等)(2 h) 2. 熟练实施主锅炉应急停炉后的恢复程序,包括故障排除、重新点火等(如适用)(2 h)	教师 H 教师 C	教学楼、实训楼
第 3 次		上午(1~4 节) 下午(5~6 节)	3. 熟练实施全船停电后的恢复程序,包括副机的重新启动或备用副机的启动、电力供应的恢复、故障排除等(4 h) 4. 熟练实施火警系统、风油切断装置动作后的故障排除及功能恢复(2 h)	教师 H 教师 C	教学楼、实训楼
第 4 次		上午(1~4 节) 下午(5~8 节)	机械设备及控制系统的准备、运行、故障检测及防止损坏的必要措施 1. 船舶主机的操作与管理(6 h) 1.1 熟练实施主机开航前的备车操作 1.2 熟练实施主机启动后的参数监测和调整 1.3 熟练实施主机定速后的操作与管理	教师 C 教师 D	教学楼、实训楼
第 5 次		上午(1~4 节) 下午(5~8 节)	1.4 熟练实施主机的完车操作 2. 船舶辅锅炉的操作与管理(3 h) 2.1 熟练实施辅锅炉点火前的准备工作 2.2 熟练实施辅锅炉的点火、升汽 2.3 熟练实施辅锅炉运行管理 2.4 熟练实施辅锅炉的停火操作 3. 船舶副机的操作与管理(2 h) 3.1 熟练实施副机的启动和停车操作 3.2 熟练实施副机的运行管理 4. 其他辅助设备的操作与管理 4.1 熟练操作与管理分油机(2 h)	教师 C 教师 K	教学楼、实训楼
第 6 次		上午(1~4 节) 下午(5~8 节)	4.2 熟练操作与管理活塞式空气压缩机(2 h) 4.3 熟练操作与管理造水机(2 h) 4.4 制冷装置操作与管理(2 h) 4.4.1 熟练启动、停止制冷装置 4.4.2 熟练管理制冷装置 4.4.3 熟练调整制冷装置的参数 4.5 熟练操作与管理空调装置(2 h)	教师 C 教师 K	教学楼、实训楼

表 4.49（续 2）

日期	星期	时间	培训内容	授课人	地点
第 7 次		上午(1~4 节)	4.6 液压舵机装置的操作与管理(2 h) 4.6.1 熟练启动、停止舵机 4.6.2 熟练管理舵机系统 4.6.3 熟练实施舵机的试验与调整 4.6.4 熟练实施舵机的应急操作 4.7 液压甲板机械的操作与管理(2 h) 4.7.1 熟练启动、停止液压甲板机械 4.7.2 熟练管理液压系统 4.7.3 熟练实施液压甲板机械的试验与调整	教师 B 教师 H	教学楼、实训楼
第 8 次		上午(1~4 节) 下午(5~8 节)	泵与管系的工作特性(包括控制系统) 熟练启动、停止离心泵,并判断其工作性能(1 h) 泵系统的操作(2 h) 1.熟练操作与管理压载水系统 2.熟练操作与管理舱底水系统	教师 H 教师 C	教学楼、实训楼
第 9 次		上午(1~4 节)	熟练操作与管理油水分离器(2 h)	教师 H 教师 C	教学楼、实训楼
第 10 次		上午(1~4 节) 下午(5~8 节)	电气工程基础 1.发电机 1.1 船舶电站手动操作(4 h) 1.1.1 熟练实施发电机组的手动准同步并车操作 1.1.2 熟练转移、分配并联运行发电机组的负荷 1.1.3 熟练解列发电机组 1.2 船舶自动化电站的操作(1 h) 1.2.1 熟练实施发电机的自动启动、自动并车、自动解列与停机功能试验 1.2.2 熟练设置发电机组的自动启动顺序	教师 H 教师 D	教学楼、实训楼

表 4.49(续 3)

日期	星期	时间	培训内容	授课人	地点
第 11 次		上午(1～4 节) 下午(5～8 节)	2.电力分配系统(2 h) 2.1 熟练测试、安装并使用电压和电流互感器 2.2 熟练使用岸电箱并对其进行功能试验 3.电动机启动方法(2 h) 3.1 熟练连接三相异步电动机启动控制电路,包括:直接启动、星－三角降压启动和变频启动 4.高电压设备(如适用)(2 h) 4.1 能够在高压系统出故障时采取必要的补救措施,制订高压系统部件隔离的切换方案 4.2 能够按照安全操作文件的要求,熟练操作船舶高压电系统,执行系统切换和隔离程序,进行高压设备绝缘电阻和极化指数检测	教师 B 教师 H	教学楼、实训楼
第 12 次		上午(1～4 节) 下午(5～6 节)	电子技术基础 1.熟练进行电子元器件的识别,电路板、电子元器件的焊接与装配(2 h) 2.熟练使用 PLC 控制电动机的启停,并进行编程和测试(2 h)	教师 B 教师 H	教学楼、实训楼
第 13 次		上午(1～4 节) 下午(5～6 节)	过程值测量(3 h) 1.熟练使用、保养温度和压力测量仪表 2.熟练操作、调整压力开关和电动差压变送器 3 熟练操作、调整气动和数字式 PID 调节器	教师 L 教师 D	教学楼、实训楼
第 14 次		上午(1～4 节) 下午(5～8 节)	维护保养与修理 1.电动机(8 h) 1.1 熟练解体交流电动机 1.2 熟练装配交流电动机 1.3 熟练清洁电动机、检查零部件,添加轴承润滑脂 1.4 熟练处理受潮、绕组绝缘值降低的电动机 1.5 熟练判断并排除三相异步电动机常见故障,包括:不能启动、启动后转速低且显得无力、温升过高、运行时振动过大、轴承过热等	教师 L 教师 D	教学楼、实训楼

表 4.49(续 4)

日期	星期	时间	培训内容	授课人	地点
第 15 次		上午(1~4 节)	2. 配电系统(2 h) 2.1 熟练安装与检修日光灯灯具 2.2 熟练判断并排除白炽灯灯具的常见故障,包括:灯泡不发光、灯泡发光强烈、灯光忽亮忽暗或时亮时熄、连续烧断熔丝、灯光暗红等 2.3 熟练判断并排除日光灯的常见故障,包括:灯管不发光、灯管两端发亮中间不亮、起辉困难、灯光闪烁或管内有螺旋形滚动光带、镇流器异声等	教师 B 教师 D	教学楼、实训楼
第 16 次		上午(1~4 节) 下午(5~8 节)	电气系统故障诊断及防护 1. 故障保护 1.1 继电器、接触器的维护保养及其参数整定(2 h) 1.1.1 熟练测试、调整压力继电器(或温度继电器)的设定值与幅差值 1.1.2 熟练整定时间继电器和热继电器 1.2 熟练判断并排除自动空气断路器的合闸故障、误跳闸及脱扣故障(1 h) 1.3 熟练判断发电机的外部短路、过载与失(欠)压故障(1 h) 1.4 熟练排除船舶电网绝缘降低和单相接地故障(1 h) 1.5 熟练实施主配电板的安全运行管理(1 h) 1.6 熟练处理各种情况下的发电机主开关跳闸故障(2 h) 1.6.1 自动化电站的停电事故 1.6.2 常规电站并车操作时发生电网跳电 1.6.3 常规电站的运行机组因机械故障跳电 1.6.4 常规电站单机运行时跳电 1.6.5 常规电站的运行机组因发电机短路或失压保护跳电	教师 B 教师 D	教学楼、实训楼

表 4.49(续 5)

日期	星期	时间	培训内容	授课人	地点
第 17 次		上午(1~4 节) 下午(5~8 节)	1.7 熟练实施应急配电板与应急发电机的功能试验(1 h) 2. 故障定位 2.1 电气控制箱的维护保养及故障查找与排除(2 h) 2.1.1 熟练指出各元器件在控制箱内的实际位置(根据线路图) 2.1.2 熟练判断故障性质和故障可能存在的环节(根据故障现象) 电气检测设备的结构及操作 1. 熟练使用便携式兆欧表对电气设备的绝缘电阻值进行测量(0.5 h) 2. 熟练使用万用表(2 h) 2.1 测量电阻和交(直)流电压 2.2 进行二极管性能测量与极性判别 2.3 进行晶体管性能测量与极性判别 2.4 进行可控硅性能测量及极性判别 3. 熟练使用钳形电流表测量线路电流(0.5 h) 4. 熟练使用交流电压表和电流表(1 h)	教师 L 教师 D	教学楼、实训楼
第 18 次		上午(1~4 节)	电路图及简单电子电路图 1. 熟练识别电气控制线路图(1 h) 2. 熟练识别简单的电子控制线路图(1 h)	教师 L 教师 D	教学楼、实训楼
第 19 次		上午(1~4 节) 下午(5~8 节)	使用手动工具、机床及测量仪器 1. 钳工工艺(20 h) 熟练使用手动、动力工具、钻床、磨床等完成下列操作: 1.1 螺栓拆卸与紧固	教师 M 教师 N	金工实习工厂、实训楼
第 20 次		上午(1~4 节) 下午(5~8 节)	1.2 轴承的装卸 1.3 断节螺栓的拆卸 1.4 方铁錾切、锯割、锉削	教师 M 教师 N	金工实习工厂、实训楼
第 21 次		上午(1~4 节) 下午(5~8 节)	1.5 方铁划线、钻孔、攻丝 1.6 螺帽加工	教师 M 教师 N	金工实习工厂、实训楼
第 22 次		上午(1~4 节) 下午(5~8 节)	2. 车工工艺(20 h) 熟练使用普通车床完成下列操作: 2.1 车刀的安装 2.2 刻度盘使用时的注意事项	教师 M 教师 N	金工实习工厂、实训楼

表 **4.49**(续 6)

日 期	星期	时 间	培训内容	授课人	地 点
第 23 次		上午(1~4节) 下午(5~8节)	2.3 车削螺纹锥销 2.4 车削台阶轴	教师 M 教师 N	金工实习 工厂、实 训楼
第 24 次		上午(1~4节)	2.5 车削锥体 2.6 车削螺纹柱	教师 M 教师 N	金工实习 工厂、实 训楼
第 25 次		上午(1~4节) 下午(5~8节)	3. 电焊工艺(20 h) 熟练使用电焊设备完成下列操作: 3.1 钢板平对接焊	教师 M 教师 N	金工实习 工厂、实 训楼
第 26 次		上午(1~4节) 下午(5~8节)	3.2 管子对接焊	教师 M 教师 N	金工实习 工厂、实 训楼
第 27 次		上午(1~4节)	3.3 管板垂直角焊	教师 M 教师 N	金工实习 工厂、实 训楼
第 28 次		上午(1~4节) 下午(5~8节)	4. 气焊工艺(20 h) 熟练使用气焊设备完成下列操作: 4.1 回火的处理 4.2 气焊设备着火的处理	教师 M 教师 N	金工实习 工厂、实 训楼
第 29 次		上午(1~4节) 下午(5~8节)	4.3 气焊进行补焊 4.4 气焊进行铜焊 4.5 钢板平对接焊	教师 M 教师 N	金工实习 工厂、实 训楼
第 30 次		上午(1~4节) 下午(5~6节)	4.6 管子对接焊 4.7 气割方圆 5. 熟练选取并使用各种测量仪器(2 h)	教师 M 教师 N	金工实习 工厂、实 训楼
第 31 次		上午(1~4节)	熟练使用不同的密封剂、密封垫片和密封填料 (1 h)	教师 H 教师 O	教学楼、实 训楼
第 32 次		上午(1~4节) 下午(5~7节)	船舶机械和设备的维护与修理 1. 运用正确的上紧程序,熟练安装双头螺栓和 螺栓(1 h) 2. 熟练实施离心泵的拆卸、清洗、检查与测量、 修理、装复和密封调整(3 h)	教师 H 教师 O	教学楼、实 训楼

表 4.49(续 7)

日期	星期	时间	培训内容	授课人	地点
第 33 次		上午(1~4 节) 下午(5~7 节)	3. 熟练实施往复泵的拆卸、清洗、检查与测量、修理、装复和密封调整(4 h) 4. 熟练实施齿轮泵的拆卸、清洗、检查与测量、修理、装复和密封调整(3 h)	教师 H 教师 O	教学楼、实训楼
第 34 次		上午(1~4 节) 下午(5~8 节)	5. 熟练实施截止阀、止回阀、截止止回阀、蝶阀和安全阀的拆卸、清洗、检查与测量、修理、装复和试验(2 h) 6. 熟练实施空压机的拆卸、清洗、检查与测量、修理和装复(4 h) 7. 熟练实施换热器的拆卸、清洗、检查与测量、修理、装复和试验(2 h)	教师 H 教师 O	教学楼、实训楼
第 35 次		上午(1~4 节) 下午(5~8 节)	8. 熟练实施柴油机的吊缸拆装、零部件检查与测量(24 h) 8.1 气缸盖的拆装与检查 8.2 气阀机构的拆装与检查、气阀的研磨与密封面检查、气阀间隙与气阀定时的测量与调整 8.3 气缸套的拆装与测量、圆度和圆柱度的计算、内径增大量的计算 8.4 活塞组件的拆装与解体、活塞的测量与圆度和圆柱度的计算、活塞销及连杆小端轴承间隙的测量	教师 H 教师 O	教学楼、实训楼
第 36 次		上午(1~4 节) 下午(5~8 节)	8.5 活塞环的拆装与检查、活塞环天地间隙、搭口间隙、活塞环厚度及活塞环槽的测量 8.6 连杆、连杆大端轴瓦和连杆螺栓的拆装与检查、连杆螺栓的上紧方法、曲轴销的测量 8.7 主轴承的拆装与测量以及轴隙间隙的测量 8.8 喷油泵的拆装与检修、供油定时的检查与调整、密封性的检查与处理	教师 H 教师 O	教学楼、实训楼
第 37 次		上午(1~4 节) 下午(5~8 节)	8.9 喷油器的拆装与检修、启阀压力的检查与调节 8.10 曲轴臂距差的测量与计算、曲轴轴线的状态分析 8.11 气缸启动阀、安全阀、示功阀、空气分配器拆装与检修 8.12 液压拉伸器的使用和管理	教师 H 教师 O	教学楼、实训楼

表 4.49（续 8）

日期	星期	时间	培训内容	授课人	地点
第 38 次		上午（1~4 节） 下午（5~8 节）	9. 熟练实施增压器的拆卸、清洁、检查与测量、修理和装复（6 h） 10. 熟练实施锅炉水位计和燃烧器的解体、清洁、修理与组装（2 h）	教师 H 教师 O	教学楼、实训楼
第 39 次		上午（1~4 节）	11. 熟练实施制冷压缩机的解体、清洁、修理与组装（4 h）	教师 H 教师 O	教学楼、实训楼
第 40 次		上午（1~4 节） 下午（5~6 节）	12. 熟练实施自清滤器和分油机的解体、检修与装复（6 h）	教师 H 教师 O	教学楼、实训楼
第 41 次		上午（1~4 节） 下午（5~8 节）	13. 熟练实施液压控制阀、液压泵和液压马达的解体、清洁、修理与组装（8 h）	教师 H 教师 O	教学楼、实训楼
第 42 次		上午（1~4 节）	管系图、液压系统图及气动系统图（2 h） 1. 熟练识读管系图 2. 熟练识读液压系统图 3. 熟练识读气动系统图	教师 B 教师 O	教学楼、实训楼
第 43 次		上午（1~4 节） 下午（5~8 节）	工程制图练习（15 h） 1. 熟练使用下列方法绘制工程图：阶梯剖、旋转剖、单一全剖图、局部剖、半剖、虚线图、机械符号、表面粗糙度、角度标注、箭头、辅助尺寸、中心线、节圆直径、螺纹、粗线型、放大视图、剖面线、指引线	教师 B 教师 O	教学楼、实训楼
第 44 次		上午（1~4 节） 下午（5~7 节）	2. 熟练使用参考资料，用简略标识制图 3. 熟练使用习惯画法表示下列特征：内、外螺纹，轴上的方槽，三角形齿花键轴和花键轴，分布在线或圆周上的孔的简化画法，轴承，中断视图，拉伸和压缩的弹簧	教师 B 教师 H	教学楼、实训楼
第 45 次		上午（1~4 节）	生活污水处理装置、焚烧炉、粉碎机、压载水处理装置等防污染设备的操作程序（3 h） 1. 熟练操作生活污水处理装置 2. 熟练操作焚烧炉 3. 熟练操作压载水处理装置	教师 D 教师 L	教学楼、实训楼
第 46 次		上午（1~4 节） 下午（5~6 节）	船舶的主要构件 1. 船舶尺度和船形（2 h） 1.1 认识船舶的总体布置、纵剖面图和平面布置图 1.2 认识船舶的主要构件及主要舱室的位置 2. 船体结构（3 h） 2.1 认识船体结构形式，包括纵骨架	教师 D 教师 O	教学楼、实训楼

表 **4.49**(续 9)

日期	星期	时间	培训内容	授课人	地点
第 47 次		上午(1~4 节) 下午(5~6 节)	4. 船舶附件(4 h) 4.1 认识舱口、舱盖的类型与布置 4.2 认识系缆设备、锚设备的主要部件与布置 4.3 认识桅杆、吊杆柱、吊杆、甲板起重机的结构与布置 4.4 认识船舶的舱底管系、压载管系和消防系统的布置 4.5 认识舱柜测量管、空气管的结构和布置 5. 舵与轴隧(1 h) 5.1 认识舵设备的结构与布置 5.2 认识轴隧的结构特点 6. 载重线及吃水标志(1 h) 6.1 认识载重线标志 6.2 认识水尺标志并熟练读取船舶吃水	教师 D 教师 O	教学楼、实训楼
第 48 次		上午(1~4 节)	4.7.1 船上人员管理及训练 与理论课同时实践(采用分组讨论、场景演练等方式进行)(2 h) 4.7.3 运用任务和工作量管理的能力 与理论课同时实践(采用分组讨论、场景演练等方式进行)(2 h)	教师 D 教师 O	教学楼、实训楼
第 49 次		上午(1~4 节) 下午(5~8 节)	4.7.4 运用有效资源管理的知识和能力 与理论课同时实践(采用分组讨论场景演练等方式进行)(2 h) 4.7.5 运用决策技能的知识和能力 与理论课同时实践(采用分组讨论、场景演练等方式进行)(2 h)	教师 D 教师 O	教学楼、实训楼
第 50 次		上午(1~4 节)	1.1.4 机舱资源管理(4 h)在轮机值班过程中: 1. 熟练按照优先顺序分配和分派机舱资源 2. 熟练与机舱其他值班人员和驾驶台值班人员进行清楚、无歧义的通信与沟通 3. 熟练领导机舱其他值班人员对驾驶台或轮机长的指令迅速响应 4. 熟练领导机舱其他值班人员对机舱设备的状态和船舶所处的环境保持足够关注	教师 H 教师 C	实训楼、ERM 训练中心
第 51 次		上午(1~4 节) 下午(5~8 节)	1.2.3 专业听说(8 h) 熟练进行与履行轮机职责相关的听说	教师 D 教师 E	教学楼、实训楼

表 4.49（续 10）

日期	星期	时间	培训内容	授课人	地点
第 52 次		上午（1~4 节） 下午（5~8 节）	1.2.3 专业听说（8 h） 熟练进行与履行轮机职责相关的听说	教师 F 教师 G	教学楼、实训楼
第 53 次		上午（1~4 节） 下午（5~8 节）	1.2.3 专业听说（8 h） 熟练进行与履行轮机职责相关的听说	教师 F 教师 G	教学楼、实训楼
第 54 次		上午（1~4 节） 下午（5~8 节）	1.2.3 专业听说（8 h） 熟练进行与履行轮机职责相关的听说	教师 F 教师 G	教学楼、实训楼
第 55 次		上午（1~4 节） 下午（5~8 节）	1.2.3 专业听说（8 h） 熟练进行与履行轮机职责相关的听说	教师 F 教师 G	教学楼、实训楼
第 56 次		上午（1~2 节）	熟练使用船舶内部的各种通信系统（2 h）	教师 H 教师 O	教学楼、实训楼

4.3.3　实操课表（3 班）

按照培训实施计划,在校学生各职能模块的实践教学培训在第 4,5 学期（每个学期 20 个教学周）完成。

750 kW 及以上船舶三管轮培训实训 3 班课程表见表 4.50。

表 4.50　750 kW 及以上船舶三管轮培训实训 3 班课程表（　）期

日期	星期	时间	培训内容	授课人	地点
第 1 次		上午（1~4 节） 下午（5~8 节）	使用手动工具、机床及测量仪器 1. 钳工工艺（20 h） 熟练使用手动、动力工具、钻床、磨床等完成下列操作： 1.1 螺栓拆卸与紧固	教师 P 教师 Q	金工实习工厂、实训楼
第 2 次		上午（1~4 节） 下午（5~8 节）	1.2 轴承的装卸 1.3 断节螺栓的拆卸 1.4 方铁錾切、锯割、锉削	教师 N 教师 P	金工实习工厂、实训楼
第 3 次		上午（1~4 节） 下午（5~8 节）	1.5 方铁划线、钻孔、攻丝 1.6 螺帽加工	教师 I 教师 J 教师 M 教师 N	金工实习工厂、实训楼

表 4.50(续 1)

日期	星期	时间	培训内容	授课人	地点
第 4 次		上午(1~4节) 下午(5~8节)	2. 车工工艺(20 h) 熟练使用普通车床完成下列操作: 2.1 车刀的安装 2.2 刻度盘使用时的注意事项	教师 I 教师 J 教师 M 教师 N	金工实习工厂、实训楼
第 5 次		上午(1~4节) 下午(5~8节)	2.3 车削螺纹锥销 2.4 车削台阶轴	教师 P 教师 Q	金工实习工厂、实训楼
第 6 次		上午(1~4节)	2.5 车削锥体 2.6 车削螺纹柱	教师 P 教师 Q	金工实习工厂、实训楼
第 7 次		上午(1~4节) 下午(5~8节)	3. 电焊工艺(20 h) 熟练使用电焊设备完成下列操作: 3.1 钢板平对接焊	教师 P 教师 Q	金工实习工厂、实训楼
第 8 次		上午(1~4节) 下午(5~8节)	3.2 管子对接焊	教师 P 教师 Q	金工实习工厂、实训楼
第 9 次		上午(1~4节)	3.3 管板垂直角焊	教师 P 教师 Q	金工实习工厂、实训楼
第 10 次		上午(1~4节) 下午(5~8节)	4. 气焊工艺(20 h) 熟练使用气焊设备完成下列操作: 4.1 回火的处理 4.2 气焊设备着火的处理	教师 P 教师 Q	金工实习工厂、实训楼
第 11 次		上午(1~4节) 下午(5~8节)	4.3 气焊进行补焊 4.4 气焊进行铜焊 4.5 钢板平对接焊	教师 P 教师 Q	金工实习工厂、实训楼
第 12 次		上午(1~4节) 下午(5~6节)	4.6 管子对接焊 4.7 气割方圆 5. 熟练选取并使用各种测量仪器(2 h)	教师 I 教师 J 教师 M 教师 N	金工实习工厂、实训楼

表 4.50（续 2）

日期	星期	时间	培训内容	授课人	地点
第 13 次		上午(1～4 节)	1.1.4 机舱资源管理(4 h)在轮机值班过程中： 1. 熟练按照优先顺序分配和分派机舱资源 2. 熟练与机舱其他值班人员和驾驶台值班人员进行清楚、无歧义的通信与沟通 3. 熟练领导机舱其他值班人员对驾驶台或轮机长的指令迅速响应 4. 熟练领导机舱其他值班人员对机舱设备的状态和船舶所处的环境保持足够关注	教师 D 教师 L	实训楼、ERM 训练中心
第 14 次		上午(1～4 节) 下午(5～6 节)	船舶的主要构件 1. 船舶尺度和船形(2 h) 1.1 认识船舶的总体布置、纵剖面图和平面布置图 1.2 认识船舶的主要构件及主要舱室的位置 2. 船体结构(3 h) 2.1 认识船体结构形式,包括纵骨架	教师 O 教师 K	教学楼、实训楼
第 15 次		上午(1～4 节) 下午(5～6 节)	4. 船舶附件(4 h) 4.1 认识舱口、舱盖的类型与布置 4.2 认识系缆设备、锚设备的主要部件与布置 4.3 认识桅杆、吊杆柱、吊杆、甲板起重机的结构与布置 4.4 认识船舶的舱底管系、压载管系和消防系统的布置 4.5 认识舱柜测量管、空气管的结构和布置 5. 舵与轴隧(1 h) 5.1 认识舵设备的结构与布置 5.2 认识轴隧的结构特点 6. 载重线及吃水标志(1 h) 6.1 认识载重线标志 6.2 认识水尺标志并熟练读取船舶吃水	教师 O 教师 K	教学楼、实训楼
第 16 次		上午(1～4 节)	4.7.1 船上人员管理及训练 与理论课同时实践(采用分组讨论、场景演练等方式进行)(2 h) 4.7.3 运用任务和工作量管理的能力 与理论课同时实践(采用分组讨论、场景演练等方式进行)(2 h)	教师 L 教师 O	教学楼、实训楼

表 4.50（续 3）

日期	星期	时间	培训内容	授课人	地点
第 17 次		上午(1~4 节) 下午(5~8 节)	4.7.4 运用有效资源管理的知识和能力 与理论课同时实践(采用分组讨论场景演练等方式进行)(2 h) 4.7.5 运用决策技能的知识和能力(2 h) 与理论课同时实践(采用分组讨论、场景演练等方式进行)(2 h)	教师 L 教师 O	教学楼、实训楼
第 18 次		上午(1~4 节) 下午(5~8 节)	1.2.3 专业听说(8 h) 熟练进行与履行轮机职责相关的听说	教师 D 教师 E	教学楼、实训楼
第 19 次		上午(1~4 节) 下午(5~8 节)	1.2.3 专业听说(8 h) 熟练进行与履行轮机职责相关的听说	教师 A 教师 C	教学楼、实训楼
第 20 次		上午(1~4 节) 下午(5~8 节)	1.2.3 专业听说(8 h) 熟练进行与履行轮机职责相关的听说	教师 A 教师 C	教学楼、实训楼
第 21 次		上午(1~4 节) 下午(5~8 节)	1.2.3 专业听说(8 h) 熟练进行与履行轮机职责相关的听说	教师 F 教师 G 教师 R	教学楼、实训楼
第 22 次		上午(1~4 节) 下午(5~8 节)	1.2.3 专业听说(8 h) 熟练进行与履行轮机职责相关的听说	教师 F 教师 G	教学楼、实训楼
第 23 次		上午(1~2 节)	熟练使用船舶内部的各种通信系统(2 h)	教师 D 教师 L	教学楼、实训楼
第 24 次		上午(1~4 节) 下午(5~8 节)	自动控制系统 1. 熟练操作与管理冷却水温度自动控制系统(1 h) 2. 熟练操作与管理分油机自动控制系统(1 h) 3. 熟练操作与管理船舶辅锅炉自动控制系统(1 h) 4. 熟练操作与管理船舶燃油黏度自动控制系统(1 h) 5. 熟练操作与管理主机(包括传统柴油机和电子控制柴油机)及其遥控系统(2 h) 6. 熟练操作与管理机舱监测报警系统(1 h) 7. 熟练操作与管理火灾报警系统(1 h)	教师 D 教师 L	教学楼、实训楼

表 4.50（续 4）

日期	星期	时间	培训内容	授课人	地点
第 25 次		上午（1～4 节）	推进装置及控制系统的安全操作与应急程序 1. 熟练实施主机自动减速和停车后的恢复程序（包括机动操作的转换、机动操作方法、故障排除等）（2 h） 2. 熟练实施主锅炉应急停炉后的恢复程序，包括故障排除、重新点火等（如适用）（2 h）	教师 D 教师 L 教师 O	教学楼、实训楼
第 26 次		上午（1～4 节） 下午（5～6 节）	3. 熟练实施全船停电后的恢复程序，包括副机的重新启动或备用副机的启动、电力供应的恢复、故障排除等（4 h） 4. 熟练实施火警系统、风油切断装置动作后的故障排除及功能恢复（2 h）	教师 H 教师 C	教学楼、实训楼
第 27 次		上午（1～4 节） 下午（5～8 节）	机械设备及控制系统的准备、运行、故障检测及防止损坏的必要措施 1. 船舶主机的操作与管理（6 h） 1.1 熟练实施主机开航前的备车操作 1.2 熟练实施主机启动后的参数监测和调整 1.3 熟练实施主机定速后的操作与管理	教师 D 教师 L	教学楼、实训楼
第 28 次		上午（1～4 节） 下午（5～8 节）	1.4 熟练实施主机的完车操作 2. 船舶辅锅炉的操作与管理（3 h） 2.1 熟练实施辅锅炉点火前的准备工作 2.2 熟练实施辅锅炉的点火、升汽 2.3 熟练实施辅锅炉运行管理 2.4 熟练实施辅锅炉的停火操作 3. 船舶副机的操作与管理（2 h） 3.1 熟练实施副机的启动和停车操作 3.2 熟练实施副机的运行管理 4. 其他辅助设备的操作与管理 4.1 熟练操作与管理分油机（2 h）	教师 D 教师 L	教学楼、实训楼
第 29 次		上午（1～4 节） 下午（5～8 节）	4.2 熟练操作与管理活塞式空气压缩机（2 h） 4.3 熟练操作与管理造水机（2 h） 4.4 制冷装置操作与管理（2 h） 4.4.1 熟练启动、停止制冷装置 4.4.2 熟练管理制冷装置 4.4.3 熟练调整制冷装置的参数 4.5 熟练操作与管理空调装置（2 h）	教师 C 教师 D	教学楼、实训楼

表 4.50(续 5)

日期	星期	时间	培训内容	授课人	地点
第 30 次		上午(1~4 节)	4.6 液压舵机装置的操作与管理(2 h) 4.6.1 熟练启动、停止舵机 4.6.2 熟练管理舵机系统 4.6.3 熟练实施舵机的试验与调整 4.6.4 熟练实施舵机的应急操作 4.7 液压甲板机械的操作与管理(2 h) 4.7.1 熟练启动、停止液压甲板机械 4.7.2 熟练管理液压系统 4.7.3 熟练实施液压甲板机械的试验与调整	教师 C 教师 D	教学楼、实训楼
第 31 次		上午(1~4 节) 下午(5~8 节)	泵与管系的工作特性(包括控制系统) 熟练启动、停止离心泵,并判断其工作性能 (1 h) 泵系统的操作(2 h) 1. 熟练操作与管理压载水系统 2. 熟练操作与管理舱底水系统	教师 D 教师 L	教学楼、实训楼
第 32 次		上午(1~4 节)	熟练操作与管理油水分离器(2 h)	教师 D 教师 L	教学楼、实训楼
第 33 次		上午(1~4 节) 下午(5~8 节)	电气工程基础 1. 发电机 1.1 船舶电站手动操作(4 h) 1.1.1 熟练实施发电机组的手动准同步并车操作 1.1.2 熟练转移、分配并联运行发电机组的负荷 1.1.3 熟练解列发电机组 1.2 船舶自动化电站的操作(1 h) 1.2.1 熟练实施发电机的自动启动、自动并车、自动解列与停机功能试验 1.2.2 熟练设置发电机组的自动启动顺序	教师 O 教师 S	教学楼、实训楼

表 4.50(续 6)

日期	星期	时间	培训内容	授课人	地点
第 34 次		上午(1～4 节) 下午(5～8 节)	2.电力分配系统(2 h) 2.1 熟练测试、安装并使用电压和电流互感器 2.2 熟练使用岸电箱并对其进行功能试验 3.电动机启动方法(2 h) 3.1 熟练连接三相异步电动机启动控制电路,包括:直接启动、星 - 三角降压启动和变频启动 4.高电压设备(如适用)(2 h) 4.1 能够在高压系统出故障时采取必要的补救措施,制订高压系统部件隔离的切换方案 4.2 能够按照安全操作文件的要求,熟练操作船舶高压电系统,执行系统切换和隔离程序,进行高压设备绝缘电阻和极化指数检测	教师 O 教师 S	教学楼、实训楼
第 35 次		上午(1～4 节) 下午(5～6 节)	电子技术基础 1.熟练进行电子元器件的识别,电路板、电子元器件的焊接与装配(2 h) 2.熟练使用 PLC 控制电动机的启停,并进行编程和测试(2 h)	教师 O 教师 S	教学楼、实训楼
第 36 次		上午(1～4 节) 下午(5～6 节)	过程值测量(3 h) 1.熟练使用、保养温度和压力测量仪表 2.熟练操作、调整压力开关和电动差压变送器 3.熟练操作、调整气动和数字式 PID 调节器	教师 O 教师 S	教学楼、实训楼
第 37 次		上午(1～4 节) 下午(5～8 节)	维护保养与修理 1.电动机(8 h) 1.1 熟练解体交流电动机 1.2 熟练装配交流电动机 1.3 熟练清洁电动机、检查零部件,添加轴承润滑脂 1.4 熟练处理受潮、绕组绝缘值降低的电动机 1.5 熟练判断并排除三相异步电动机常见故障,包括:不能启动、启动后转速低且显得无力、温升过高、运行时振动过大、轴承过热等	教师 O 教师 S	教学楼、实训楼

表 4.50(续 7)

日期	星期	时间	培训内容	授课人	地点
第 38 次		上午(1~4 节)	2. 配电系统(2 h) 2.1 熟练安装与检修日光灯灯具 2.2 熟练判断并排除白炽灯灯具的常见故障,包括:灯泡不发光、灯泡发光强烈、灯光忽亮忽暗或时亮时熄、连续烧断熔丝、灯光暗红等 2.3 熟练判断并排除日光灯的常见故障,包括:灯管不发光、灯管两端发亮中间不亮、起辉困难、灯光闪烁或管内有螺旋形滚动光带、镇流器异声等	教师 O 教师 S	教学楼、实训楼
第 39 次		上午(1~4 节) 下午(5~8 节)	电气系统故障诊断及防护 1. 故障保护 1.1 继电器、接触器的维护保养及其参数整定(2 h) 1.1.1 熟练测试、调整压力继电器(或温度继电器)的设定值与幅差值 1.1.2 熟练整定时间继电器和热继电器 1.2 熟练判断并排除自动空气断路器的合闸故障、误跳闸及脱扣故障(1 h) 1.3 熟练判断发电机的外部短路、过载与失(欠)压故障(1 h) 1.4 熟练排除船舶电网绝缘降低和单相接地故障(1 h) 1.5 熟练实施主配电板的安全运行管理(1 h) 1.6 熟练处理各种情况下的发电机主开关跳闸故障(2 h) 1.6.1 自动化电站的停电事故 1.6.2 常规电站并车操作时发生电网跳电 1.6.3 常规电站的运行机组因机械故障跳电 1.6.4 常规电站单机运行时跳电 1.6.5 常规电站的运行机组因发电机短路或失压保护跳电	教师 O 教师 S	教学楼、实训楼

表 4.50(续 8)

日期	星期	时间	培训内容	授课人	地点
第 40 次		上午(1~4 节) 下午(5~8 节)	1.7 熟练实施应急配电板与应急发电机的功能试验(1 h) 2. 故障定位 2.1 电气控制箱的维护保养及故障查找与排除(2 h) 2.1.1 熟练指出各元器件在控制箱内的实际位置(根据线路图) 2.1.2 熟练判断故障性质和故障可能存在的环节(根据故障现象) 电气检测设备的结构及操作 1. 熟练使用便携式兆欧表对电气设备的绝缘电阻值进行测量(0.5 h) 2. 熟练使用万用表(2 h) 2.1 测量电阻和交(直)流电压 2.2 进行二极管性能测量与极性判别 2.3 进行晶体管性能测量与极性判别 2.4 进行可控硅性能测量及极性判别 3. 熟练使用钳形电流表测量线路电流(0.5 h) 4. 熟练使用交流电压表和电流表(1 h)	教师 O 教师 S	教学楼、实训楼
第 41 次		上午(1~4 节)	电路图及简单电子电路图 1. 熟练识别电气控制线路图(1 h) 2. 熟练识别简单的电子控制线路图(1 h)	教师 O 教师 S	教学楼、实训楼
第 42 次		上午(1~4 节)	熟练使用不同的密封剂、密封垫片和密封填料(1 h)	教师 D 教师 K	教学楼、实训楼
第 43 次		上午(1~4 节) 下午(5~7 节)	船舶机械和设备的维护与修理 1. 运用正确的上紧程序,熟练安装双头螺栓和螺栓(1 h) 2. 熟练实施离心泵的拆卸、清洗、检查与测量、修理、装复和密封调整(3 h)	教师 I 教师 Q	教学楼、实训楼
第 44 次		上午(1~4 节) 下午(5~7 节)	3. 熟练实施往复泵的拆卸、清洗、检查与测量、修理、装复和密封调整(4 h) 4. 熟练实施齿轮泵的拆卸、清洗、检查与测量、修理、装复和密封调整(3 h)	教师 I 教师 Q	教学楼、实训楼

表 4.50(续 9)

日期	星期	时间	培训内容	授课人	地点
第 45 次		上午(1~4 节) 下午(5~8 节)	5.熟练实施截止阀、止回阀、截止止回阀、蝶阀和安全阀的拆卸、清洗、检查与测量、修理、装复和试验(2 h) 6.熟练实施空压机的拆卸、清洗、检查与测量、修理和装复(4 h) 7.熟练实施换热器的拆卸、清洗、检查与测量、修理、装复和试验(2 h)	教师 I 教师 Q	教学楼、实训楼
第 46 次		上午(1~4 节) 下午(5~8 节)	8.熟练实施柴油机的吊缸拆装、零部件检查与测量 8.1 气缸盖的拆装与检查 8.2 气阀机构的拆装与检查、气阀的研磨与密封面检查、气阀间隙与气阀定时的测量与调整 8.3 气缸套的拆装与测量、圆度和圆柱度的计算、内径增大量的计算 8.4 活塞组件的拆装与解体、活塞的测量与圆度和圆柱度的计算、活塞销及连杆小端轴承间隙的测量	教师 I 教师 Q	教学楼、实训楼
第 47 次		上午(1~4 节) 下午(5~8 节)	8.5 活塞环的拆装与检查、活塞环天地间隙、搭口间隙、活塞环厚度及活塞环槽的测量 8.6 连杆、连杆大端轴瓦和连杆螺栓的拆装与检查、连杆螺栓的上紧方法、曲轴销的测量 8.7 主轴承的拆装与测量以及轴承间隙的测量 8.8 喷油泵的拆装与检修、供油定时的检查与调整、密封性的检查与处理	教师 I 教师 Q	教学楼、实训楼
第 48 次		上午(1~4 节) 下午(5~8 节)	8.9 喷油器的拆装与检修、启阀压力的检查与调节 8.10 曲轴臂距差的测量与计算、曲轴轴线的状态分析 8.11 气缸启动阀、安全阀、示功阀、空气分配器拆装与检修 8.12 液压拉伸器的使用和管理	教师 I 教师 Q	教学楼、实训楼

表 4.50（续 10）

日期	星期	时间	培训内容	授课人	地点
第 49 次		上午(1~4 节) 下午(5~8 节)	9.熟练实施增压器的拆卸、清洁、检查与测量、修理和装复(6 h) 10.熟练实施锅炉水位计和燃烧器的解体、清洁、修理与组装(2 h)	教师 I 教师 Q	教学楼、实训楼
第 50 次		上午(1~4 节)	11.熟练实施制冷压缩机的解体、清洁、修理与组装(4 h)	教师 I 教师 Q	教学楼、实训楼
第 51 次		上午(1~4 节) 下午(5~6 节)	12.熟练实施自清滤器和分油机的解体、检修与装复(6 h)	教师 I 教师 Q	教学楼、实训楼
第 52 次		上午(1~4 节) 下午(5~8 节)	13.熟练实施液压控制阀、液压泵和液压马达的解体、清洁、修理与组装(8 h)	教师 I 教师 Q	教学楼、实训楼
第 53 次		上午(1~4 节)	管系图、液压系统图及气动系统图(2 h) 1.熟练识读管系图 2.熟练识读液压系统图 3.熟练识读气动系统图	教师 Q 教师 I	教学楼、实训楼
第 54 次		上午(1~4 节) 下午(5~8 节)	工程制图练习(15 h) 1.熟练使用下列方法绘制工程图:阶梯剖、旋转剖、单一全剖图、局部剖、半剖、虚线图、机械符号、表面粗糙度、角度标注、箭头、辅助尺寸、中心线、节圆直径、螺纹、粗线型、放大视图、剖面线、指引线	教师 D 教师 K	教学楼、实训楼
第 55 次		上午(1~4 节) 下午(5~7 节)	2.熟练使用参考资料,用简略标识制图 3.熟练使用习惯画法表示下列特征:内、外螺纹,轴上的方槽,三角形齿花键轴和花键轴,分布在线或圆周上的孔的简化画法,轴承,中断视图,拉伸和压缩的弹簧	教师 D 教师 K	教学楼、实训楼
第 56 次		上午(1~4 节)	生活污水处理装置、焚烧炉、粉碎机、压载水处理装置等防污染设备的操作程序(3 h) 1.熟练操作生活污水处理装置 2.熟练操作焚烧炉 3.熟练操作压载水处理装置	教师 L 教师 O	教学楼、实训楼

4.3.4　实操课表(4 班)

按照培训实施计划,在校学生各职能模块的实践教学培训在第四、五学期(每个学期 20 个教学周)完成。

750 kW 及以上船舶三管轮培训实训 4 班课程表见表 4.51。

表 4.51　750 kW 及以上船舶三管轮培训实训 4 班课程表(　)期

日期	星期	时间	培训内容	授课人	地点
第 1 次		上午(1~4 节)	4.7.1 船上人员管理及训练 与理论课同时实践(采用分组讨论、场景演练等方式进行)(2 h) 4.7.3 运用任务和工作量管理的能力 与理论课同时实践(采用分组讨论、场景演练等方式进行)(2 h)	教师 I 教师 Q	教学楼、实训楼
第 2 次		上午(1~4 节) 下午(5~8 节)	4.7.4 运用有效资源管理的知识和能力 与理论课同时实践(采用分组讨论场景演练等方式进行)(2 h) 4.7.5 运用决策技能的知识和能力 与理论课同时实践(采用分组讨论、场景演练等方式进行)(2 h)	教师 I 教师 Q	教学楼、实训楼
第 3 次		上午(1~4 节)	1.1.4 机舱资源管理(4 h)在轮机值班过程中: 1. 熟练按照优先顺序分配和分派机舱资源 2. 熟练与机舱其他值班人员和驾驶台值班人员进行清楚、无歧义的通信与沟通 3. 熟练领导机舱其他值班人员对驾驶台或轮机长的指令迅速响应 4. 熟练领导机舱其他值班人员对机舱设备的状态和船舶所处的环境保持足够关注	教师 S 教师 K	实训楼、ERM 训练中心
第 4 次		上午(1~4 节) 下午(5~8 节)	3. 电焊工艺(20 h) 熟练使用电焊设备完成下列操作: 3.1 钢板平对接焊	教师 B 教师 J	金工实习工厂、实训楼
第 5 次		上午(1~4 节) 下午(5~8 节)	3.2 管子对接焊	教师 B 教师 J	金工实习工厂、实训楼

表 4.51（续 1）

日期	星期	时间	培训内容	授课人	地点
第 6 次		上午（1~4 节）下午（5~8 节）	3.3 管板垂直角焊	教师 B 教师 J	金工实习工厂、实训楼
第 7 次		上午（1~4 节）下午（5~8 节）	4. 气焊工艺（20 h）熟练使用气焊设备完成下列操作：4.1 回火的处理 4.2 气焊设备着火的处理	教师 B 教师 J	金工实习工厂、实训楼
第 8 次		上午（1~4 节）下午（5~8 节）	4.3 气焊进行补焊 4.4 气焊进行铜焊 4.5 钢板平对接焊	教师 B 教师 J	金工实习工厂、实训楼
第 9 次		上午（1~4 节）下午（5~8 节）	4.6 管子对接焊 4.7 气割方圆 5. 熟练选取并使用各种测量仪器（2 h）	教师 B 教师 J	金工实习工厂、实训楼
第 10 次		上午（1~4 节）下午（5~8 节）	1.2.3 专业听说（8 h）熟练进行与履行轮机职责相关的听说	教师 A 教师 C	教学楼、实训楼
第 11 次		上午（1~4 节）下午（5~8 节）	1.2.3 专业听说（8 h）熟练进行与履行轮机职责相关的听说	教师 A 教师 C	教学楼、实训楼
第 12 次		上午（1~4 节）下午（5~8 节）	1.2.3 专业听说（8 h）熟练进行与履行轮机职责相关的听说	教师 R 教师 A 教师 C	教学楼、实训楼
第 13 次		上午（1~4 节）下午（5~8 节）	1.2.3 专业听说（8 h）熟练进行与履行轮机职责相关的听说	教师 A 教师 C	教学楼、实训楼
第 14 次		上午（1~4 节）下午（5~8 节）	1.2.3 专业听说（8 h）熟练进行与履行轮机职责相关的听说	教师 A 教师 C	教学楼、实训楼
第 15 次		上午（1~2 节）	熟练使用船舶内部的各种通信系统（2 h）	教师 S 教师 K	教学楼、实训楼

表 4.51(续 2)

日期	星期	时间	培训内容	授课人	地点
第 16 次		上午(1~4 节) 下午(5~8 节)	自动控制系统(8 h) 1.熟练操作与管理冷却水温度自动控制系统(1 h) 2.熟练操作与管理分油机自动控制系统(1 h) 3.熟练操作与管理船舶辅锅炉自动控制系统(1 h) 4.熟练操作与管理船舶燃油黏度自动控制系统(1 h) 5.熟练操作与管理主机(包括传统柴油机和电子控制柴油机)及其遥控系统(2 h) 6.熟练操作与管理机舱监测报警系统(1 h) 7.熟练操作与管理火灾报警系统(1 h)	教师 S 教师 K	教学楼、实训楼
第 17 次		上午(1~4 节)	推进装置及控制系统的安全操作与应急程序 1.熟练实施主机自动减速和停车后的恢复程序(包括机动操作的转换、机动操作方法、故障排除等)(2 h) 2.熟练实施主锅炉应急停炉后的恢复程序,包括故障排除、重新点火等(如适用)(2 h)	教师 S 教师 K	教学楼、实训楼
第 18 次		上午(1~4 节) 下午(5~6 节)	3.熟练实施全船停电后的恢复程序,包括副机的重新启动或备用副机的启动、电力供应的恢复、故障排除等(4 h) 4.熟练实施火警系统、风油切断装置动作后的故障排除及功能恢复(2 h)	教师 S 教师 K	教学楼、实训楼
第 19 次		上午(1~4 节) 下午(5~8 节)	机械设备及控制系统的准备、运行、故障检测及防止损坏的必要措施 1.船舶主机的操作与管理(6 h) 1.1 熟练实施主机开航前的备车操作 1.2 熟练实施主机启动后的参数监测和调整 1.3 熟练实施主机定速后的操作与管理	教师 S 教师 K	教学楼、实训楼

表 4.51（续 3）

日期	星期	时间	培训内容	授课人	地点
第 20 次		上午(1~4 节) 下午(5~8 节)	1.4 熟练实施主机的完车操作 2. 船舶辅锅炉的操作与管理(3 h) 2.1 熟练实施辅锅炉点火前的准备工作 2.2 熟练实施辅锅炉的点火、升汽 2.3 熟练实施辅锅炉运行管理 2.4 熟练实施辅锅炉的停火操作 3. 船舶副机的操作与管理(2 h) 3.1 熟练实施副机的启动和停车操作 3.2 熟练实施副机的运行管理 4. 其他辅助设备的操作与管理 4.1 熟练操作与管理分油机(2 h)	教师 S 教师 K	教学楼、实训楼
第 21 次		上午(1~4 节) 下午(5~8 节)	4.2 熟练操作与管理活塞式空气压缩机(2 h) 4.3 熟练操作与管理造水机(2 h) 4.4 制冷装置操作与管理(2 h) 4.4.1 熟练启动、停止制冷装置 4.4.2 熟练管理制冷装置 4.4.3 熟练调整制冷装置的参数 4.5 熟练操作与管理空调装置(2 h)	教师 S 教师 K	教学楼、实训楼
第 22 次		上午(1~4 节)	4.6 液压舵机装置的操作与管理(2 h) 4.6.1 熟练启动、停止舵机 4.6.2 熟练管理舵机系统 4.6.3 熟练实施舵机的试验与调整 4.6.4 熟练实施舵机的应急操作 4.7 液压甲板机械的操作与管理(2 h) 4.7.1 熟练启动、停止液压甲板机械 4.7.2 熟练管理液压系统 4.7.3 熟练实施液压甲板机械的试验与调整	教师 S 教师 K	教学楼、实训楼
第 23 次		上午(1~4 节) 下午(5~8 节)	泵与管系的工作特性(包括控制系统)熟练启动、停止离心泵,并判断其工作性能(1 h) 泵系统的操作(2 h) 1. 熟练操作与管理压载水系统 2. 熟练操作与管理舱底水系统	教师 O 教师 S	教学楼、实训楼
第 24 次		上午(1~4 节)	熟练操作与管理油水分离器(2 h)	教师 O 教师 S	教学楼、实训楼

表 4.51(续 4)

日期	星期	时间	培训内容	授课人	地点
第 25 次		上午(1~4 节) 下午(5~8 节)	电气工程基础 1. 发电机 1.1 船舶电站手动操作(4 h) 1.1.1 熟练实施发电机组的手动准同步并车操作 1.1.2 熟练转移、分配并联运行发电机组的负荷 1.1.3 熟练解列发电机组 1.2 船舶自动化电站的操作(1 h) 1.2.1 熟练实施发电机的自动启动、自动并车、自动解列与停机功能试验 1.2.2 熟练设置发电机组的自动启动顺序	教师 H 教师 L	教学楼、实训楼
第 26 次		上午(1~4 节) 下午(5~8 节)	2. 电力分配系统(2 h) 2.1 熟练测试、安装并使用电压和电流互感器 2.2 熟练使用岸电箱并对其进行功能试验 3. 电动机启动方法(2 h) 3.1 熟练连接三相异步电动机启动控制电路,包括:直接启动、星－三角降压启动和变频启动 4. 高电压设备(如适用)(2 h) 4.1 能够在高压系统出故障时采取必要的补救措施,制订高压系统部件隔离的切换方案 4.2 能够按照安全操作文件的要求,熟练操作船舶高压电系统,执行系统切换和隔离程序,进行高压设备绝缘电阻和极化指数检测	教师 M 教师 H 教师 L	教学楼、实训楼
第 27 次		上午(1~4 节) 下午(5~6 节)	电子技术基础 1. 熟练进行电子元器件的识别,电路板、电子元器件的焊接与装配(2 h) 2. 熟练使用 PLC 控制电动机的启停,并进行编程和测试(2 h)	教师 H 教师 L	教学楼、实训楼
第 28 次		上午(1~4 节) 下午(5~6 节)	过程值测量(3 h) 1. 熟练使用、保养温度和压力测量仪表 2. 熟练操作、调整压力开关和电动差压变送器 3. 熟练操作、调整气动和数字式 PID 调节器	教师 H 教师 L	教学楼、实训楼

表 4.51(续 5)

日期	星期	时间	培训内容	授课人	地点
第 29 次		上午(1~4 节) 下午(5~8 节)	维护保养与修理 1. 电动机(8 h) 1.1 熟练解体交流电动机 1.2 熟练装配交流电动机 1.3 熟练清洁电动机、检查零部件,添加轴承润滑脂 1.4 熟练处理受潮、绕组绝缘值降低的电动机 1.5 熟练判断并排除三相异步电动机常见故障,包括:不能启动、启动后转速低且显得无力、温升过高、运行时振动过大、轴承过热等	教师 M 教师 H 教师 L	教学楼、实训楼
第 30 次		上午(1~4 节)	2. 配电系统(2 h) 2.1 熟练安装与检修日光灯灯具 2.2 熟练判断并排除白炽灯灯具的常见故障,包括:灯泡不发光、灯泡发光强烈、灯光忽亮忽暗或时亮时熄、连续烧断熔丝、灯光暗红等 2.3 熟练判断并排除日光灯的常见故障,包括:灯管不发光、灯管两端发亮中间不亮、起辉困难、灯光闪烁或管内有螺旋形滚动光带、镇流器异声等	教师 M 教师 H 教师 L	教学楼、实训楼
第 31 次		上午(1~4 节) 下午(5~8 节)	电气系统故障诊断及防护 1. 故障保护 1.1 继电器、接触器的维护保养及其参数整定(2 h) 1.1.1 熟练测试、调整压力继电器(或温度继电器)的设定值与幅差值 1.1.2 熟练整定时间继电器和热继电器 1.2 熟练判断并排除自动空气断路器的合闸故障、误跳闸及脱扣故障(1 h) 1.3 熟练判断发电机的外部短路、过载与失(欠)压故障(1 h) 1.4 熟练排除船舶电网绝缘降低和单相接地故障(1 h) 1.5 熟练实施主配电板的安全运行管理(1 h) 1.6 熟练处理各种情况下的发电机主开关跳闸故障(2 h)	教师 M 教师 H	教学楼、实训楼

表 4.51(续6)

日期	星期	时间	培训内容	授课人	地点
第 31 次			1.6.1 自动化电站的停电事故 1.6.2 常规电站并车操作时发生电网跳电 1.6.3 常规电站的运行机组因机械故障跳电 1.6.4 常规电站单机运行时跳电 1.6.5 常规电站的运行机组因发电机短路或失压保护跳电		
第 32 次		上午(1~4节) 下午(5~8节)	1.7 熟练实施应急配电板与应急发电机的功能试验(1 h) 2. 故障定位 2.1 电气控制箱的维护保养及故障查找与排除(2 h) 2.1.1 熟练指出各元器件在控制箱内的实际位置(根据线路图) 2.1.2 熟练判断故障性质和故障可能存在的环节(根据故障现象)电气检测设备的结构及操作 1. 熟练使用便携式兆欧表对电气设备的绝缘电阻值进行测量(0.5 h) 2. 熟练使用万用表(2 h) 2.1 测量电阻和交(直)流电压 2.2 进行二极管性能测量与极性判别 2.3 进行晶体管性能测量与极性判别 2.4 进行可控硅性能测量及极性判别 3. 熟练使用钳形电流表测量线路电流(0.5 h) 4. 熟练使用交流电压表和电流表(1 h)	教师 O 教师 S	教学楼、实训楼
第 33 次		上午(1~4节)	电路图及简单电子电路图 1. 熟练识别电气控制线路图(1 h) 2. 熟练识别简单的电子控制线路图(1 h)	教师 O 教师 S 教师 M	教学楼、实训楼
第 34 次		上午(1~4节) 下午(5~8节)	使用手动工具、机床及测量仪器 1. 钳工工艺(20 h) 熟练使用手动、动力工具、钻床、磨床等完成下列操作: 1.1 螺栓拆卸与紧固	教师 B 教师 N	金工实习工厂、实训楼

表 4.51（续 7）

日期	星期	时间	培训内容	授课人	地点
第 35 次		上午（1～4 节） 下午（5～8 节）	1.2 轴承的装卸 1.3 断节螺栓的拆卸 1.4 方铁錾切、锯割、锉削	教师 Q 教师 B	金工实习 工厂、实训楼
第 36 次		上午（1～4 节） 下午（5～8 节）	1.5 方铁划线、钻孔、攻丝 1.6 螺帽加工	教师 B 教师 J	金工实习 工厂、实训楼
第 37 次		上午（1～4 节） 下午（5～8 节）	2. 车工工艺（20 h） 熟练使用普通车床完成下列操作： 2.1 车刀的安装 2.2 刻度盘使用时的注意事项	教师 B 教师 J	金工实习 工厂、实训楼
第 38 次		上午（1～4 节） 下午（5～8 节）	2.3 车削螺纹锥销 2.4 车削台阶轴	教师 B 教师 J	金工实习 工厂、实训楼
第 39 次		上午（1～4 节）	2.5 车削锥体 2.6 车削螺纹柱	教师 B 教师 J	金工实习 工厂、实训楼
第 40 次		上午（1～4 节）	熟练使用不同的密封剂、密封垫片和密封填料（1 h）	教师 H 教师 D	教学楼、实训楼
第 41 次		上午（1～4 节） 下午（5～7 节）	船舶机械和设备的维护与修理 1. 运用正确的上紧程序，熟练安装双头螺栓和螺栓（1 h） 2. 熟练实施离心泵的拆卸、清洗、检查与测量、修理、装复和密封调整（3 h）	教师 H 教师 D	教学楼、实训楼
第 42 次		上午（1～4 节） 下午（5～7 节）	3. 熟练实施往复泵的拆卸、清洗、检查与测量、修理、装复和密封调整（4 h） 4. 熟练实施齿轮泵的拆卸、清洗、检查与测量、修理、装复和密封调整（3 h）	教师 I 教师 H	教学楼、实训楼
第 43 次		上午（1～4 节） 下午（5～8 节）	5. 熟练实施截止阀、止回阀、截止止回阀、蝶阀和安全阀的拆卸、清洗、检查与测量、修理、装复和试验（2 h） 6. 熟练实施空压机的拆卸、清洗、检查与测量、修理和装复（4 h） 7. 熟练实施换热器的拆卸、清洗、检查与测量、修理、装复和试验（2 h）	教师 H 教师 D	教学楼、实训楼

表 4.51（续 8）

日期	星期	时间	培训内容	授课人	地点
第 44 次		上午(1~4节) 下午(5~8节)	8. 熟练实施柴油机的吊缸拆装、零部件检查与测量(24 h) 8.1 气缸盖的拆装与检查 8.2 气阀机构的拆装与检查、气阀的研磨与密封面检查、气阀间隙与气阀定时的测量与调整 8.3 气缸套的拆装与测量、圆度和圆柱度的计算、内径增大量的计算 8.4 活塞组件的拆装与解体、活塞的测量与圆度和圆柱度的计算、活塞销及连杆小端轴承间隙的测量	教师 I 教师 H	教学楼、实训楼
第 45 次		上午(1~4节) 下午(5~8节)	8.5 活塞环的拆装与检查、活塞环天地间隙、搭口间隙、活塞环厚度及活塞环槽的测量 8.6 连杆、连杆大端轴瓦和连杆螺栓的拆装与检查、连杆螺栓的上紧方法、曲轴销的测量 8.7 主轴承的拆装与测量以及轴承间隙的测量 8.8 喷油泵的拆装与检修、供油定时的检查与调整、密封性的检查与处理	教师 I 教师 H	教学楼、实训楼
第 46 次		上午(1~4节) 下午(5~8节)	8.9 喷油器的拆装与检修、启阀压力的检查与调节 8.10 曲轴臂距差的测量与计算、曲轴轴线的状态分析 8.11 气缸启动阀、安全阀、示功阀、空气分配器拆装与检修 8.12 液压拉伸器的使用和管理。	教师 I 教师 H	教学楼、实训楼
第 47 次		上午(1~4节) 下午(5~8节)	9. 熟练实施增压器的拆卸、清洁、检查与测量、修理和装复(6 h) 10. 熟练实施锅炉水位计和燃烧器的解体、清洁、修理与组装(2 h)	教师 I 教师 H	教学楼、实训楼
第 48 次		上午(1~4节)	11. 熟练实施制冷压缩机的解体、清洁、修理与组装(4 h)	教师 I 教师 H	教学楼、实训楼
第 49 次		上午(1~4节) 下午(5~6节)	12. 熟练实施自清滤器和分油机的解体、检修与装复(6 h)	教师 I 教师 H	教学楼、实训楼
第 50 次		上午(1~4节) 下午(5~8节)	13. 熟练实施液压控制阀、液压泵和液压马达的解体、清洁、修理与组装(8 h)	教师 I 教师 H	教学楼、实训楼

表 4.51（续 9）

日期	星期	时间	培训内容	授课人	地点
第 51 次		上午（1~4 节）	管系图、液压系统图及气动系统图（2 h） 1. 熟练识读管系图 2. 熟练识读液压系统图 3. 熟练识读气动系统图	教师 I 教师 H	教学楼、实训楼
第 52 次		上午（1~4 节） 下午（5~8 节）	工程制图练习（15 h） 1. 熟练使用下列方法绘制工程图：阶梯剖、旋转剖、单一全剖图、局部剖、半剖、虚线图、机械符号、表面粗糙度、角度标注、箭头、辅助尺寸、中心线、节圆直径、螺纹、粗线型、放大视图、剖面线、指引线	教师 H 教师 I	教学楼、实训楼
第 53 次		上午（1~4 节） 下午（5~7 节）	2. 熟练使用参考资料，用简略标识制图 3. 熟练使用习惯画法表示下列特征：内、外螺纹，轴上的方槽，三角形齿花键轴和花键轴，分布在线或圆周上的孔的简化画法，轴承，中断视图，拉伸和压缩的弹簧	教师 H 教师 I	教学楼、实训楼
第 54 次		上午（1~4 节）	生活污水处理装置、焚烧炉、粉碎机、压载水处理装置等防污染设备的操作程序（3 h） 1. 熟练操作生活污水处理装置 2. 熟练操作焚烧炉 3. 熟练操作压载水处理装置	教师 H 教师 I	教学楼、实训楼
第 55 次		上午（1~4 节） 下午（5~6 节）	船舶的主要构件 1. 船舶尺度和船形（2 h） 1.1 认识船舶的总体布置、纵剖面图和平面布置图 1.2 认识船舶的主要构件及主要舱室的位置 2. 船体结构（3 h） 2.1 认识船体结构形式，包括纵骨架	教师 H 教师 I	教学楼、实训楼

表 4.51(续 10)

日期	星期	时间	培训内容	授课人	地点
第 56 次		上午(1~4 节) 下午(5~6 节)	4. 船舶附件(4 h) 4.1 认识舱口、舱盖的类型与布置 4.2 认识系缆设备、锚设备的主要部件与布置 4.3 认识桅杆、吊杆柱、吊杆、甲板起重机的结构与布置 4.4 认识船舶的舱底管系、压载管系和消防系统的布置 4.5 认识舱柜测量管、空气管的结构和布置 5. 舵与轴隧(1 h) 5.1 认识舵设备的结构与布置 5.2 认识轴隧的结构特点 6. 载重线及吃水标志(1 h) 6.1 认识载重线标志 6.2 认识水尺标志并熟练读取船舶吃水	教师 I 教师 H	教学楼、实训楼

第5章 模拟器培训论证材料

5.1 轮机模拟器项目训练方案

5.1.1 训练目标

通过本适任评估训练项目,使被评估者达到中华人民共和国海事局《海船船员三管轮/电子电气员适任评估大纲》《轮机模拟器培训大纲》(750 kW)(2016 版)、《电子电气员模拟培训大纲》(750 kW)(2016 版)对船员所规定的实操、实作技能要求,满足中华人民共和国海事局签发船员适任证书的必备条件。

5.1.2 训练时间

三管轮训练时间不少于 56 课时,电子电气员不少于 44 课时。

5.1.3 训练方式

以理论授课与现场操作教学相结合的方式进行,PPT 演示,分组。

5.1.4 教员要求

机舱资源管理教员中至少 1 名为轮机长,且实训教员按照师生比 1∶10 配备。其他实训教员按照师生比 1∶20 配备。

5.1.5 训练设施设备

轮机模拟器:DMS – 2017A、DMS – 2019A 全任务轮机模拟器,其中有一套为电喷柴油机轮机模拟器。

5.1.6 训练内容

三管轮训练内容见表 5.1。

表 5.1　三管轮训练内容

培训内容	课时
1. 冷船启动	4
1.1 应急发电机的启动运行	
1.2 主发电机的备车操作、启动与运行管理	
1.3 主电源与应急电源或岸电的切换	
2. 船舶动力系统操作与运行管理	10
2.1 主海水系统启动运行与管理	
2.2 低温冷却水系统启动与运行管理	
2.3 主机缸套水系统启动与运行管理	
2.4 发电柴油机冷却水系统启动与运行管理	
2.5 燃油驳运系统操作管理	
2.6 主机燃油系统运行管理	
2.7 发电柴油机燃油系统运行管理	
2.8 燃油净化系统操作与管理	
2.9 主滑油系统操作与管理	
2.10 滑油驳运与净化系统操作与管理	
3. 备车操作～定速航行	8
3.1 主机备车操作	
3.2 主机启动及操纵	
3.3 主机定速航行	
3.4 主机工况分析	(2)
4. 辅助设备及系统操作与管理	14
4.1 辅锅炉燃油系统、汽水系统操作与管理	
4.2 辅锅炉点火升汽操作与运行管理	
4.3 舱底水系统操作与管理	
4.4 油水分离器启动操作与运行管理	
4.5 船用焚烧炉启动操作与运行管理	
4.6 船用空调系统启动操作与运行管理	
4.7 船舶伙食制冷装置启动操作与运行管理	(2)
4.8 船舶压载水系统操作与运行管理	
4.9 压缩空气系统及船用空压机操作与运行管理	
4.10 锚机与绞缆机操作与管理	
4.11 液压舵机操作与管理	(1)
5. 应急操作	8

表 5.1(续)

培训内容	课时
5.1 主机的机旁操纵(启动、加速、减速、停车、换向)	
5.2 主机的应急操纵(越控、取消限制、应急停车)	
5.3 主机的应急运行(单缸停油、抽除活塞、停增压器运转、超速超负荷运行)	
5.4 全船失电的应急措施	
5.5 发电机并网运行时单机跳闸的应急措施	
5.6 自动并车失败后手动并车	
5.7 舵机的应急操作	
6. 设备及系统故障分析及排除	2
6.1 锅炉与蒸汽系统及其设备的故障分析及排除	
6.2 压缩空气与主机操纵系统及其设备的故障分析及排除	
7. 机舱资源管理	10
7.1 机舱与驾驶台的通信与沟通	
7.2 轮机部与其他人员的通信与沟通(包括加装燃润料人员、PSC 检查官、验船师、修造船厂工程师等)	
7.3 机舱检修工作中轮机长、轮机员之间的协调与配合	
7.4 常规工况下轮机长、轮机员之间的协调与配合(包括备车与完车、机动航行、加装燃润料等)	
7.5 应急情况下轮机长、轮机员之间的协调与配合(包括主机故障、全船失电、机舱火灾、溢油等)	
总课时	56

电子电气员训练内容见表 5.2。

表 5.2　电子电气员训练内容

培训内容	课时
1. 船舶电站维护与管理	16
1.1 船舶发电机主开关的操作与维护	
1.2 船舶发电机主开关故障的应急处理	
1.3 船舶发电机调压器的操作与应急处理	
1.4 船舶发电机继电保护与故障处理	
1.5 船舶主电源与应急配电板、岸电箱的切换操作及保护电路	
1.6 船舶主配电板维护与操作	
1.7 发电机并车控制器及能量管理系统的操作	

表 5.2(续)

培训内容	课时
1.8 船舶高压供电系统的操作与维护	
2. 船舶管理	8
2.1 电子电气员的日常工作	
2.2 ISM 规则与 PSC 检查	
2.3 船舶检验	
2.4 领导力与团队工作技能的应用	
3. 船舶电气故障排除案例	20
3.1 船舶电力系统故障排除案例	
3.2 主机遥控系统故障排除案例	
3.3 航向控制系统故障排除案例	
3.4 机舱辅助机械电气控制系统故障排除案例	
3.5 计算机系统/PLC/网络控制系统案例	
3.6 火警及其他控制系统案例	
3.7 驾驶台设备维护与故障排除案例	
总课时	44

5.1.7　训练教材

(1)中华人民共和国海船船员模拟器知识更新培训教材《轮机模拟器》,大连海事大学出版社 2017 年 5 月第一版。

(2)中华人民共和国海船船员模拟器知识更新培训教材《电子电气员模拟器》,大连海事大学出版社 2017 年 5 月第一版。

(3)校内自编教材。

5.2　轮机模拟器性能标准论证情况表及测试报告

轮机模拟器性能标准论证情况表及测试报告见表 5.3。

表 5.3　轮机模拟器性能标准论证情况表及测试报告

论证项目	轮机模拟器
培训课程(项目)	750 kW 及以上船舶三管轮考证培训 750 kW 及以上船舶电子电气员考证培训
编制人员	YCA、ZSM、ZXL、GB 等

表 5.3（续 1）

论证项目	轮机模拟器		
论证人员	YTM、YWQ、SWL、HX、CM	论证时间	2020 年

论证内容：

一、轮机模拟器性能

该单位共有两套轮机模拟器，分别于 2017 年、2019 年建成并投入使用，实验室面积 500 m^2，仪器设备总值约 500 万人民币，由大连海事大学建造，主要设备为 DMS – 2017A、DMS – 2019A 全任务轮机模拟器，其中有一套为电喷柴油机轮机模拟器。该模拟器参照 CCS《钢质海船入级规范》的 AUT – 0 标准设计，以 30 万吨级超大型油轮为母型船，船体总长 330 m，宽 60 m，型宽 27.2 m，总载重 296 659 t，船舶时速 15 kn，整体技术指标满足国际海事组织和中国海事主管当局关于船舶轮机模拟器最新技术规范的要求，系统的性能指标满足 STCW 公约马尼拉修正案对轮机模拟器的要求，满足海船船员航海评估的要求。

1. 该模拟器满足下列有关规范：

（1）满足 IMO 关于 STCW 公约规定的"适任评估项目"和"能进行持续熟练程度演示"的要求。

（2）满足中国海事部门《关于 STCW78/95 公约过渡规定的实施办法》中规定的"自动化电站的训练"和"自动化系统的训练"的要求。

（3）满足"海船船员适任证书考试、评估和发证规则"及相应的"轮机模拟器训练评估规范"。

2. 该轮机模拟器基本情况，满足《海船船员三管轮/电子电气员适任评估大纲》（2016 版）的要求，具体如下：

2.1 硬件盘台要求：

能模拟集控室外观布局、可模拟应急发电机室和机舱的外观布局。

（1）模拟集控室：设有集控台与主配电板，其中集控台设有主机遥控屏、重要参数显示屏、辅助设备监控屏（含轮机员安全系统）、机舱监测报警系统屏等。主配电板至少设有发电机控制屏、并车屏、组合启动屏、动力负载屏、照明负载屏，要求体现发电机组的手自动启停、并车与解列、调频调载与调压、负载分级脱扣、应急切断等功能。

（2）模拟应急发电机室：设有发电机控制屏、动力负载屏、照明负载屏，能够完成应急发电机室中主要设备的模拟操作。

（3）模拟机舱：配置机舱模拟操作设备，能够灵活地完成机舱的模拟实操，操作响应符合实船。

2.2 软件功能要求：

（1）能模拟实船的操作界面和操作流程。

（2）能完成以下系统的模拟：燃料（输送、净化与供给）系统，滑油（输送、净化与供给，艉管滑油）系统，冷却水（海水、低温淡水、高温淡水）系统，压缩空气系统，主推进控制系统，锅炉油、水、汽和排污系统，舵机及其控制系统，发电柴油机及其辅系统，电力系统（含主电源，大应急、小应急的电源及系统），监测报警、轮机员安全、延伸报警系统，火灾检测报警系统，机舱油污水处理系统，污油及焚烧系统，机舱供水系统，生活污水处理系统，机舱舱底压载消防系统，机舱通风系统，内部通信系统（应在驾控、集控与机旁控制位置设有可应急联络的电话），空调冷藏系统，机舱局部细水雾灭火系统，海水淡化系统，甲板机械。

（3）能完成模拟设备和系统的显示、操作、控制、调整、测试、故障、报警与管理。能展现不同工况、海况和情景的响应，能完成系统之间互联关系与响应的模拟及声光效果。

（4）能模拟常规情景下的团队协调与配合工作环境，常规情景包括：冷船启动、备车与完车、机动航行、定速航行、锚泊、离靠港作业、雾中航行、加装燃润料等。

表 5.3（续 2）

论证项目	轮机模拟器

（5）配备并装有教练站软件,具备初始环境条件设置、过程控制及故障设置功能。

3. DMS－2017A 型全任务轮机模拟器包含的主要设备技术参数如下:

3.1 主机数量 1 台

型号:MAN B&W 7S80ME－C9.2 型

形式:二冲程,十字头式,可逆转,废气涡轮增压

缸数:7

缸径/冲程:800/3 450 mm

最大持续功率(at MCR):25 190 kW × 72 r/min(MCR 即最大持续功率工况)

平均有效压力(at MCR):17.3 bar(1 bar = 10^5 Pa)

最大爆发压力(at MCR):171 bar

8. 使用功率:(CSR 84.2% MCR)21 220 kW×68 r/min(CSR 即持续使用功率工况)

3.2 发电柴油机组数量 3 套

3.2.1 柴油机

品牌:YANMAR

型号:6EY22ALW

形式:直立式,单作用,四冲程,直接喷射,水冷,废气涡轮增压

缸数:6

缸径/冲程:220/320 mm

额定功率:1 300 kW

额定转速:900 r/min

平均有效压力:23.75 bar

使用燃油:使用重油运行在 <20% 负荷或者使用船用柴油运行在 <10% 负荷

排烟温度:321 ℃

3.2.2 发电机

品牌:TAIYO

形式:风冷,强制润滑,联轴节连接

额定功率:1 120 kW

额定转速:900 r/min

额定电压/电流:450 V/1 796 A

功率因数:0.8

电制:AC,3φ,60 Hz

绝缘等级:F

3.2.3 应急发电柴油机数量 1 套

启动方式:电动启动或液压启动

型号:NT855－DMGE

额定功率:260 kW

功率因数:0.8

额定电压:450 V

转速:1 800 r/min

频率:60 Hz

表 5.3(续 3)

论证项目	轮机模拟器

3.3 燃油锅炉数量 2 台

型号:AALBORG MISSION D – type

蒸发量:45 000 kg/h

工作压力:0.6/2.0 MPa

设计压力:2.2 MPa

蒸汽温度:215 ℃

给水温度(热平衡):60.0 ℃

给水温度(正常运行):85 ~ 95.0 ℃

3.4 废气锅炉数量 1 台

型号:AALBORG MISSION AV – 6N

主机负荷:90 %

蒸发量:2250 kg/h

主机废气量:220 500 kg/h

废气进口温度:237 ℃

废气出口温度:212 ℃

工作压力:0.6 MPa

设计压力:2.2 MPa

给水温度(热平衡):60.0 ℃

循环水流量:15 m^3/h

3.5 其他辅助系统(略)

4. DMS – 2019A 型电喷柴油机轮机模拟器包含的主要设备技术参数如下:

4.1 主机

本船选用 MAN B&W 7S80ME – C MK9.2 型船用主机,主机的主要技术参数如下:

形式:二冲程,十字头式,可逆转,废气涡轮增压,右旋(船尾方向)

缸数:7

缸径/冲程:800/3 450 mm

启动空气压力:30 bar

最大持续功率:25 190 kW × 72 r/min

正常功率与转速:20 150 kW × 约 67 r/min

平均有效压力:17.3 bar

最大爆发压力:140 bar

平均有效压力:17 bar

使用燃油:重油闪点大于 61 ℃,热值大于 42 700 kJ/kg

额定功率时燃油耗率:159.4 g/kW·h + 6%　at 42 700 kJ/kg L.C.V.(L.C.V. 为低热值)

辅助鼓风机:5.4 m^3/s × 5.6 kPa,电动机:11 kW × 1 760 r/min

螺旋桨

类型:4 叶,无键型。

材料:镍 – 铝 – 铜

直径:10 200 mm

表 5.3(续 4)

论证项目	轮机模拟器

螺距:7 339 mm

厂家:NAKASHIMA PROPELLER CO. LTD

4.2 主发电机组

柴油发电机组 3 台,主要参数如下:

4.2.1 柴油机:

品牌:YANMAR

型号:6EY22ALW

形式:直立式,单作用,四冲程,直接喷射,水冷,废气涡轮增压

缸数:6

缸径/冲程:220/320 mm

额定功率:1 300 kW

额定转速:900 r/min

平均有效压力:23.75 bar

使用燃油:使用重油运行在 <20% 负荷或者使用船用柴油运行在 <10% 负荷

排烟温度:321 ℃

缸套预热单元:类型(CF–42E),1 套(加热器:21 kW×2 套),泵:5 m³/h×20 mTH(电动机:1.5 kW× 3 500 r/min)

4.2.2 发电机:

品牌:TAIYO

形式:风冷,强制润滑,联轴节连接

额定功率:1 120 kW

额定转速:900 r/min

额定电压/电流:450 V/1 796 A

功率因数:0.8

电制:AC,3φ,60 Hz

绝缘等级:F

4.2.3 应急发电机组

应急发电机组 1 台,主要参数如下:

启动方式:压缩空气启动或液压启动

型号:CUMMINS,NT855–DMGE,6 缸,缸径 140 mm×行程 152 mm

柴油机输出功率:325 kW

额定功率:260 kW

功率因数:0.8

额定电压:450 V

转速:1 800 r/min

频率:60 Hz

生产厂家:STX

发电机:HCM534C1

4.3 锅炉

类型:燃油双筒水管船用

表 5.3(续 5)

论证项目	轮机模拟器

数量:2 套

最大蒸发量:40 000 kg/h

燃油:重油,700 cSt at 50 ℃

燃油消耗率:3 000 kg/h at MCR

蒸汽压力:2.16 MPa

安全阀压力:2.6 MPa

给水温度60 ℃

燃烧器:AALBORG Steam Jet(KBSD 3000),最大 3 000 kg/h,油压 2.5 MPa

厂家:ALFA LAVAL

4.4 废气锅炉

类型:强制循环,针形管

数量:1 套

蒸汽压力:0.6 MPa×SAT

最大蒸发量:1 450 kg/h,在主机正常功率输出时

安全阀压力:2.7 MPa

给水温度:60 ℃

废气进口温度:198 ℃,在主机 80% MCR 时

废气量:169 290 kg.h,在主机 80% MCR 时

针形管尺寸:直径 38 mm,厚度 4 mm。

吹灰器:旋转式,自动型,3 套。

厂家:ALFA LAVAL

4.5 空压机

数量:3 套。

类型:V 型,往复式,2 级水冷

排量:307 m³/h×2.94 MPa。

电动机:53 kW ×1 180 r/min。

型号:WP 400

厂家:J. P. SAUER & SOHN MASHINENBAU GMBH

4.6 燃油分油机

类型:自动排渣,自动操作,SU967

数量:2 套

容量:6 250 L/h,在 700 cSt/50 ℃

电动机:21 kW×3 510 r/min

厂家:ALFA LAVA LTD

4.7 滑油分油机

主机滑油分油机

类型:自动排渣,自动操作,SU936

数量:2 套

容量:4 650 L/h,在 100 cSt/40 ℃

电动机:8.6 kW×3 460 r/min

表 5.3(续 6)

论证项目	轮机模拟器

厂家:ALFA LAVA LTD

4.8 副机滑油分油机

类型:自动排渣,自动操作,SU805

数量:1 套

容量:860 L/h,在 150 cSt/40 ℃

电动机:2.5 kW×3 460 r/min

厂家:ALFA LAVA LTD

4.9 造水机

类型:自动排渣,自动操作,SU805

数量:1 套

容量:30 t/d,最大盐度:10 ppm

喷射泵电动机:7.5 kW×3 510 r/min

喷射泵排量:26 m³/h×47 mTH

淡水泵电动机:2.2 kW×3 450 r/min

喷射泵排量:1.5 m³/h×30 mTH

厂家:MIURA CO.LTD

4.10 油水分离器

容量:5 m³/h

类型:自动排油,USH – 50

厂家:TAIKO KIKAI INDUSTRIES CO.LTD

4.11 焚烧炉

容量:1 116 800 kcal/h

功率:燃烧器风机 5.5 kW,冷却风机 37 kW

类型:固态废物和废油燃烧,BGW – 100N

厂家:MIURA CO.LTD

5.该模拟器可实现的下列训练项目:

5.1 瘫船启动

5.2 应急电站

5.2.1 应急发电机启停

5.2.2 应急电网并电

5.2.3 应急发电机的报警及安保系统

5.2.4 应急配电板电路铭牌颜色说明

5.3 船舶电站

5.3.1 柴油发电机启停

5.3.2 发电机并电与解列

5.3.3 电站管理

5.3.4 岸电接入

5.3.5 柴油发电机报警与安保系统

5.3.6 轴带与侧推

表 5.3（续 7）

论证项目	轮机模拟器

5.3.7 参数设置

5.4 船舶冷却水系统

5.4.1 海水系统

5.4.2 高温淡水系统

5.4.3 低温淡水系统

5.4.4 日用淡水系统（MD38）

5.5 燃油系统

5.5.1 燃油存储及驳运系统

5.5.2 燃油净化系统

5.6 滑油系统

5.6.1 滑油系统结构

5.6.2 操作程序

5.7 锅炉及蒸汽系统

5.7.1 燃油锅炉系统

5.7.2 废气锅炉系统

5.7.3 锅炉燃油系统

5.7.4 锅炉给水系统

5.7.5 蒸汽分配系统

5.8 主机及主机遥控系统

5.8.1 驾、集控操作

5.8.2 机旁操作

5.8.3 主机工况检测系统

5.8.4 主机气动操纵系统

5.9 辅助系统

5.9.1 压载及阀门遥控系统

5.9.2 舱底水系统

5.9.3 油水分离器

5.9.4 焚烧炉操作程序

5.9.5 生活污水处理装置

5.9.6 压缩空气系统

5.9.7 制冷和空调系统

5.10 检测报警系统

5.11 电喷柴油机控制系统

6. 模拟器培训教材

6.1 中华人民共和国海船船员模拟器知识更新培训教材《轮机模拟器》,大连海事大学出版社,2017 年 5 月第一版

6.2 中华人民共和国海船船员模拟器知识更新培训教材《电子电气员模拟器》,大连海事大学出版社,2017 年 5 月第一版

6.3 校内自编教材

6.4《广东海事局海船船员评估员手册》,王广灵等主编,2013 年

表 5.3(续 8)

论证项目	轮机模拟器

论证结论:采用的轮机模拟器,能满足《海船船员适任考试与评估大纲》训练标准要求,采用的教材和培训内容能覆盖培训大纲的要求。

二、培训内容和课时

论证情况:该单位轮机模拟器完全能够胜任《海船船员培训大纲》(2016 版)对轮机模拟器培训内容和课时的要求,满足国家培训大纲的规定。

论证结论:该单位轮机模拟器能够满足《海船船员培训大纲》(2016 版)对轮机模拟器培训内容和课时的要求。

三、培训方式

模拟器操作教学、PPT 演示等。

论证情况:培训内容的实操教学安排合理,培训方式有效,满足培训大纲要求。

该单位制订了培训计划,对大纲要求的内容进行了充分详细的安排,采用多媒体演示教学与模拟器操作教学,各个环节设计合理,能确保学员完成"轮机模拟器培训内容"的培训。

四、培训配置

该单位符合轮机模拟器操作与维护的教师有:LTY、DSX、YCA、ZSM 等。

论证情况:经查阅该单位提供的上述师资资料,教师具备船员培训管理规则规定的任课条件,满足了该单位开展轮机模拟器培训的师资要求。

论证结论:该单位培训师资数量满足培训规模需要,教学能力胜任既定的培训目标。

五、制度保障

论证情况:该单位建立了完善的船员培训管理制度、安全防护制度及符合交通运输部规定的船员培训质量控制体系。

论证结论:该单位的资源保障,在符合性方面,能达到规定的培训标准和规模要求。

论证和测试总结论:

论证结论:采用的轮机模拟器,能满足《海船船员适任考试与评估大纲》训练标准要求,采用的教材和培训内容能覆盖培训大纲的要求,培训内容和课时符合培训大纲要求,师资配置充裕,能胜任培训任务,培训方式和资源保障能有效保证船员培训质量。参与论证的人员认为该单位的轮机模拟器能够满足 750 kW 及以上船舶三管轮和 750 kW 及以上船舶电子电气员培训要求。

测试结论:参与测试的人员认为该单位的轮机模拟器系统功能模块中经过完整的测试,对于大纲训练标准所需求的功能完全可实现,并且功能合理,界面美观,操作流程与实船一致,在系统整个功能测试过程中未发现崩溃性错误和严重性错误,该系统在功能上完全能够满足三管轮/电子电气员适任评估大纲的需要。

组长:YTM

2020 年 8 月 17 日

对课程论证报告中提及的改进措施及完成日期:

培训机构负责人签名:JZX

2020 年 8 月 17 日

附

模拟器 DNV.GL 机构测试报告

DNV·GL

STATEMENT OF COMPLIANCE

Statement No:
001/181130
DNV GL Id No:
120814

Particulars of Product

Function Area:　　　　　　　**Machinery Operation Simulator**

Name and type designation:　**DMS-2019A MAN B&W 7S80ME Diesel Engine VLCC Ship with cargo handling simulator with 3-D Visualization for ERS**

Particulars of Manufacturer

Manufacturer:　　　　　　　**Dalian Maritime University**

Manufacturer address:　　　**No.1, Linghai Road, Dalian City, Liaoriing Province China**

This is to confirm:

That the above product is found to comply with Class A- Standard for Certification of Maritime Simulators No. DNVGL-ST-0033 April 2018.

Application

The above Standard is based on requirements in the STCW Convention, Regulation I/12 and corresponding industry standard and guidelines.

This Statement is valid until **2023-11-30** , provided the requirements for the retention of the Statement will be complied with.

Issued at **Sandefjord** on **2018-11-30**

Nils Gunnar Bøe
Nils Gunnar Bøe
Head of Section

for **DNV GL**

Capt. Aksel David Nordholm
Capt. Aksel David Nordholm
Auditor

This Statement is subject to terms and conditions overleaf. Any significant change in simulation performance may render this Statement invalid.

Form code: MSS 301　　　　　Revision: 2018-03　　　　　www.dnvgl.com　　　　　Page 1 of 5

© DNV GL 2014. DNV GL and the Horizon Graphic are trademarks of DNV GL AS.

Statement No: **001/181130**
DNV GL Id No::**120814**

Application/Limitation

Table 4-2 Competencies addressed by machinery operation simulator class

STCW reference	Competence	Class A (ENG)	Class B (ENG)	Class C (ENG)	Class S (ENG)
Table A-III/1.1	Maintain a safe engineering watch	A	B		(S)
Table A-III/1.3	Use internal communication systems	A	B		(S)
Table A-III/1.4	Operate main and auxiliary machinery and associated control systems	A	B	C	(S)
Table A-III/1.5	Operate fuel, lubrication, ballast and other pumping systems and associated control systems	A	B	C	(S)
Table A-III/1.6	Operate electrical, electronic and control systems	A	B	C	(S)
Table A-III/1.11	Maintain seaworthiness of the ship	A	B		(S)
Table A-III/2.1	Manage the operation of propulsion plant machinery	A	B		(S)
Table A-III/2.2	Plan and schedule operations	A	B		(S)
Table A-III/2.3	Operation, surveillance, performance assessment and maintaining safety of propulsion plant and auxiliary machinery	A	B		(S)
Table A-III/2.4	Manage fuel, lubrication and ballast operations	A	B	C	(S)
Table A-III/2.5	Manage operation of electrical and electronic control equipment	A	B		(S)
Table A-III/2.6	Manage troubleshooting restoration of electrical and electronic control equipment to operating condition				(S)
Table A-III/2.8	Detect and identify the cause of machinery malfunctions and correct faults	A			(S)
Table A-III/2.10	Control trim, stability and stress	A	B		(S)
Table A-III/2.11	Monitor and control compliance with legislative requirements and measures to ensure safety of life at sea and protection of the marine environment	A	B		(S)
Table A-III/2.14	Use leadership and managerial skills	A			
Table A-III/4.2	For keeping a boiler watch: Maintain the correct water levels and steam pressures	A	B	C	(S)
Table A-III/6.1	Monitor the operation of electrical, electronic and control systems	A	B		(S)
Table A-III/6.2	Monitor the operation of automatic control systems of propulsion and auxiliary machinery	A	B		(S)
Table A-III/6.3	Operate generators and distribution systems	A	B		(S)
Table A-III/6.4	Operate and maintain power systems in excess of 1,000 Volts				(S)
Table A-III/6.5	Operate computers and computer networks on ships	A	B		(S)
Table A-III/6.6	Use internal communication systems	A	B		
Table A-III/6.8	Maintenance and repair of automation and control systems of main propulsion and auxiliary machinery				(S)

Statement No: **001/181130**
DNV GL Id No:: **120814**

STCW reference	Competence	Class A (ENG)	Class B (ENG)	Class C (ENG)	Class S (ENG)
Table A-III/6.10	Maintenance and repair of electrical, electronic and control systems of deck machinery and cargo-handling equipment				(S)
Table A-III/7.5	Contribute to the maintenance and repair of electrical systems and machinery on board				(S)

Sec. 4, Table C1 Physical realism, *The following additional requirements for simulators used for training ship's electrical officers (STCW Table A-III/6 -7) Class S apply*

item	Description
2.2.1	It shall be possible to demonstrate systematically the tests that are made on the UMS (unmanned machinery space) alarm system.
2.2.2	It shall be possible to simulate auto slow-down and emergency shutdown.
2.2.3	It shall be possible to simulate safe methods to test inert gas generator (IG) alarms and controls.
2.2.4	It shall be possible to simulate testing of the 24V D.C. power supply to the navigation, communication and engine room control console in event of power failure.
2.2.6	It shall be possible to simulate of reading a power factor meter with reference to four segments
2.2.7	It shall be possible to simulate testing of the devices and relays provided for generator protection.
2.2.8	It shall be possible to simulate tests related to AVR (automatic voltage regulator).
2.2.12	It shall be possible to simulate routine tests on an emergency generator.
2.2.13	It shall be possible to simulate how a generator circuit breaker OCR (over current relay) is set and tested,
2.2.16	It shall be possible to simulate paralleling of generators using synchro-scope and demonstrate the method to parallel, if synchro-scope is faulty.
2.2.18	It shall be possible to simulate recovery from dead ship condition.
2.2.19	It shall be possible to simulate methods to test the preferential tripping sequence.
2.2.20	It shall be possible to simulate methods to test auto cut in of stand by generator.
2.2.21	It shall be possible to simulate methods of diagnosing single phasing fault.
2.2.22	It shall be possible to simulate operation and maintenance of variable speed motor starters.
2.2.23	It shall be possible to simulate operational test methods of oily water separator monitors.
2.2.24	It shall be possible to simulate test methods for level alarms and function tests of bilge pumping arrangement,
2.2.25	It shall be possible to simulate the functional tests of ODMCS (oil discharge monitoring and control system) and ODME (oil discharge monitoring equipment) system
2.2.26	It shall be possible to simulate the function test of OWS (oily water separator) and PPM (parts per million) unit.

Statement No: **001/181130**
DNV GL Id No::**120814**

Table 6-2 Competencies addressed by liquid cargo handling simulator class

STCW reference	Competence	Class A (CGO)	Class B (CGO)	Class C (CGO)	Class (S) (CGO)
Table A-II/1.9 Table A-II/3.6	Monitor the loading, stowage, securing and unloading of cargoes and their care during the voyage	A	B	C	(S)
Table A-II/1.11 Table A-II/3.8 Table A-III/1.11	Maintain seaworthiness of the ship	A	B	C	(S)
Table A-II/2.11	Plan and ensure safe loading, stowage, securing, care during the voyage and unloading of cargoes	A	B		(S)
Table A-II/2.12	Carriage of dangerous goods	A	B	C	(S)
Table A-II/2.13 Table A-III/2.12	Control trim, stability and stress	A	B		(S)
Table A-II/2.14 Table A-III/2.13	Monitor and control compliance with legislative requirements and measures to ensure safety of life at sea and protection of the marine environment	A	B	C	(S)
Table A-II/2.17	Use of leadership and managerial skill	A	B		
Table A-II/5.3	Contribute to the handling of cargo and stores	A	B	C	(S)
Oil tanker					
Table A-V/1-1-2.1	Ability to safely perform and monitor all cargo operations	A	B		(S)
Table A-V/1-1-2.2	Familiarity with physical and chemical properties of oil cargoes	A	B	C	(S)
Table A-V/1-1-2.3	Take precautions to prevent hazards	A	B	C	(S)
Table A-V/1-1-2.4	Apply occupational health and safety precautions	A	B	C	(S)
Table A-V/1-1-2.5	Respond to emergencies	A	B	C	(S)
Table A-V/1-1-2.6	Take precautions to prevent pollution of the environment	A	B	C	(S)
Table A-V/1-1-2.7	Monitor and control compliance with legislative requirements	A	B	C	(S)

Statement No: **001/181130**
DNV GL Id No:: **120814**

This Statement of Compliance is for the manufacturer offering the simulator for examination or mandatory simulator training and complies with the requirements of DNVGL-ST-0033 Maritime Simulator Systems.

Based on this statement of compliance, maritime training providers in possession of simulators that comply with the requirements of the standard can apply for a product certificate for "Maritime simulator". The simulator's function area and the simulator class according to the standard will be stated on the certificate.

5.3　船舶电站模拟器项目训练方案

5.3.1　训练目标

通过本适任评估训练项目,使被评估者达到中华人民共和国海事局《海船船员三管轮/电子电气员适任评估大纲》《轮机模拟器培训大纲》(750 kW)(2016 版)、《电子电气员模拟培训大纲》(750 kW)(2016 版)对船员所规定的实操、实作技能要求,满足中华人民共和国海事局签发船员适任证书的必备条件。

5.3.2　训练时间

训练时间不少于48 课时。

5.3.3　训练方式

以理论授课与现场操作教学相结合的方式进行,PPT 演示,分组。

5.3.4　教员要求

实训教员按照师生比 1∶20 配备。

5.3.5　训练设施设备

船舶电站 2 套。

5.3.6　训练内容

船舶电站模拟器训练内容见表5.4。

表 5.4　船舶电站模拟器训练内容

培训内容	课时
1.船舶发电机手动并车操作	8
1.1 同步表法手动准同步并车	
1.2 灯光明暗或灯光旋转法同步并车	
1.3 并联运行发电机组的负荷转移、分配及解列	
2.发电机主开关操作与维护	12

表 5.4（续）

培训内容	课时
2.1 船舶发电机主开关基本结构识别	
2.2 船舶发电机主开关手柄合闸、分闸操作	
2.3 船舶发电机主开关合闸失败的原因判断及排除	
2.4 船舶发电机主开关故障跳闸的原因判断及排除	
2.5 非自动化电站主开关跳闸的应急处理	
2.6 自动化电站主开关跳闸的应急处理	
2.7 主开关的维护	
2.8 主开关的功能试验及方法	
3.船舶发电机的继电保护	8
3.1 船舶发电机外部短路、过载故障的原因判断及排除	
3.2 船舶发电机欠压故障的原因判断及排除	
3.2 船舶发电机逆功率故障的原因判断及排除	
4.船舶电网故障	6
4.1 船舶电网绝缘降低故障的原因判断及排除	
4.2 船舶电网单相接地故障的原因判断及排除	
5.船舶应急配电板与岸电箱	4
5.1 船舶应急配电板的功能试验	
5.2 主电源、应急电源及岸电的切换	
6.发电机并车及保护控制器 GPC（或 PPU）的参数查询和操作	6
7.船舶高压供电系统的操作和维护	4
合计	48

5.3.7　训练教材

（1）中华人民共和国海船船员模拟器知识更新培训教材《电子电气员模拟器》，大连海事大学出版社 2017 年 5 月第一版。

（2）校内自编教材。

5.4 船舶电站模拟器性能标准论证情况表及测试报告

船舶电站模拟器性能标准论证情况表及测试报告见表 5.5。

表 5.5 船舶电站模拟器性能标准论证情况表及测试报告

论证项目	船舶电站模拟器		
培训课程(项目)	1.750 kW 及以上船舶三管轮考证培训 2.750 kW 及以上船舶电子电气员考证培训		
编制人员	YCA、ZSM、ZXL、GB 等		
论证人员	YTM、YWQ、SWL、HX、CM	论证时间	2020.8

论证内容:

一、船舶电站模拟器性能

多模式船舶电站仿真系统由 1 台仿真主控机、3 个发电机组主控制屏、2 个负载屏、1 个同步屏、1 个应急配电屏和 1 个岸电箱组成,仿真软件还可以安装到学生培训站上进行离线培训。该单位共有两套船舶电站,分别由大连海事大学和上海海事大学建造,投入 300 多万元,实训室面积 300 m²。

系统如图 1 和图 2 所示。

图 1 模拟电站配电屏

表 5.5(续 1)

论证项目	船舶电站模拟器

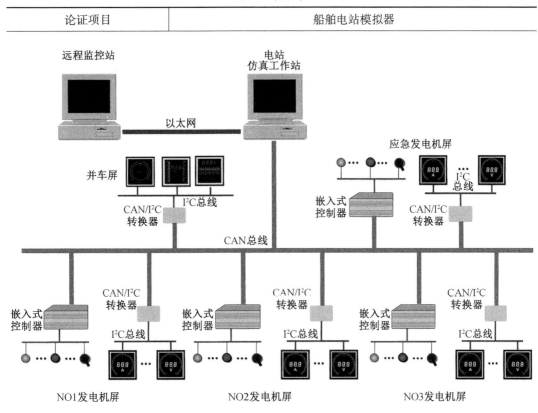

图 2 模拟电站仿真系统结构

1. 发电机组主控制屏

主控制屏由 2 个柴油发电机组控制屏、1 个轴带发电机组控制屏兼透平发电机组控制屏、1 个同步并车屏、2 个负载屏组成。其中 2 个柴油发电机组控制屏、1 个轴带发电机屏和透平发电机组控制屏设有电压、频率、电流及功率指示仪表,电压、电流检测开关,调速开关,主开关合/分闸按钮开关,合分闸、脱扣指示灯,自动同步工作指示灯,同步暗指示灯和发电机绕组加热指示灯。同步并车控制屏上半屏设有主电网(汇流排)的电压、频率、绝缘、旋转式 LED 同步表,发电机同步表接入/切除选择开关,电压、频率检测开关,主开关合/分闸按钮,发电机调速,遥控手柄开关,电站手动/自动控制切换,柴油机遥控启/停,备用和解列机组选择,发电机机组阻塞,过电流报警指示及复位。下半屏设有侧推工作指示和供电开关,岸电相序供电指示,应急发电机供电指示和传送线连接开关。负载屏位于主控制屏左右两端,负载经过合理的选择,保留了重要的或有代表性的负载,可以实现二级分级卸载。

2. 应急配电屏

应急配电屏上半屏为应急发电机的控制屏,下半屏为应急负载屏。其中,应急发电机控制屏上设有应急发电机的电压、频率、电流及功率指示仪表,电压、电流检测开关,状态指示灯,以及应急开关等。

3. 学生培训站软件

学生培训站上安装有多模式船舶电站仿真系统的软件,该软件的界面具有与实际电站系统相同的仪表、开关、指示灯和按钮。学生可以脱开配电屏的硬件进行操作培训。

表 5.5(续 2)

论证项目	船舶电站模拟器

4. 岸电接入

船舶长时间停靠港口或者进行坞修等情况下,可停掉船舶发电机组,接入岸电为船舶设备供电。接入岸电前需要确认当地岸电供电电压、频率、相序等参数是否与船舶电网要求一致,不一致时不允许接入岸电,防止造成船舶设备损坏。

5. 船舶电站系统主要参数列表

名称	时间/s	误差范围
电网失电,应急发电机自动启动延时	5	
应急主开关合闸延时	25	
应急发电机自动停机延时	60	
自动启动备用机组延时	60	
自动停机延时	300	
自动解列备用机组延时	300	
逆功率延时	10	
合闸失败延时(电网无电)	8	
合闸失败延时(电网有电)	60	
分闸失败延时	30	
手动并车相位角要求		±15°
手动并车频率要求		0~0.5 Hz
手动并车电压要求		±10 V

6. 培训教材

6.1 中华人民共和国海船船员模拟器知识更新培训教材《电子电气员模拟器》,大连海事大学出版社 2017 年 5 月第一版

6.2 校内自编教材

6.3《广东海事局海船船员评估员手册》,王广灵等主编,2013 年

6.4《船舶电站操作》,朱永强等主编,大连海事大学出版社,2014 年

论证结论:该单位采用的船舶电站模拟器,能满足《海船船员适任考试与评估大纲》训练标准要求,采用的教材和培训内容能覆盖培训大纲的要求。

二、培训内容和课时

论证情况:该单位船舶电站模拟器完全能够胜任《海船船员培训大纲》(2016 版)对多模式船舶电站模拟器培训内容和课时的要求,满足国家培训大纲的规定。

论证结论:该单位船舶电站模拟器能够满足《海船船员培训大纲》(2016 版)对“各吨位级别适用对象”船舶电站模拟器培训内容和课时的要求。

表 **5.5**(续 3)

论证项目	船舶电站模拟器

三、培训方式

模拟器操作教学、PPT 演示等。

论证情况:培训内容的实操教学安排合理,培训方式有效,满足培训大纲要求。

该单位制订了培训计划,对大纲要求的内容进行了充分详细的安排,采用多媒体演示教学与模拟器操作教学,各个环节设计合理,能确保学员完成"船舶电站模拟器培训内容"的培训。培训方式有效,满足培训大纲要求。

四、师资配置

该单位符合轮机模拟器操作与维护的教师有:LTY、DSX、YCA、ZSM、ZXL 等。

论证情况:经查阅该单位提供的上述师资资料,教师具备船员培训管理规则规定的任课条件,满足了该单位开展的船舶电站模拟器培训的师资要求。

论证结论:该单位培训师资的数量满足培训规模的需要,教学能力胜任既定的培训目标。

五、制度保障

论证情况:该单位建立了完善的船员培训管理制度、安全防护制度及符合交通运输部规定的船员培训质量控制体系。

论证结论:该单位的资源保障,在符合性方面,能达到规定的培训标准和规模要求。

论证和测试总结论:

论证结论:采用的船舶电站模拟器,能满足《海船船员适任考试与评估大纲》训练标准要求,采用的教材和培训内容能覆盖培训大纲的要求,培训内容和课时符合培训大纲要求,师资配置充裕,能胜任培训任务,培训方式和资源保障能有效保证船员培训质量。参与论证的人员认为该单位的船舶电站模拟器能够满足 750 kW 及以上船舶三管轮和 750 kW 及以上船舶电子电气员培训要求。

测试结论:参与测试的人员认为该单位的船舶电站模拟器系统功能模块中经过完整的测试,对于大纲训练标准所需求的功能完全可实现,并且功能合理,界面美观,操作流程与实船一致,在系统整个功能测试过程中未发现崩溃性错误和严重性错误,该系统在功能上完全能够满足三管轮/电子电气员适任评估大纲的需要。

组长:YTM

2020 年 8 月 17 日

对课程论证报告中提及的改进措施及完成日期:

培训机构负责人签名:JZX

2020 年 8 月 17 日

5.5　船舶中高压及船舶电推
系统模拟器项目训练方案

5.5.1　训练目标

通过本适任评估训练项目,使被评估者达到中华人民共和国海事局《海船船员三管轮/电子电气员适任评估大纲》《电子电气员模拟培训大纲》(750 kW)(2016 版)对船员所规定的实操、实作技能要求,满足中华人民共和国海事局签发船员适任证书的必备条件。

5.5.2　训练时间

训练时间不少于 34 课时。

5.5.3　训练方式

以理论授课与现场操作教学相结合的方式进行,PPT 演示,分组。

5.5.4　教员要求

实训教员按照师生比 1:20 配备。

5.5.5　训练设施设备

船舶中高压及船舶电推系统模拟器,半实物。

5.5.6　训练内容

船舶中高压及船舶电推系统模拟器训练内容见表 5.6。

表 5.6　船舶中高压及船舶电推系统模拟器训练内容

培训内容	课时
1.电力推进船舶主电动机及控制系统	20
1.1 了解船舶电力推进的优点	
1.2 了解电力推进系统的主要组成部分,包括常规的轴推进系统和吊舱推进系统,了解各组成部分的特点	
1.3 熟悉电力推进系统的整体方框图	

表 5.6(续)

培训内容	课时
1.4 了解电力推进系统中推进电机的工作特点,熟悉电动机的类型、机械构造、励磁方式以及冷却方式	
1.5 掌握电力推进系统供电设备的组成,了解变压器的冷却方式、保护功能以及接线方式,了解变压器和滑环在供电环节的作用	
1.6 熟悉电力推进系统变频驱动的类型,了解电流源型和电压源型变频器以及交交变频器的工作原理,了解相应变频结构方框图,熟悉接线方式和整流方式及其主要特点	
1.7 熟悉电力推进系统中电动机的控制方法,了解矢量控制和直接转矩控制的工作原理,并说明其主要特点	
1.8 了解吊舱推进船舶对吊舱推进器的转速和方位角的要求,了解转速控制和舵角控制的输入输出信号,了解转速控制、舵角控制以及船舶操纵时转速和舵角组合控制的工作原理,了解船舶电力系统对谐波畸变率的要求,电感电容的滤波原理和接线方法	
1.9 了解电侧推的工作原理	
2. 常规操作训练	10
2.1 操作部位切换与确认	
2.2 左吊舱备车、海上航行与完车付车钟信号联系	
2.3 右吊舱备车、海上航行与完车付车钟信号联系	
2.4 左、右吊舱供电准备就绪操作	
2.5 左吊舱主车钟驾驶台发令机旁回令操作	
2.6 右吊舱主车钟驾驶台发令机旁回令操作	
2.7 左吊舱机旁启动与停止吊舱推进器	
2.8 右吊舱机旁启动与停止吊舱推进器	
2.8 左吊舱推进器机旁加速与减速	
2.9 右吊舱推进器机旁加速与减速	
2.10 左吊舱机旁操作吊舱方位角	
3. 船舶高压供电系统的操作和维护	4
合计	34

5.5.7　训练教材

(1)中华人民共和国海船船员模拟器知识更新培训教材《电子电气员模拟器》,大连海事大学出版社 2017 年 5 月第一版。

（2）中华人民共和国海船船员适任考试培训教材《船舶电气与自动化》，大连海事大学出版社。

（3）校内自编教材。

5.6　船舶中高压及船舶电推系统模拟器
性能标准论证情况表及测试报告

船舶中高压及船舶电推系统模拟器性能标准论证情况表及测试报告见表 5.7。

表 5.7　船舶中高压及船舶电推系统模拟器性能标准论证情况表及测试报告

论证项目	船舶中高压及船舶电推系统模拟器		
培训课程（项目）	1. 750 kW 及以上船舶三管轮考证培训 2. 750 kW 及以上船舶电子电气员考证培训		
编制人员	YCA、ZSM、ZXL、GB 等		
论证人员	YTM、YWQ、SWL、HX、CM	论证时间	2020 年

论证内容：

一、船舶中高压及船舶电推系统模拟器性能

船舶中高压及船舶电推系统训练中心主要由两台发电机组、高压配电板、用电负载、电力推进三维和 VLCC 船三维虚拟实训系统组成。由大连海事大学 2020 年建造。投入 150 多万元，实训室面积 100 m^2。

1. 船舶中高压电站可实现控制功能

（1）系统可在"自动、半自动、手动"三种模式下稳定、可靠运行；

（2）发电机组的手动并车；

（3）发电机组的自动启动控制；

（4）自动并车操作；

（5）并联运行中功率的自动分配、转移，电网频率的自动调整；

（6）取决于负荷大小的发电机运行台数管理；

（7）发电机组机、电故障的自动处理与报警；

（8）发电机自动、故障状态下解列、停机控制；

（9）电网故障或者在网机组故障时，备用机组的自动启动和投入电网；

（10）主配电板能正确显示模拟机组的运行及故障状态；

（11）运行中系统给定参数（为电压、频率）的检测与显示。

2. 船舶电力推进系统可实现功能

（1）电力推进系统的推进电机控制，包括转矩、转速和转向控制；能动态仿真、显示其具体工作过程。

（2）电力推进系统的回转电机控制，包括转速和转向控制；能动态地显示数量关系及仿真其随动工作过程。

（3）电力推进系统的运行状态监控及相关参数的修改。

（4）电力推进系统的多地控制及控制权限转换。

表 5.7(续 1)

论证项目	船舶中高压及船舶电推系统模拟器

3. 系统组成

船舶高压电站系统主要由发电机组、高压配电板、负载等设备组成。

主发电机组采用变频器控制变频电动机 + 同步发电机的形式,主发电机组数量为 2 台。主发电机组作为主电源向配电板供电。发电机采用船用品牌发电机,型号为泰豪 KF – W4 – 15。电动机选用西门子变频电动机,型号为 1TL0002 – 1EB23 – 3AF4。变频器为西门子变频器,型号为 6SL3224 – 0BE31 – 5UA0。

(1)主发电机机组技术参数

常用功率:15 kW

额定电压 U_n:AC 690 V(模拟 6 600 V)

额定频率:50 Hz

额定功率因数:0.8(滞后)

稳态电压调整率:≤ ±1%

瞬态电压调整率: – 15% ~ +20%

电压稳定恢复时间:≤1.5 s

电压波动率:≤0.5%

电压调节范围:≤ ±10% U_n

线电压波形畸变率: <5%

稳态频率调整率:≤1%

瞬态频率调整率:≤ ±10%

频率稳定恢复时间:3 s

频率波动率:≤0.5%

(2)发电机技术参数

品牌:泰豪

型号:KF – W4 – 15

(3)基本技术参数

功率(kW):15	容量(kV·A):18.75
电压(V):690	电流(A):15.7
频率(Hz):50	转速(r/min):1 500
功率因数(cos Φ):0.8(滞后)	极数:4
相数:3	接法:
绝缘等级:H/H	防护等级:IP21
电压调整率(%): ±1	质量(kg):155

(4)电动机技术参数

品牌:西门子

型号:1TL0002 – 1EB23 – 3AA5/18.5(四极,卧式安装,三相交流变频电动机)

额定功率:18.5 kW

额定电压:380 V

额定电流:37.0 A

额定频率:50 Hz

最大频率:90 Hz

表 5.7(续 2)

论证项目	船舶中高压及船舶电推系统模拟器

额定转速:1 460 r/min

最高转速:2 700 r/min

KTY84 - 130 温度传感器安装

质量:124 kg

(5)变频器技术参数

变频器选用西门子 G120 系列,由 PM240 功率模块和 CU240 控制单元组成。

CU240 控制单元参数值:

型号:CU240E;

6 个可编程,带隔离的数字输入;

2 个可标定的模拟输入(0 ~ 10 V,0 ~ 20 mA);

2 个可编程的模拟输出(0 ~ 20 mA);

3 个完全可编程的继电器输出;

集成 RS485/USS/Modbus RTU 通信功能;

带 PTC/KTY 接口。

PM240 功率模块参数值:

输入电压:3AC　380 V 至 480 V ± 10%;

输入频率:47 ~ 63 Hz;

输出频率:V/f 控制 0 ~ 650 Hz,矢量控制 0 ~ 200 Hz;

额定功率:18.5 kW。

(6)高压配电板

高压配电板包括发电机控制屏 2 个,发电机并车屏 1 个,负载屏 1 个,满足高压电站的五防要求。高压配电单屏外形不小于:650 mm(w) × 2 300 mm(h) × 1 500 mm(d),材质至少满足国标和船级社要求,厚度不小于 2 mm,防护等级不小于 IP4X,设备满足五防要求。配电板上需配备 3 台 ABBVD4ABB - 12 kV - 630A 主开关和 3 台 ABB REF615 综合保护器。

(7)智能交流负载柜

配智能交流负载柜一套,具体参数如下:

额定电压/频率	交流三相四线 690 V/50 Hz
最大负载功率	阻性负载:20 kW 感性负载:5 kV·A
负载分挡	阻性负载:分 5 挡,1,2,2,5,10 kW 感性负载:分 5 挡,1,2,2,5,5 kV·A
功率因数	0.8 ~ 1
负载精度(每挡)	±5%
负载精度(整机)	±3%
显示精度	0.5 级
控制电源	外接交流单相 220 V/50 Hz

表 5.7（续 3）

论证项目	船舶中高压及船舶电推系统模拟器

（续）

接线方式	负载电源输入—接线排（星形接法） 控制电源输入—3 芯插座
通信接口	RS485、RS232
绝缘等级	F 级
工作方式	连续工作
冷却方式	强制风冷,侧进风,侧出风
运输	底部带脚轮
机箱颜色	灰色（RAL7035）
机箱尺寸	约 720 mm×825 mm×1 130 mm（长×宽×高）
质量	约 300 kg
工作环境参数	
工作温度	−10 ℃ ~ +50 ℃
相对湿度	≤95%
海拔高度	≤2 500 m
大气压力	86 ~ 106 kPa
主要元器件品牌	
接触器	施耐德
熔断器	德力西
单片机	英飞凌

4. 培训教材

4.1 中华人民共和国海船船员模拟器知识更新培训教材《电子电气员模拟器》,大连海事大学出版社,2017 年 5 月第一版

4.2 校内自编教材

4.3《广东海事局海船船员评估员手册》,王广灵等主编,2013 年

4.4《船舶电站操作》,朱永强等主编,大连海事大学出版社,2014 年

论证结论:该单位采用的船舶中高压及船舶电推系统模拟器,能满足《海船船员适任考试与评估大纲》训练标准要求,采用的教材和培训内容能覆盖培训大纲的要求。

二、培训内容和课时

论证情况:该单位船舶中高压及船舶电推系统模拟器完全能够胜任《海船船员培训大纲》(2016 版)对模拟器培训内容和课时的要求,满足国家培训大纲的规定。

论证结论:该单位船舶中高压及船舶电推系统模拟器能够满足《海船船员培训大纲》(2016 版)模拟器培训内容和课时的要求。

表 5.7（续 4）

论证项目	船舶中高压及船舶电推系统模拟器

三、培训方式

模拟器操作教学、PPT 演示等。

论证情况：培训内容的实操教学安排合理，培训方式有效，满足培训大纲要求。

该单位制订了培训计划，对大纲要求的内容进行了充分详细的安排，采用多媒体演示教学与模拟器操作教学，各个环节设计合理，能确保学员完成"船舶中高压及船舶电推系统模拟器培训内容"的培训。培训方式有效，满足培训大纲要求。

四、师资配置

该单位符合船舶中高压及船舶电推系统模拟器操作与维护的教师有：ZMQ、WHS、LTY、DSX、YCA、ZSM、ZXL 等。

论证情况：经查阅该单位提供的上述师资资料，教师具备船员培训管理规则规定的任课条件，满足了该单位开展的船舶电站模拟器培训的师资要求。

论证结论：该单位培训师资的数量满足培训规模的需要，教学能力胜任既定的培训目标。

五、制度保障

论证情况：该单位建立了完善的船员培训管理制度、安全防护制度及符合交通运输部规定的船员培训质量控制体系。

论证结论：该单位的资源保障，在符合性方面，能达到规定的培训标准和规模要求。

论证和测试总结论：

论证结论：采用的船舶中高压及船舶电推系统模拟器，能满足《海船船员适任考试与评估大纲》训练标准要求，采用的教材和培训内容能覆盖培训大纲的要求，培训内容和课时符合培训大纲要求，师资配置充裕，能胜任培训任务，培训方式和资源保障能有效保证船员培训质量。参与论证的人员认为该单位的船舶中高压及船舶电推系统模拟器能够满足 750 kW 及以上船舶三管轮和 750 kW 及以上船舶电子电气员培训要求。

测试结论：参与测试的人员认为该单位的船舶中高压及船舶电推系统模拟器系统功能模块中经过完整的测试，对于大纲训练标准所需求的功能完全可实现，并且功能合理，界面美观，操作流程与实船一致，在系统整个功能测试过程中未发现崩溃性错误和严重性错误，该系统在功能上完全能够满足三管轮/电子电气员适任评估大纲的需要。

组长：YTM

2020 年 8 月 17 日

对课程论证报告中提及的改进措施及完成日期：

培训机构负责人签名：JZX

2020 年 8 月 17 日

第6章 培训课程论证

6.1 船 舶 管 理

6.1.1 培训课程论证情况

"船舶管理"培训课程论证情况见表6.1。

表6.1 "船舶管理"培训课程论证情况

培训课程(项目)	750 kW 及以上二、三管轮"船舶管理"课程		
编制人员	GB、DSX、WL、ZSM、LTY、JZX 等		
论证人员	YWQ、SWL、YTM、HX、CM	论证时间	2020.8.17

培训内容

通过对该课程以下各模块的培训进行论证：

一、课程培训内容

包括船舶结构与适航性控制,船舶防污染管理,船舶营运安全管理,船舶营运经济性管理,船舶安全操作及应急处理,船舶人员管理,船舶维修管理,船舶油料,物料及备件管理,机舱资源管理等章节内容。

具体包含培训大纲中的：

1.1 保持安全的轮机值班

1.1.1 保持轮机安全值班

1.1.2 安全及应急程序

1.1.3 轮机值班时的安全及快速反应措施

1.4.1.9 滑油系统、燃油系统和冷却水系统的液流特性

1.4.2 推进装置及控制系统的安全操作

1.4.2.1 主机的安全保护项目与安全保护功能

1.4.2.2 主锅炉的安全保护项目与安全保护功能

1.4.2.3 电力故障(全船停电)

1.4.2.4 其他设备及装置的应急程序

3.1.3 船舶系统及组件装配和修理时应考虑的材料特性与参数

3.1.3.3 自锁接头

3.1.3.4 固定接头

3.1.3.5 黏合塑料

3.1.3.6 黏合剂与黏合

3.1.3.7 管路装配

3.1.4 船舶安全应急/临时维修方法

表 6.1(续 1)

培训课程(项目)	750 kW 及以上二、三管轮"船舶管理"课程

3.1.5 确保安全工作环境及使用手动工具、机床、测量仪器需要采取的安全措施

3.2.1 维护保养与修理应采取的安全措施

3.2.1.1 国际安全管理规则(ISM 规则)

3.2.1.2 安全管理体系(SMS)

3.2.1.3 中华人民共和国船舶安全营运和防止污染管理规则(NSM 规则)

3.2.1.4 采取的安全措施

3.2.5 船舶设备建造设计特点及材料选用

3.2.5.1 船用材料的选用

3.2.5.2 性能设计

3.2.5.3 轴承设计特点

4.1.1 防止海洋环境污染应采取的预防措施的知识

4.1.1.1 MARPOL 公约及其附则

4.1.1.2 各国采用的公约和法规

4.1.1.3 中华人民共和国防污染法规有关规定

4.1.2 防污染程序及相关设备

4.1.2.1 排油控制

4.1.2.2 油类记录簿

4.1.2.3 船舶防止油污染应急计划(SOPEP)、船舶海洋污染应急计划(SMPEP)和船舶反应计划(VRP)

4.1.2.4 污水处理装置、焚烧炉和压载水处理装置的操作程序

4.1.2.5 挥发性有机化合物(VOC)管理计划、垃圾管理系统、防海生物沾污系统、压载水管理及其排放标准

4.1.3 保护海洋环境的积极措施

4.2 保持船舶的适航性

4.2.1 船舶稳性、纵倾和应力表

4.2.1.1 排水量

4.2.1.2 浮力

4.2.1.3 淡水吃水余量

4.2.1.4 静稳性

4.2.1.5 初稳性

4.2.1.6 失稳横倾角

4.2.1.7 静稳性曲线

4.2.1.8 重心的移动

4.2.1.9 横倾及其纠正

4.2.1.10 未装满液体舱柜的影响

4.2.1.11 纵倾

4.2.1.12 完整浮力的丧失

4.2.1.13 应力表及应力计算设备

4.2.2 船舶构造

4.2.2.1 船舶尺度和船形

4.2.2.2 船舶强度

表 6.1(续 2)

培训课程(项目)	750 kW 及以上二、三管轮"船舶管理"课程

4.2.2.3 船体结构

4.2.2.4 船首及船尾

4.2.2.5 船舶附件

4.2.2.6 舵与轴隧

4.2.2.7 载重线及吃水标志

4.6 监督遵守法定要求

4.6.1 有关海上人命安全、保安和海洋环境保护的 IMO 公约基本工作知识

4.6.1.1 海事相关法规简介

4.6.1.2 海洋法

4.6.1.3.1 1966 年国际载重线公约(LL 1966)

4.6.1.3.2 经修订的 1974 年海上人命安全公约(SOLAS 公约)

4.6.1.3.3 商船海员安全工作守则(COSWP)

4.6.1.3.4 经修订的 1978 年 STCW 公约

4.6.1.3.5 国际船舶和港口设施保安规则(ISPS 规则)

4.6.1.3.6 港口国监督(PSC)

4.6.1.3.7 中华人民共和国船舶安全检查规则

4.6.1.3.8 船舶检验

4.7 领导力和团队工作技能的运用

4.7.1 船上人员管理及训练

4.7.2 相关国际公约及建议,国内法规

4.7.3 运用任务和工作量管理的能力

4.7.4 运用有效资源管理的知识和能力

4.7.5 运用决策技能的知识和能力

二、课程采用教材

(1)《船舶管理》(978 – 7 – 5632 – 2706 – 8),中国海事服务中心组织编写,人民交通出版社/大连海事大学出版社于 2012 年出版

(2)《船舶管理(轮机工程专业)》(978 – 7 – 5632 – 3879 – 8),刘万鹤、王松朋、王仕军主编,大连海事大学出版社于 2019 年出版

(3)《轮机维护与修理》(第三版)(978 – 7 – 5632 – 3688 – 6),魏海军主编,大连海事大学出版社于 2018 年出版

(4)《船舶机舱资源管理》(978 – 7 – 1141 – 4857 – 6),韩雪峰主编,人民交通出版社于 2020 年出版

教材内容满足国家规定的培训大纲和水上交通安全、防治船舶污染的要求。

课程内容符合《海船船员培训大纲》(2016 版)750 kW 及以上二、三管轮的培训内容要求,培训内容覆盖《海船船员培训大纲》(2016 版)的内容要求。

结论:培训内容满足大纲和评估规范的要求。

培训课时

大纲规定的培训课时为 132 课时,其中理论 120 课时,实操 12 课时。

本课程计划培训 152 课时,其中理论 140 课时,实操 12 课时。

表 6.1(续 3)

培训课程(项目)	750 kW 及以上二、三管轮"船舶管理"课程

培训课时和实操课时达到培训大纲的要求,能确保培训教学质量达到的适任要求。

结论:培训课时符合要求。

培训方式

培训方式目前采用理论与实操相结合,理论以集中进行培训方式为主,实操分组交叉同时进行培训。理论教学在多媒体教室进行,采用 PPT、影像资料、教学卡片等培训方式进行教学;实操以现场教学、实船训练等,先示范后训练的培训方式进行培训教学,能确保培训教学质量。

结论:培训方式可行。

培训师资

一、师资要求

根据《<中华人民共和国船员培训管理规则>实施办法》的要求,教员须满足下列条件:

1. 主推进动力装置、船舶辅机、船舶管理(轮机)教员须满足下列条件之一:

(1)具有不少于 1 年的相应等级大管轮任职资历,并具有不少于 2 年的教学经历;

(2)具有中级及以上职称,海上服务资历不少于 3 个月的机电专业教师。

2. 轮机英语和轮机英语听力与会话教员须满足下列条件之一:

(1)具有英语专业本科及以上学历,海上资历不少于 3 个月的专业教师;

(2)具有航海专业本科及以上学历,不少于 1 年的无限航区三管轮及以上任职资历,并具有不少于 1 年的专业英语教学/助教经验。

3. 船舶电气与自动化、电气和自动控制、船舶电工工艺和电气设备操作教员须满足下列条件之一:

(1)具有电子电气相关专业大专及以上学历,并具有不少于 2 年的海船电机员(持有船舶电机员证书)/电子电气员任职资历;

(2)具有船舶电气专业本科以上学历,具有中级及以上职称的专业教师,并具有不少于 1 年的教学经历;

(3)具有中级及以上职称,海上服务资历不少于 3 个月的电气自动化相关专业教师。

4. 动力设备拆装和动力设备操作教员须满足下列条件之一:

(1)具有不少于 1 年的大管轮或轮机长海上任职资历;

(2)具有相关专业中级及以上职称并具有 2 年及以上的教学经历的机电相关专业教师。

5. 机舱资源管理教员须满足下列条件之一:

(1)具有不少于 2 年的相应等级大管轮及以上任职资历;

(2)具有相关专业副高级及以上职称,并具有不少于 1 年海上服务资历的专业教师。

其他要求

1. 理论教员须自有。

2. 承担主推进动力装置、船舶辅机、船舶管理(轮机)教员至少各 1 名。

3. 金工工艺实训教员至少 4 名。

4. 机舱资源管理教员中至少 1 名为轮机长,且实训教员按照师生比 1∶10 配备。其他实训教员按照师生比 1∶20 配备,可外聘。

表 6.1(续 4)

培训课程(项目)	750 kW 及以上二、三管轮"船舶管理"课程

二、师资配备情况

序号	姓名	学历	所持证书	教学资历/月	船上服务资历/月	教学科目	是否自有	是否通过考试
1	DSX	本科	甲类轮机长	120	132	船舶管理	是	是
2	GB	研究生	甲类三管轮/副教授	120	18	船舶管理	是	是
3	LTY	本科	轮机管理	100	150	船舶管理	是	是
4	YCA	大专	大管轮/高级实验师	180	72	船舶管理	是	是
5	ZJX	研究生/本科	甲类二管轮/工程师	72	28	船舶管理	是	是

三、培训师资论证结论

目前配备 5 名教员,5 名教员均符合师资条件要求,全部为自有教员,教学人员 80% 通过中华人民共和国海事局组织的师资考试。

结论:师资符合《中华人民共和国船员培训管理规则》教学人员的要求,能满足公司目前培训规模(40 人/班×4)的培训教学要求。

资源保障

1. 目前配备教学管理人员 23 人,能保障教学与培训日常教学管理。

2. 根据《中华人民共和国船员培训管理规则》对课程要求配备了规定的场地、设施及设备,保障课程开展教学与培训所需的场地、设施及设备。

3. 按要求建立了船员教育和培训质量体系,并建立相关规章制度和应急预案,保障课程培训安全及培训教学的正常开展。

4. 制订完善的教学实施计划,确保培训的教学质量。

通过对该课程以上资源的论证,该课程培训采用的培训教材和培训内容满足培训大纲和水上交通安全、防治船舶污染要求;教学人员的数量满足培训规模的需要,教学能力能胜任课程的培训目标;培训内容的理论和实操课时安排合理,符合培训大纲的相应要求;培训采用的培训方式合理,资源保障科学、有效,完成课程后能达到课程规定的适任标准,资源保障满足要求。

组长:YWQ

2020 年 8 月 17 日

对课程论证报告中提及的改进措施及完成日期:

培训机构负责人签名:JZX

2020 年 8 月 17 日

注:1. 论证报告应包括课程确认各个方面,并进行具体评价,对每一方面的符合性分别出具结论,可另附页。

2. 论证人员不少于 3 人,人员资格应附表说明。

6.1.2　课程论证人员资格情况

"船舶管理"课程论证人员资格情况见表6.2。

表6.2　"船舶管理"课程论证人员资格情况

序号	姓名	单位	性别	专业	职称	所持证书	签名
1							
2							

6.2　机舱资源管理

6.2.1　培训课程论证情况

"机舱资源管理"培训课程论证情况见表6.3。

表6.3　"机舱资源管理"培训课程论证情况

培训课程(项目)	750 kW 及以上二、三管轮"机舱资源管理"课程		
编制人员	GB、DSX、WL、ZSM、LTY、JZX 等		
论证人员	YWQ、SWL、YTM、HX、CM	论证时间	2020.8.17

培训内容

通过对该课程以下各模块的培训进行论证:

一、课程培训内容

包括航行途中跳电、船舶进港途中搁浅、航行途中主机自动停车、加装燃油、船舶正常航行值班、抵港前航行操作等章节内容。

具体包含培训大纲中的:

1.1　保持安全的轮机值班

1.1.4　机舱资源管理

4.7　领导力和团队工作技能的运用

4.7.1　船上人员管理及训练

4.7.2　相关国际公约及建议,国内法规

4.7.3　运用任务和工作量管理的能力

4.7.4　运用有效资源管理的知识和能力

4.7.5　运用决策技能的知识和能力

二、课程采用教材

(1)《机舱资源管理》(978 – 7 – 5632 – 2962 – 8),朱永强、倪科军主编,大连海事大学出版社于2014 年出版

(2)《船舶机舱资源管理》(978 – 7 – 1141 – 4857 – 6),韩雪峰主编,人民交通出版社于2018 年出版

表 6.3(续 1)

培训课程(项目)	750 kW 及以上二、三管轮"机舱资源管理"课程

(3)《机舱资源管理》,ZMQ 等自编,2020 年

教材内容满足国家规定的培训大纲和水上交通安全、防治船舶污染的要求。

课程内容符合《海船船员培训大纲》(2016 版)750 kW 及以上二、三管轮的培训内容要求,培训内容覆盖《海船船员培训大纲》(2016 版)的内容要求。

结论:培训内容满足大纲和评估规范的要求。

培训课时

大纲规定的培训课时为 18 课时,其中理论 6 课时,实操 12 课时。

本课程计划培训 24 课时,其中理论 6 课时,实操 18 课时。

培训课时和实操课时达到培训大纲的要求,能确保培训教学质量达到的适任要求。

结论:培训课时符合要求。

培训方式

培训方式目前采用理论与实操相结合,理论以集中进行培训方式为主,实操分组交叉同时进行培训。理论教学在多媒体教室进行,采用 PPT、影像资料、教学卡片等培训方式进行教学;实操以现场教学、实船训练等,先示范后训练的培训方式进行培训教学,能确保培训教学质量。

结论:培训方式可行。

培训师资

一、师资要求

根据《<中华人民共和国船员培训管理规则>实施办法》的要求,教员须满足下列条件:

1. 主推进动力装置、船舶辅机、船舶管理(轮机)教员须满足下列条件之一:

(1)具有不少于 1 年的相应等级大管轮任职资历,并具有不少于 2 年的教学经历;

(2)具有中级及以上职称,海上服务资历不少于 3 个月的机电专业教师。

2. 轮机英语和轮机英语听力与会话教员须满足下列条件之一:

(1)具有英语专业本科及以上学历,海上资历不少于 3 个月的专业教师;

(2)具有航海专业本科及以上学历,不少于 1 年的无限航区三管轮及以上任职资历,并具有不少于 1 年的专业英语教学/助教经验。

3. 船舶电气与自动化、电气和自动控制、船舶电工工艺和电气设备操作教员须满足下列条件之一:

(1)具有电子电气相关专业大专及以上学历,并具有不少于 2 年的海船电机员(持有船舶电机员证书)/电子电气员任职资历;

(2)具有船舶电气专业本科以上学历,具有中级及以上职称的专业教师,并具有不少于 1 年的教学经历;

(3)具有中级及以上职称,海上服务资历不少于 3 个月的电气自动化相关专业教师。

4. 动力设备拆装和动力设备操作教员须满足下列条件之一:

(1)具有不少于 1 年的大管轮或轮机长海上任职资历;

(2)具有相关专业中级及以上职称并具有 2 年及以上的教学经历的机电相关专业教师。

5. 机舱资源管理教员须满足下列条件之一:

(1)具有不少于 2 年的相应等级大管轮及以上任职资历;

(2)具有相关专业副高级及以上职称,并具有不少于 1 年海上服务资历的专业教师。

表 6.3(续 2)

培训课程(项目)	750 kW 及以上二、三管轮"机舱资源管理"课程

其他要求

1. 理论教员须自有。

2. 承担主推进动力装置、船舶辅机、船舶管理(轮机)教员至少各 1 名。

3. 金工工艺实训教员至少 4 名。

4. 机舱资源管理教员中至少 1 名为轮机长,且实训教员按照师生比 1:10 配备。其他实训教员按照师生比 1:20 配备,可外聘。

二、师资配备情况

序号	姓名	学历	所持证书	教学资历/月	船上服务资历/月	教学科目	是否自有	是否通过考试
1	DSX	本科	甲类轮机长	120	132	机舱资源管理	是	是
2	YCA	中专	大管轮/高级实验师	180	72	机舱资源管理	是	是
3	LTY	本科	轮机管理	100	150	机舱资源管理	是	是
4	ZSM	研究生/本科	教授	204	15	机舱资源管理	是	是
5	WHS	大专	实验师/轮机长	136	84	机舱资源管理	是	是

三、培训师资论证结论

目前配备 5 名教员,5 名教员均具符合大纲中机舱资源管理教学师资教学条件,全部为自有教员,教学人员 100% 通过中华人民共和国海事局组织的师资考试。

结论:师资符合《中华人民共和国船员培训管理规则》教学人员的要求,能满足公司目前培训规模(40 人/班×4)的培训教学要求。

资源保障

1. 目前配备教学管理人员 23 人,能保障教学与培训日常教学管理。

2. 根据《中华人民共和国船员培训管理规则》对课程要求配备了规定的场地、设施及设备,保障课程开展教学与培训所需的场地、设施及设备。

3. 按要求建立了船员教育和培训质量体系,并建立相关规章制度和应急预案,保障课程培训安全及培训教学的正常开展。

4. 制订完善的教学实施计划,确保培训的教学质量。

通过对该课程以上资源的论证,该课程训采用的培训教材和培训内容满足培训大纲和水上交通安全、防治船舶污染要求;教学人员的数量满足培训规模的需要,教学能力能胜任课程的培训目标;培训内容的理论和实操课时安排合理,符合培训大纲的相应要求;培训采用的培训方式合理,资源保障科学、有效,完成课程后能达到课程规定的适任标准,资源保障满足要求。

组长:YWQ

2020 年 8 月 17 日

表 6.3(续 3)

培训课程(项目)	750 kW 及以上二、三管轮"机舱资源管理"课程

对课程论证报告中提及的改进措施及完成日期:

培训机构负责人签名:JZX

2020 年 8 月 17 日

注:1.论证报告应包括课程确认各个方面并进行具体评价,对每一方面的符合性分别出具结论,可另附页。
　　2.论证人员不少于 3 人,人员资格应附表说明。

6.2.2　课程论证人员资格情况

"机舱资源管理"课程论证人员资格情况见表6.4。

表 6.4　"机舱资源管理"课程论证人员资格情况

序号	姓名	单位	性别	专业	职称	所持证书	签名
1							
2							

6.3　轮 机 英 语

6.3.1　培训课程论证情况

"轮机英语"培训课程论证情况见表6.5。

表 6.5　"轮机英语"培训课程论证情况

培训课程(项目)	750 kW 及以上二、三管轮"轮机英语"课程		
编制人员	GB、DSX、WL、ZSM、LTY、JZX 等		
论证人员	YWQ、SWL、YTM、HX、CM	论证时间	2020.8.17

培训内容
通过对该课程以下各模块的培训进行论证:
一、课程培训内容
包括模块一英语基础知识、模块二值班和安全管理、模块三主推进装置、模块四辅助机械、模块五船舶电气、自动化管理、模块六轮机英语书写等章节内容。

表 6.5(续 1)

培训课程(项目)	750 kW 及以上二、三管轮"轮机英语"课程

具体包含培训大纲中的:

1.2 以书面和口语形式使用英语

1.2.1 专业英语阅读

1.2.2 专业书写

二、课程采用教材

《轮机英语(操作级)》(978 – 7 – 5632 – 2726 – 6),郭军武、李燕、刘宁主编,大连海事大学出版社/人民交通出版社于 2012 年出版

《轮机英语》,王建斌主编,大连海事大学出版社

课程内容符合《海船船员培训大纲》(2016 版)750 kW 及以上二、三管轮的培训内容要求,培训内容覆盖《海船船员培训大纲》(2016 版)的内容要求。

结论:培训内容满足大纲和评估规范的要求。

培训课时:

大纲规定的培训课时为 80 课时,其中理论 48 课时,实操 32 课时。

本课程计划培训 148 课时,其中理论 100 课时,实操 48 课时。

培训课时和实操课时达到培训大纲的要求,能确保培训教学质量达到的适任要求。

结论:培训课时符合要求。

培训方式

培训方式目前采用理论与实操相结合,理论以集中进行培训方式为主,实操分组交叉同时进行培训。理论教学在多媒体教室进行,采用 PPT、影像资料、教学卡片等培训方式进行教学;实操以现场教学、实船训练等,先示范后训练的培训方式进行培训教学,能确保培训教学质量。

结论:培训方式可行。

培训师资

一、师资要求

根据《＜中华人民共和国船员培训管理规则＞实施办法》的要求,教员须满足下列条件:

1. 主推进动力装置、船舶辅机、船舶管理(轮机)教员须满足下列条件之一:

(1)具有不少于 1 年的相应等级大管轮任职资历,并具有不少于 2 年的教学经历;

(2)具有中级及以上职称,海上服务资历不少于 3 个月的机电专业教师。

2. 轮机英语和轮机英语听力与会话教员须满足下列条件之一:

(1)具有英语专业本科及以上学历,海上资历不少于 3 个月的专业教师;

(2)具有航海专业本科及以上学历,不少于 1 年的无限航区三管轮及以上任职资历,并具有不少于 1 年的专业英语教学/助教经验。

3. 船舶电气与自动化、电气和自动控制、船舶电工工艺和电气设备操作教员须满足下列条件之一:

(1)具有电子电气相关专业大专及以上学历,并具有不少于 2 年的海船电机员(持有船舶电机员证书)/电子电气员任职资历;

(2)具有船舶电气专业本科以上学历,具有中级及以上职称的专业教师,并具有不少于 1 年的教学经历;

表 6.5(续 2)

培训课程(项目)	750 kW 及以上二、三管轮"轮机英语"课程

(3)具有中级及以上职称,海上服务资历不少于 3 个月的电气自动化相关专业教师。

4.动力设备拆装和动力设备操作教员须满足下列条件之一:

(1)具有不少于 1 年的大管轮或轮机长海上任职资历;

(2)具有相关专业中级及以上职称并具有 2 年及以上的教学经历的机电相关专业教师。

5.机舱资源管理教员应满足下列条件之一:

(1)具有不少于 2 年的相应等级大管轮及以上任职资历;

(2)具有相关专业副高级及以上职称,并具有不少于 1 年海上服务资历的专业教师。

其他要求

1.理论教员须自有。

2.承担主推进动力装置、船舶辅机、船舶管理(轮机)教员至少各 1 名。

3.金工工艺实训教员至少 4 名。

4.机舱资源管理教员中至少 1 名为轮机长,且实训教员按照师生比 1∶10 配备。其他实训教员按照师生比
1∶20 配备,可外聘。

二、师资配备情况

序号	姓名	学历	所持证书	教学资历/月	船上服务资历/月	教学科目	是否自有	是否通过考试
1	DSX	本科	甲类轮机长	120	132	轮机英语	是	是
2	GB	研究生	甲类三管轮/副教授	120	18	轮机英语	是	是
3	FWH	研究生	英语副教授	252	6	轮机英语	是	是
4	YJJ	本科	英语讲师	240	6	轮机英语	是	是
5	WL	研究生	轮机讲师	24	6	轮机英语	是	是

三、培训师资论证结论

目前配备 5 名教员,5 名教员均满足轮机英语教员要求条件,全部为自有教员,教学人员 80% 以上通过中华人民共和国海事局组织的师资考试。

结论:师资符合《中华人民共和国船员培训管理规则》教学人员的要求,能满足公司目前培训规模(40 人/班×4)的培训教学要求。

资源保障

1.目前配备教学管理人员 23 人,能保障教学与培训日常教学管理。

2.根据《中华人民共和国船员培训管理规则》对课程要求配备了规定的场地、设施及设备,保障课程开展教学与培训所需的场地、设施及设备。

3.按要求建立了船员教育和培训质量体系,并建立相关规章制度和应急预案,保障课程培训安全及培训教学的正常开展。

4.制订完善的教学实施计划,确保培训的教学质量。

通过对该课程以上资源的论证,该课程培训采用的培训教材和培训内容满足培训大纲和水上交通安全、防治船舶污染要求;教学人员的数量满足培训规模的需要,教学能力能胜任课程的培训目标;培训内容的理

表 6.5(续 3)

培训课程(项目)	750 kW 及以上二、三管轮"轮机英语"课程

论和实操课时安排合理,符合培训大纲的相应要求;培训采用的培训方式合理,资源保障科学、有效,完成课程后能达到课程规定的适任标准,资源保障满足要求。

组长:YWQ

2020 年 8 月 17 日

对课程论证报告中提及的改进措施及完成日期:

培训机构负责人签名:JZX

2020 年 8 月 17 日

注:1.论证报告应包括课程确认各个方面并进行具体评价,对每一方面的符合性分别出具结论,可另附页。

　2.论证人员不少于 3 人,人员资格应附表说明。

6.3.2　课程论证人员资格情况

"轮机英语"课程论证人员资格情况见表 6.6。

表 6.6　"轮机英语"课程论证人员资格情况

序号	姓名	单位	性别	专业	职称	所持证书	签名
1							
2							

6.4　轮机英语听力与会话

6.4.1　培训课程论证情况

"轮机英语听力与会话"培训课程论证情况见表 6.7。

表 6.7　"轮机英语听力与会话"培训课程论证情况

培训课程(项目)	750 kW 及以上二、三管轮"轮机英语听力与会话"课程		
编制人员	GB、DSX、WL、ZSM、LTY、JZX 等		
论证人员	YWQ、SWL、YTM、HX、CM	论证时间	2020.8.17

培训内容

通过对该课程以下各模块的培训进行论证:

一、课程培训内容

包括交流信息、燃油和备件的供给、修理、接船、船检、防污等章节内容。

具体包含培训大纲中的:

1.2.3 专业听说轮机英语听力与会话

二、课程采用教材

(1)《轮机英语听力与会话(操作级)》(978 - 7 - 5632 - 2735 - 8),刘宁、李燕、郭军武主编,大连海事大学出版社/人民交通出版社于 2012 年出版

(2)教材内容满足国家规定的培训大纲和水上交通安全、防治船舶污染的要求。

课程内容符合《海船船员培训大纲》(2016 版)750 kW 及以上二、三管轮的培训内容要求,培训内容覆盖《海船船员培训大纲》(2016 版)的内容要求。

结论:培训内容满足大纲和评估规范的要求。

培训课时:

大纲规定的培训课时为 32 课时,其中理论 0 课时,实操 32 课时。

本课程计划培训 48 课时,其中理论 0 课时,实操 48 课时。

培训课时和实操课时达到培训大纲的要求,能确保培训教学质量达到的适任要求。

结论:培训课时符合要求。

培训方式

培训方式目前采用理论与实操相结合,理论以集中进行培训方式为主,实操分组交叉同时进行培训。理论教学在多媒体教室进行,采用 PPT、影像资料、教学卡片等培训方式进行教学;实操以现场教学、实船训练等,先示范后训练的培训方式进行培训教学,能确保培训教学质量。

结论:培训方式可行。

培训师资

一、师资要求

根据《<中华人民共和国船员培训管理规则>实施办法》的要求,教员须满足下列条件:

1. 主推进动力装置、船舶辅机、船舶管理(轮机)教员须满足下列条件之一:

(1)具有不少于 1 年的相应等级大管轮任职资历,并具有不少于 2 年的教学经历;

(2)具有中级及以上职称,海上服务资历不少于 3 个月的机电专业教师。

2. 轮机英语和轮机英语听力与会话教员须满足下列条件之一:

(1)具有英语专业本科及以上学历,海上资历不少于 3 个月的专业教师;

(2)具有航海专业本科及以上学历,不少于 1 年的无限航区三管轮及以上任职资历,并具有不少于 1 年的专业英语教学/助教经验。

表 6.7（续 1）

培训课程（项目）	750 kW 及以上二、三管轮"轮机英语"课程

3. 船舶电气与自动化、电气和自动控制、船舶电工工艺和电气设备操作教员须满足下列条件之一：

(1) 具有电子电气相关专业大专及以上学历，并具有不少于 2 年的海船电机员（持有船舶电机员证书）/电子电气员任职资历；

(2) 具有船舶电气专业本科以上学历，具有中级及以上职称的专业教师，并具有不少于 1 年的教学经历；

(3) 具有中级及以上职称，海上服务资历不少于 3 个月的电气自动化相关专业教师。

4. 动力设备拆装和动力设备操作教员须满足下列条件之一：

(1) 具有不少于 1 年的大管轮或轮机长海上任职资历；

(2) 具有相关专业中级及以上职称并具有 2 年及以上的教学经历的机电相关专业教师。

5. 机舱资源管理教员应满足下列条件之一：

(1) 具有不少于 2 年的相应等级大管轮及以上任职资历；

(2) 具有相关专业副高级及以上职称，并具有不少于 1 年海上服务资历的专业教师。

其他要求

1. 理论教员须自有。

2. 承担主推进动力装置、船舶辅机、船舶管理（轮机）教员至少各 1 名。

3. 金工工艺实训教员至少 4 名。

4. 机舱资源管理教员中至少 1 名为轮机长，且实训教员按照师生比 1:10 配备。其他实训教员按照师生比 1:20 配备，可外聘。

二、师资配备情况

序号	姓名	学历	所持证书	教学资历/月	船上服务资历/月	教学科目	是否自有	是否通过考试
1	DSX	本科	甲类轮机长	120	132	轮机英语听力与会话	是	是
2	GB	研究生	甲类三管轮/副教授	120	18	轮机英语听力与会话	是	是
3	FWH	研究生	英语副教授	252	6	轮机英语听力与会话	是	是
4	YJJ	本科	英语讲师	240	6	轮机英语听力与会话	是	是
5	WL	研究生	轮机讲师	24	6	轮机英语听力与会话	是	是

三、培训师资论证结论

目前配备 5 名教员，5 名教员均满足课程教员要求条件，全部为自有教员，教学人员 80% 以上通过中华人民共和国海事局组织的师资考试。

结论：师资符合《中华人民共和国船员培训管理规则》教学人员的要求，能满足公司目前培训规模（40 人/班×4）的培训教学要求。

表 **6.7**(续 2)

培训课程(项目)	750 kW 及以上二、三管轮"船舶管理"课程

资源保障

1. 目前配备教学管理人员 23 人,能保障教学与培训日常教学管理;

2. 根据《中华人民共和国船员培训管理规则》对课程要求配备了规定的场地、设施及设备,保障课程开展教学与培训所需的场地、设施及设备。

3. 按要求建立了船员教育和培训质量体系,并建立相关规章制度和应急预案,保障课程培训安全及培训教学的正常开展。

4. 制订完善的教学实施计划,确保培训的教学质量。

通过对该课程以上资源的论证,该课程培训采用的培训教材和培训内容满足培训大纲和水上交通安全、防治船舶污染要求;教学人员的数量满足培训规模的需要,教学能力能胜任课程的培训目标;培训内容的理论和实操课时安排合理,符合培训大纲的相应要求;培训采用的培训方式合理,资源保障科学、有效,完成课程后能达到课程规定的适任标准,资源保障满足要求。

组长:YWQ

2020 年 8 月 17 日

对课程论证报告中提及的改进措施及完成日期:

培训机构负责人签名:JZX

2020 年 8 月 17 日

注:1. 论证报告应包括课程确认各个方面并进行具体评价,对每一方面的符合性分别出具结论,可另附页。

　　2. 论证人员不少于 3 人,人员资格应附表说明。

6.4.2　课程论证人员资格情况

"轮机英语听力与会话"课程论证人员资格情况见表 6.8。

表 **6.8**　"轮机英语听力与会话"课程论证人员资格情况

序号	姓名	单位	性别	专业	职称	所持证书	签名
1							
2							

6.5　船舶电气与自动化

6.5.1　培训课程论证情况

"船舶电气与自动化"培训课程论证情况见表6.9。

表6.9　"船舶电气与自动化"培训课程论证情况

培训课程(项目)	750 kW 及以上二、三管轮"船舶电气与自动化"课程		
编制人员	GB、DSX、WL、ZSM、LTY、JZX 等		
论证人员	YWQ、SWL、YTM、HX、CM	论证时间	2020.8.17

培训内容

通过对该课程以下各模块的培训进行论证：

一、课程培训内容

包含电路分析和计算,交流电的基本理论,船舶电气的电力拖动常用控制电器维护,分析船舶电气的常见故障,同步发电机的基本结构,工作原理,操作和运行管理方法,自动控制基础,船舶机舱辅助控制系统,船舶火灾自动报警系统等内容。

具体包含培训大纲中的：

1.4.1.8 自动控制系统

1.4.1.8.1 熟练操作与管理冷却水温度自动控制系统

1.4.1.8.2 熟练操作与管理分油机自动控制系统

1.4.1.8.3 熟练操作与管理船舶辅锅炉自动控制系统

1.4.1.8.4 熟练操作与管理船舶燃油黏度自动控制系统

1.4.1.8.5 熟练操作与管理主机(包括传统柴油机和电子控制柴油机)及其遥控系统

1.4.1.8.6 熟练操作与管理机舱监测报警系统

1.4.1.8.7 熟练操作与管理火灾报警系统

2.1.1.3 发电机

2.1.1.4 电力分配系统

2.1.1.5 电动机

2.1.1.6 电动机启动方法

2.1.1.7 高电压设备

2.1.1.8 照明设备

2.1.1.9 电缆

2.1.1.10 蓄电池

2.1.2 电子设备

2.1.2.1 基本电子电路元件

2.1.2.2 电子控制设备

2.1.2.3 自动控制系统流程图

2.1.3 控制系统

表 6.9(续 1)

培训课程(项目)	750 kW 及以上二、三管轮"船舶电气与自动化"课程

2.1.3.1 自动控制原理

2.1.3.2 自动控制方法

2.1.3.3 双位控制

2.1.3.4 时序控制

2.1.3.5 PID 控制

2.1.3.6 程序控制

2.1.3.7 过程值测量

2.1.3.8 信号变送

2.1.3.9 执行元件

2.2 电气和电子设备的维护与修理

2.2.1 有关电气系统工作的安全要求

2.2.2 电气系统设备、配电板、电动机、发电机和直流电气系统及设备的维护与修理

2.2.2.1 维护保养原理

2.2.2.2 发电机

2.2.2.3 配电盘

2.2.2.4 电动机

2.2.2.5 启动器

2.2.2.6 配电系统

2.2.2.7 直流电力系统及设备

2.2.3 电气系统故障诊断及防护

2.2.3.1 故障保护

2.2.3.2 故障定位

2.2.4 电气检测设备的结构及操作

2.2.5 电气设备功能、性能测试及配置

2.2.5.1 监测系统

2.2.5.2 自动控制设备

2.2.5.3 保护设备

2.2.6 电路图及简单电子电路图

二、课程采用教材

(1)《船舶电气设备管理与工艺》(第 3 版)(978 - 7 - 5632 - 3182 - 9),张春来、林叶春主编,大连海事大学出版社于 2016 年出版

(2)《船舶通信技术与业务》(978 - 7 - 5632 - 3882 - 8),王化民、李建民主编,大连海事大学出版社于 2020 年出版

(3)《电气与自动控制》,WHS 等自编,2020 年

(4)《电气与自动控制》(978 - 7 - 5632 - 3043 - 3),张亮主编,大连海事大学出版社于 2014 年出版

教材内容满足国家规定的培训大纲和水上交通安全、防治船舶污染的要求。

课程内容符合《海船船员培训大纲》(2016 版)750 kW 及以上二、三管轮的培训内容要求,培训内容覆盖《海船船员培训大纲》(2016 版)的内容要求。

结论:培训内容满足大纲和评估规范的要求。

表 6.9(续 2)

培训课程(项目)	750 kW 及以上二、三管轮"船舶电气与自动化"课程

培训课时:

大纲规定的培训课时为 148 课时,其中理论 130 课时,实操 18 课时。

本课程计划培训 166 课时,其中理论 138 课时,实操 28 课时。

培训课时和实操课时达到培训大纲的要求,能确保培训教学质量达到的适任要求。

结论:培训课时符合要求。

培训方式

培训方式目前采用理论与实操相结合,理论以集中进行培训方式为主,实操分组交叉同时进行培训。理论教学在多媒体教室进行,采用 PPT、影像资料、教学卡片等培训方式进行教学;实操以现场教学、实船训练等,先示范后训练的培训方式进行培训教学,能确保培训教学质量。

结论:培训方式可行。

培训师资

师资要求

根据《<中华人民共和国船员培训管理规则>实施办法》的要求,教员须满足下列条件:

1. 主推进动力装置、船舶辅机、船舶管理(轮机)教员须满足下列条件之一:

(1)具有不少于 1 年的相应等级大管轮任职资历,并具有不少于 2 年的教学经历;

(2)具有中级及以上职称,海上服务资历不少于 3 个月的机电专业教师:

2. 轮机英语和轮机英语听力与会话教员须满足下列条件之一:

(1)具有英语专业本科及以上学历,海上资历不少于 3 个月的专业教师;

(2)具有航海专业本科及以上学历,不少于 1 年的无限航区三管轮及以上任职资历,并具有不少于 1 年的专业英语教学/助教经验。

3. 船舶电气与自动化、电气和自动控制、船舶电工工艺和电气设备操作教员须满足下列条件之一:

(1)具有电子电气相关专业大专及以上学历,并具有不少于 2 年的海船电机员(持有船舶电机员证书)/电子电气员任职资历;

(2)具有船舶电气专业本科以上学历,具有中级及以上职称的专业教师,并具有不少于 1 年的教学经历;

(3)具有中级及以上职称,海上服务资历不少于 3 个月的电气自动化相关专业教师。

4. 动力设备拆装和动力设备操作教员须满足下列条件之一:

(1)具有不少于 1 年的大管轮或轮机长海上任职资历;

(2)具有相关专业中级及以上职称并具有 2 年及以上的教学经历的机电相关专业教师。

5. 机舱资源管理教员应满足下列条件之一:

(1)具有不少于 2 年的相应等级大管轮及以上任职资历;

(2)具有相关专业副高级及以上职称,并具有不少于 1 年海上服务资历的专业教师。

其他要求

1. 理论教员须自有。

2. 承担主推进动力装置、船舶辅机、船舶管理(轮机)教员至少各 1 名。

3. 金工工艺实训教员至少 4 名。

4. 机舱资源管理教员中至少 1 名为轮机长,且实训教员按照师生比 1:10 配备。其他实训教员按照师生比 1:20 配备,可外聘。

表 6.9（续 3）

培训课程（项目）	750 kW 及以上二、三管轮"船舶电气与自动化"课程

二、师资配备情况

序号	姓名	学历	所持证书	教学资历/月	船上服务资历/月	教学科目	是否自有	是否通过考试
1	ZSM	研究生	教授	204	15	船舶电气与自动化	是	是
2	ZJX	研究生	甲类二管轮/工程师	72	28	船舶电气与自动化	是	是
3	LTY	本科	甲类轮机长	100	150	船舶电气与自动化	是	是
4	DSX	本科	甲类轮机长	120	132	船舶电气与自动化	是	是
5	LHW	研究生	高级工程师	12	0	船舶电气自动化	是	是

三、培训师资论证结论

目前配备 5 名教员,5 名教员均符合教员要求条件,全部为自有教员,教学人员 80% 通过中华人民共和国海事局组织的师资考试。

结论:师资符合《中华人民共和国船员培训管理规则》教学人员的要求,能满足公司目前培训规模(40 人/班×4)的培训教学要求。

资源保障

1. 目前配备教学管理人员 23 人,能保障教学与培训日常教学管理。

2. 根据《中华人民共和国船员培训管理规则》对课程要求配备了规定的场地、设施及设备,保障课程开展教学与培训所需的场地、设施及设备。

3. 按要求建立了船员教育和培训质量体系,并建立相关规章制度和应急预案,保障课程培训安全及培训教学的正常开展。

4. 制订完善的教学实施计划,确保培训的教学质量。

通过对该课程以上资源的论证,该课程培训采用的培训教材和培训内容满足培训大纲和水上交通安全、防治船舶污染要求;教学人员的数量满足培训规模的需要,教学能力能胜任课程的培训目标;培训内容的理论和实操课时安排合理,符合培训大纲的相应要求;培训采用的培训方式合理,资源保障科学、有效,完成课程后能达到课程规定的适任标准,资源保障满足要求。

组长:YWQ

2020 年 8 月 17 日

表 6.9(续 4)

培训课程(项目)	750 kW 及以上二、三管轮"船舶电气与自动化"课程

对课程论证报告中提及的改进措施及完成日期:

培训机构负责人签名:JZX

2020 年 8 月 17 日

注:1. 论证报告应包括课程确认各个方面并进行具体评价,对每一方面的符合性分别出具结论,可另附页。
 2. 论证人员不少于 3 人,人员资格应附表说明。

6.5.2　课程论证人员资格情况

"船舶电气与自动化"课程论证人员资格情况见表 6.10。

表 6.10　"船舶电气与自动化"课程论证人员资格情况

序号	姓名	单位	性别	专业	职称	所持证书	签名
1							
2							

6.6　船舶辅机(热工与流力)

6.6.1　培训课程论证情况

"船舶辅机(热工与流力)"培训课程论证情况见表 6.11。

表 6.11　"船舶辅机(热工与流力)"培训课程论证情况

培训课程(项目)	750 kW 及以上二、三管轮"船舶辅机(热工与流力)"课程		
编制人员	GB、DSX、WL、ZSM、LTY、JZX 等		
论证人员	YWQ、SWL、YTM、HX、CM	论证时间	2020.8.17

培训内容
通过对该课程以下各模块的培训进行论证:
一、课程培训内容
包括工程热力学以及流体力学等章节内容。
具体包含培训大纲中的:
1.4.1.1 船用柴油机

表 6.11(续 1)

培训课程(项目)	750 kW 及以上二、三管轮"船舶辅机(热工与流力)"课程

1.4.1.1.1 热机循环

1.4.1.1.2 理想气体循环

1.4.1.2 船用蒸汽轮机(如适用)

1.4.1.2.1 郎肯循环

1.4.1.2.2 基本结构

1.4.1.2.3 工作原理

1.4.1.3 船用燃气轮机(如适用)

1.4.1.3.1 运行原理

1.4.1.3.2 基本结构

二、课程采用教材

(1)《船舶辅机》(978 – 7 – 5632 – 3385 – 4),陈海泉主编,大连海事大学出版社于 2016 年出版

(2)《轮机热工基础》(978 – 7 – 5632 – 3137 – 9),王斌主编,大连海事大学出版社于 2015 年出版

教材内容满足国家规定的培训大纲和水上交通安全、防治船舶污染的要求。

课程内容符合《海船船员培训大纲》(2016 版)750 kW 及以上二、三管轮的培训内容要求,培训内容覆盖《海船船员培训大纲》(2016 版)的内容要求。

结论:培训内容满足大纲和评估规范的要求。

培训课时:

大纲规定的培训课时为 48 课时,其中理论 48 课时,实操 0 课时。

本课程计划培训 48 课时,其中理论 48 课时,实操 0 课时。

培训课时和实操课时达到培训大纲的要求,能确保培训教学质量达到的适任要求。

结论:培训课时符合要求。

培训方式

培训方式目前采用理论与实操相结合,理论以集中进行培训方式为主,实操分组交叉同时进行培训。理论教学在多媒体教室进行,采用 PPT、影像资料、教学卡片等培训方式进行教学;实操以现场教学、实船训练等,先示范后训练的培训方式进行培训教学,能确保培训教学质量。

结论:培训方式可行。

培训师资

一、师资要求

根据《<中华人民共和国船员培训管理规则>实施办法》的要求,教员须满足下列条件:

1. 主推进动力装置、船舶辅机、船舶管理(轮机)教员须满足下列条件之一:

(1)具有不少于 1 年的相应等级大管轮任职资历,并具有不少于 2 年的教学经历;

(2)具有中级及以上职称,海上服务资历不少于 3 个月的机电专业教师。

2. 轮机英语和轮机英语听力与会话教员须满足下列条件之一:

(1)具有英语专业本科及以上学历,海上资历不少于 3 个月的专业教师;

(2)具有航海专业本科及以上学历,不少于 1 年的无限航区三管轮及以上任职资历,并具有不少于 1 年的专业英语教学/助教经验。

表 6.11（续 2）

培训课程（项目）	750 kW 及以上二、三管轮"船舶辅机（热工与流力）"课程

3. 船舶电气与自动化、电气和自动控制、船舶电工工艺和电气设备操作教员须满足下列条件之一：

（1）具有电子电气相关专业大专及以上学历，并具有不少于 2 年的海船电机员（持有船舶电机员证书）/电子电气员任职资历；

（2）具有船舶电气专业本科以上学历，具有中级及以上职称的专业教师，并具有不少于 1 年的教学经历；

（3）具有中级及以上职称，海上服务资历不少于 3 个月的电气自动化相关专业教师。

4. 动力设备拆装和动力设备操作教员须满足下列条件之一：

（1）具有不少于 1 年的大管轮或轮机长海上任职资历；

（2）具有相关专业中级及以上职称并具有 2 年及以上的教学经历的机电相关专业教师。

5. 机舱资源管理教员应满足下列条件之一：

（1）具有不少于 2 年的相应等级大管轮及以上任职资历；

（2）具有相关专业副高级及以上职称，并具有不少于 1 年海上服务资历的专业教师。

其他要求

1. 理论教员须自有。

2. 承担主推进动力装置、船舶辅机、船舶管理（轮机）教员至少各 1 名。

3. 金工工艺实训教员至少 4 名。

4. 机舱资源管理教员中至少 1 名为轮机长，且实训教员按照师生比 1∶10 配备。其他实训教员按照师生比 1∶20 配备，可外聘。

二、师资配备情况

序号	姓名	学历	所持证书	教学资历/月	船上服务资历/月	教学科目	是否自有	是否通过考试
1	LLH	本科	副教授	204	15	船舶辅机	是	是
2	LTY	本科	甲类轮机长	100	150	船舶辅机	是	是
3	DSX	本科	甲类轮机长	120	132	船舶辅机	是	是
4	GB	研究生	甲类三管轮/副教授	120	18	船舶辅机	是	是
5	ZJX	研究生/本科	甲类二管轮/信息工程师	72	28	船舶辅机	是	是

三、培训师资论证结论

目前配备 5 名教员，5 名教员均具有不少于 1 年的一等海船三管及以上任职资历，并应持有相关适任证书，全部为自有教员，教学人员 80% 通过中华人民共和国海事局组织的师资考试。

结论：师资符合《中华人民共和国船员培训管理规则》教学人员的要求，能满足公司目前培训规模（40 人/班 ×4）的培训教学要求。

表 6.11（续 3）

培训课程（项目）	750 kW 及以上二、三管轮"船舶辅机（热工与流力）"课程

资源保障

1. 目前配备教学管理人员 23 人,能保障教学与培训日常教学管理。

2. 根据《中华人民共和国船员培训管理规则》对课程要求配备了规定的场地、设施及设备,保障课程开展教学与培训所需的场地、设施及设备。

3. 按要求建立了船员教育和培训质量体系,并建立相关规章制度和应急预案,保障课程培训安全及培训教学的正常开展。

4. 制订完善的教学实施计划,确保培训的教学质量。

通过对该课程以上资源的论证,该课程培训采用的培训教材和培训内容满足培训大纲和水上交通安全、防治船舶污染要求;教学人员的数量满足培训规模的需要,教学能力能胜任课程的培训目标;培训内容的理论和实操课时安排合理,符合培训大纲的相应要求;培训采用的培训方式合理,资源保障科学、有效,完成课程后能达到课程规定的适任标准,资源保障满足要求。

组长:YWQ

2020 年 8 月 17 日

对课程论证报告中提及的改进措施及完成日期:

培训机构负责人签名:JZX

2020 年 8 月 17 日

注:1. 论证报告应包括课程确认各个方面并进行具体评价,对每一方面的符合性分别出具结论,可另附页。

　　2. 论证人员不少于 3 人,人员资格应附表说明。

6.6.2　课程论证人员资格情况

"船舶辅机（热工与流力）"课程论证人员资格情况见表 6.12。

表 6.12　"船舶辅机（热工与流力）"课程论证人员资格情况

序号	姓名	单位	性别	专业	职称	所持证书	签名
1							
2							

6.7　船　舶　辅　机

6.7.1　培训课程论证情况

"船舶辅机"培训课程论证情况见表6.13。

表 6.13　"船舶辅机"培训课程论证情况

培训课程(项目)	750 kW 及以上二、三管轮"船舶辅机"课程		
编制人员	GB、DSX、WL、ZSM、LTY、JZX 等		
论证人员	YWQ、SWL、YTM、HX、CM	论证时间	2020.8.17

培训内容

通过对该课程以下各模块的培训进行论证:

一、课程培训内容

包括船用泵和空气压缩机、甲板机械、船舶制冷装置和空气调节装置、船舶锅炉和海水淡化装置等章节内容。

具体包含培训大纲中的:

1.4.1.4 船用锅炉

1.4.1.4.1 蒸汽锅炉的燃油雾化及燃烧

1.4.1.4.2 船用锅炉基础

1.4.1.4.3 船用锅炉结构

1.4.1.4.4 船用锅炉附件及蒸汽分配

1.4.1.6 其他辅助设备

1.4.1.6.1.1 泵的工作原理

1.4.1.6.1.2 泵的类型

1.4.1.6.2.1 船舶制冷循环

1.4.1.6.2.2 制冷工作原理

1.4.1.6.2.3 制冷压缩机

1.4.1.6.2.4 制冷系统组件

1.4.1.6.2.5 盐水冷却系统

1.4.1.6.2.6 冷藏室

1.4.1.6.3 空调及通风系统

1.4.1.6.4 换热器

1.4.1.6.5 船用海水淡化装置

1.4.1.6.6 空压机及系统原理

1.4.1.6.7 分油机及燃油处理

1.4.1.6.8 热油加热系统

1.4.1.7 舵机

1.4.1.7.1 液压基础

1.4.1.7.2 舵机工作原理

表 6.13（续 1）

培训课程（项目）	750 kW 及以上二、三管轮"船舶辅机"课程

1.4.1.7.3 舵机电气控制

1.4.1.7.4 液压动力舵机系统

1.4.1.10 甲板机械

1.4.1.10.1 锚机与绞缆机

1.4.1.10.2 起货机

1.4.1.10.3 救生艇吊

二、课程采用教材

《船舶辅机》(978 − 7 − 5632 − 3385 − 4)，陈海泉主编，大连海事大学出版社于 2016 年出版

教材内容满足国家规定的培训大纲和水上交通安全、防治船舶污染的要求。

课程内容符合《海船船员培训大纲》(2016 版)750 kW 及以上二、三管轮的培训内容要求，培训内容覆盖《海船船员培训大纲》(2016 版)的内容要求。

结论：培训内容满足大纲和评估规范的要求。

培训课时：

大纲规定的培训课时为 106 课时，其中理论 106 课时，实操 0 课时。

本课程计划培训 106 课时，其中理论 106 课时，实操 0 课时。

培训课时和实操课时达到培训大纲的要求，能确保培训教学质量达到的适任要求。

结论：培训课时符合要求。

培训方式

培训方式目前采用理论与实操相结合，理论以集中进行培训方式为主，实操分组交叉同时进行培训。理论教学在多媒体教室进行，采用 PPT、影像资料、教学卡片等培训方式进行教学；实操以现场教学、实船训练等，先示范后训练的培训方式进行培训教学，能确保培训教学质量。

结论：培训方式可行。

培训师资

一、师资要求

根据《＜中华人民共和国船员培训管理规则＞实施办法》的要求，教员须满足下列条件：

1. 主推进动力装置、船舶辅机、船舶管理（轮机）教员须满足下列条件之一：

(1) 具有不少于 1 年的相应等级大管轮任职资历，并具有不少于 2 年的教学经历；

(2) 具有中级及以上职称，海上服务资历不少于 3 个月的机电专业教师。

2. 轮机英语和轮机英语听力与会话教员须满足下列条件之一：

(1) 具有英语专业本科及以上学历，海上资历不少于 3 个月的专业教师；

(2) 具有航海专业本科及以上学历，不少于 1 年的无限航区三管轮及以上任职资历，并具有不少于 1 年的专业英语教学/助教经验。

3. 船舶电气与自动化、电气和自动控制、船舶电工工艺和电气设备操作教员须满足下列条件之一：

(1) 具有电子电气相关专业大专及以上学历，并具有不少于 2 年的海船电机员（持有船舶电机员证书）/电子电气员任职资历；

表 6.13(续 2)

培训课程(项目)	750 kW 及以上二、三管轮"船舶辅机"课程

(2)具有船舶电气专业本科以上学历,具有中级及以上职称的专业教师,并具有不少于 1 年的教学经历;

(3)具有中级及以上职称,海上服务资历不少于 3 个月的电气自动化相关专业教师。

4.动力设备拆装和动力设备操作教员须满足下列条件之一:

(1)具有不少于 1 年的大管轮或轮机长海上任职资历;

(2)具有相关专业中级及以上职称并具有 2 年及以上的教学经历的机电相关专业教师。

5.机舱资源管理教员应满足下列条件之一:

(1)具有不少于 2 年的相应等级大管轮及以上任职资历;

(2)具有相关专业副高级及以上职称,并具有不少于 1 年海上服务资历的专业教师。

其他要求

1.理论教员须自有。

2.承担主推进动力装置、船舶辅机、船舶管理(轮机)教员至少各 1 名。

3.金工工艺实训教员至少 4 名。

4.机舱资源管理教员中至少 1 名为轮机长,且实训教员按照师生比 1∶10 配备。其他实训教员按照师生比 1∶20 配备,可外聘。

二、师资配备情况

序号	姓名	学历	所持证书	教学资历/月	船上服务资历/月	教学科目	是否自有	是否通过考试
1	LLH	本科	副教授	204	15	船舶辅机	是	是
2	LTY	本科	轮机管理	100	150	船舶辅机	是	是
3	DSX	本科	甲类轮机长	120	132	船舶辅机	是	是
4	YCA	中专	大管轮/高级实验师	180	72	船舶管理	是	是
5	ZJX	研究生/本科	甲类二管轮/工程师	72	28	船舶辅机	是	是

三、培训师资论证结论

目前配备 5 名教员,5 名教员均符合教员要求条件,全部为自有教员,教学人员 80%通过中华人民共和国海事局组织的师资考试。

结论:师资符合《中华人民共和国船员培训管理规则》教学人员的要求,能满足公司目前培训规模(40 人/班×4)的培训教学要求。

资源保障

1.目前配备教学管理人员 23 人,能保障教学与培训日常教学管理。

2.根据《中华人民共和国船员培训管理规则》对课程要求配备了规定的场地、设施及设备,保障课程开展教学与培训所需的场地、设施及设备。

3.按要求建立了船员教育和培训质量体系,并建立相关规章制度和应急预案,保障课程培训安全及培训教学的正常开展。

表 6.13(续 3)

培训课程(项目)	750 kW 及以上二、三管轮"船舶辅机"课程

4. 制订完善的教学实施计划,确保培训的教学质量。

通过对该课程以上资源的论证,该课程培训采用的培训教材和培训内容满足培训大纲和水上交通安全、防治船舶污染要求;教学人员的数量满足培训规模的需要,教学能力能胜任课程的培训目标;培训内容的理论和实操课时安排合理,符合培训大纲的相应要求;培训采用的培训方式合理,资源保障科学、有效,完成课程后能达到课程规定的适任标准,资源保障满足要求。

组长:YWQ
2020 年 8 月 17 日

对课程论证报告中提及的改进措施及完成日期:
培训机构负责人签名:JZX

2020 年 8 月 17 日

注:1. 论证报告应包括课程确认各个方面并进行具体评价,对每一方面的符合性分别出具结论,可另附页。
　 2. 论证人员不少于 3 人,人员资格应附表说明。

6.7.2　课程论证人员资格情况

"船舶辅机"课程论证人员资格情况见表 6.14。

表 6.14　"船舶辅机"课程论证人员资格情况

序号	姓名	单位	性别	专业	职称	所持证书	签名
1							
2							

6.8　主推进动力装置(机械基础)

6.8.1　培训课程论证情况

"主推进动力装置(机械基础)"培训课程论证情况见表 6.15。

表 6.15　"主推进动力装置(机械基础)"培训课程论证情况

培训课程(项目)	750 kW 及以上二、三管轮"主推进动力装置(机械基础)"课程		
编制人员	GB、DSX、WL、ZSM、LTY、JZX 等		
论证人员	YWQ、SWL、YTM、HX、CM	论证时间	2020.8.17

培训内容

通过对该课程以下各模块的培训进行论证:

一、课程培训内容

包含培训大纲中的:

3.1.1 船舶与设备建造和修理材料的使用特性与局限

3.1.1.1 金属冶炼和金属加工基础

3.1.1.2 特性与使用

3.1.1.3 非金属材料

3.1.2 船舶设备装配和修理材料处理的特性与局限

3.1.2.1 材料处理

3.1.2.2 碳钢热处理

3.1.3 船舶系统及组件装配和修理时应考虑的材料特性与参数

3.1.3.1 材料载荷

3.1.3.2 振动

3.2.2 适当的基础机械知识和技能

二、课程采用教材

(1)《主推进动力装置》(978 - 7 - 5632 - 3788 - 3),陈培红、邹俊杰主编,大连海事大学出版社于 2019 年出版

(2)《主推进动力装置》(978 - 7 - 5632 - 2733 - 4),李斌、王宏志、傅克阳主编,大连海事大学出版社/人民交通出版社于 2012 年出版

教材内容满足国家规定的培训大纲和水上交通安全、防治船舶污染的要求。

课程内容符合《海船船员培训大纲》(2016 版)750 kW 及以上二、三管轮的培训内容要求,培训内容覆盖《海船船员培训大纲》(2016 版)的内容要求。

结论:培训内容满足大纲和评估规范的要求。

培训课时:

大纲规定的培训课时为 38 课时,其中理论 38 课时,实操 0 课时。

本课程计划培训 38 课时,其中理论 38 课时,实操 0 课时。

培训课时和实操课时达到培训大纲的要求,能确保培训教学质量达到的适任要求。

结论:培训课时符合要求。

培训方式

培训方式目前采用理论与实操相结合,理论以集中进行培训方式为主,实操分组交叉同时进行培训。理论教学在多媒体教室进行,采用 PPT、影像资料、教学卡片等培训方式进行教学;实操以现场教学、实船训练等,先示范后训练的培训方式进行培训教学,能确保培训教学质量。

结论:培训方式可行。

表 6.15(续 1)

培训课程(项目)	750 kW 及以上二、三管轮"主推进动力装置(机械基础)"课程

培训师资

一、师资要求

根据《<中华人民共和国船员培训管理规则>实施办法》的要求,教员须满足下列条件:

1. 主推进动力装置、船舶辅机、船舶管理(轮机)教员须满足下列条件之一:

(1)具有不少于 1 年的相应等级大管轮任职资历,并具有不少于 2 年的教学经历;

(2)具有中级及以上职称,海上服务资历不少于 3 个月的机电专业教师。

2. 轮机英语和轮机英语听力与会话教员须满足下列条件之一:

(1)具有英语专业本科及以上学历,海上资历不少于 3 个月的专业教师;

(2)具有航海专业本科及以上学历,不少于 1 年的无限航区三管轮及以上任职资历,并具有不少于 1 年的专业英语教学/助教经验。

3. 船舶电气与自动化、电气和自动控制、船舶电工工艺和电气设备操作教员须满足下列条件之一:

(1)具有电子电气相关专业大专及以上学历,并具有不少于 2 年的海船电机员(持有船舶电机员证书)/电子电气员任职资历;

(2)具有船舶电气专业本科以上学历,具有中级及以上职称的专业教师,并具有不少于 1 年的教学经历;

(3)具有中级及以上职称,海上服务资历不少于 3 个月的电气自动化相关专业教师。

4. 动力设备拆装和动力设备操作教员应具有不少于 1 年的大管轮或轮机长海上任职资历;或具有相关专业中级及以上职称并具有 2 年及以上的教学经历的机电相关专业教师。

5. 机舱资源管理教员应满足下列条件之一:

(1)具有不少于 2 年的相应等级大管轮及以上任职资历;

(2)具有相关专业副高级及以上职称,并具有不少于 1 年海上服务资历的专业教师。

其他要求

1. 理论教员须自有。

2. 承担主推进动力装置、船舶辅机、船舶管理(轮机)教员至少各 1 名。

3. 金工工艺实训教员至少 4 名。

4. 机舱资源管理教员中至少 1 名为轮机长,且实训教员按照师生比 1:10 配备。其他实训教员按照师生比 1:20 配备,可外聘。

二、师资配备情况

序号	姓名	学历	所持证书	教学资历/月	船上服务资历/月	教学科目	是否自有	是否通过考试
1	TRS	本科	副教授	330	12	轮机机械基础	是	是
2	WL	研究生	轮机工程	24	6	轮机机械基础	是	是
3	DSX	本科	甲类轮机长	120	132	轮机机械基础	是	是
4	GB	研究生	甲类三管轮/副教授	120	18	轮机机械基础	是	是
5	LTY	本科	轮机管理	100	150	轮机机械基础	是	是

表 6.15（续 2）

培训课程（项目）	750 kW 及以上二、三管轮"主推进动力装置（机械基础）"课程

三、培训师资论证结论

目前配备 5 名教员,5 名教员均符合教员要求条件,全部为自有教员,教学人员 80% 通过中华人民共和国海事局组织的师资考试。

结论:师资符合《中华人民共和国船员培训管理规则》教学人员的要求,能满足公司目前培训规模(40 人/班×4)的培训教学要求。

资源保障

1. 目前配备教学管理人员 23 人,能保障教学与培训日常教学管理。

2. 根据《中华人民共和国船员培训管理规则》对课程要求配备了规定的场地、设施及设备,保障课程开展教学与培训所需的场地、设施及设备。

3. 按要求建立了船员教育和培训质量体系,并建立相关规章制度和应急预案,保障课程培训安全及培训教学的正常开展。

4. 制订完善的教学实施计划,确保培训的教学质量。

通过对该课程以上资源的论证,该课程培训采用的培训教材和培训内容满足培训大纲和水上交通安全、防治船舶污染要求;教学人员的数量满足培训规模的需要,教学能力能胜任课程的培训目标;培训内容的理论和实操课时安排合理,符合培训大纲的相应要求;培训采用的培训方式合理,资源保障科学、有效,完成课程后能达到课程规定的适任标准,资源保障满足要求。

组长:YWQ
2020 年 8 月 17 日

对课程论证报告中提及的改进措施及完成日期:

培训机构负责人签名:JZX

2020 年 8 月 17 日

注:1. 论证报告应包括课程确认各个方面并进行具体评价,对每一方面的符合性分别出具结论,可另附页。

　　2. 论证人员不少于 3 人,人员资格应附表说明。

6.8.2　课程论证人员资格情况

"主推进动力装置（机械基础）"课程论证人员资格培训见表 6.16。

表 6.16　"主推进动力装置（机械基础）"课程论证人员资格培训

序号	姓名	单位	性别	专业	职称	所持证书	签名
1							
2							

6.9　主推进动力装置

6.9.1　培训课程论证情况

"主推进动力装置"培训课程论证情况见表 6.17。

表 6.17　"主推进动力装置"培训课程论证情况

培训课程(项目)	750 kW 及以上二、三管轮"主推进动力装置"课程		
编制人员	GB、DSX、WL、ZSM、LTY、JZX 等		
论证人员	YWQ、SWL、YTM、HX、CM	论证时间	2020.8.17

培训内容

通过对该课程以下各模块的培训进行论证：

一、课程培训内容

包括柴油机基本知识,柴油机吊缸,检查与测量,换气机构的拆装、检查与调整操作,增压器拆装,喷油设备的拆装、检查和调整,油机拆装操作,柴油机的操作,柴油机测试等内容。

具体包含培训大纲中的：

1.4.1.1.3 柴油机燃油的雾化与燃烧

1.4.1.1.4 柴油机类型

1.4.1.1.5 柴油机原理

1.4.1.1.6 柴油机基本结构

1.4.1.1.7 柴油机电子控制技术

1.4.1.5 推进轴系及螺旋桨

1.4.1.5.1 推进轴系

1.4.1.5.2 螺旋桨

1.4.3 机械设备及控制系统的准备、运行、故障检测及防止损坏的必要措施

1.4.3.1 主机及相关辅助设备

二、课程采用教材

(1)《主推进动力装置》(978 - 7 - 5632 - 2733 - 4),李斌、王宏志、傅克阳主编,大连海事大学出版社/人民交通出版社于 2012 年出版

(2)《主推进动力装置》(978 - 7 - 5632 - 3788 - 3),陈培红、邹俊杰主编,大连海事大学出版社于 2019 年出版

教材内容满足国家规定的培训大纲和水上交通安全、防治船舶污染的要求。

课程内容符合《海船船员培训大纲》(2016 版)750 kW 及以上二、三管轮的培训内容要求,培训内容覆盖《海船船员培训大纲》(2016 版)的内容要求。

结论:培训内容满足大纲和评估规范的要求。

表 6.17(续 1)

培训课程(项目)	750 kW 及以上二、三管轮"主推进动力装置"课程

培训课时:

大纲规定的培训课时为 57 课时,其中理论 57 课时,实操 0 课时。

本课程计划培训 74 课时,其中理论 74 课时,实操 0 课时。

培训课时和实操课时达到培训大纲的要求,能确保培训教学质量达到的适任要求。

结论:培训课时符合要求。

培训方式

培训方式目前采用理论与实操相结合,理论以集中进行培训方式为主,实操分组交叉同时进行培训。理论教学在多媒体教室进行,采用 PPT、影像资料、教学卡片等培训方式进行教学;实操以现场教学、实船训练等,先示范后训练的培训方式进行培训教学,能确保培训教学质量。

结论:培训方式可行。

培训师资

一、师资要求

根据《<中华人民共和国船员培训管理规则>实施办法》的要求,教员须满足下列条件:

1. 主推进动力装置、船舶辅机、船舶管理(轮机)教员须满足下列条件之一:

(1)具有不少于 1 年的相应等级大管轮任职资历,并具有不少于 2 年的教学经历;

(2)具有中级及以上职称,海上服务资历不少于 3 个月的机电专业教师。

2. 轮机英语和轮机英语听力与会话教员须满足下列条件之一:

(1)具有英语专业本科及以上学历,海上资历不少于 3 个月的专业教师;

(2)具有航海专业本科及以上学历,不少于 1 年的无限航区三管轮及以上任职资历,并具有不少于 1 年的专业英语教学/助教经验。

3. 船舶电气与自动化、电气和自动控制、船舶电工工艺和电气设备操作教员须满足下列条件之一:

(1)具有电子电气相关专业大专及以上学历,并具有不少于 2 年的海船电机员(持有船舶电机员证书)/电子电气员任职资历;

(2)具有船舶电气专业本科以上学历,具有中级及以上职称的专业教师,并具有不少于 1 年的教学经历;

(3)具有中级及以上职称,海上服务资历不少于 3 个月的电气自动化相关专业教师。

4. 动力设备拆装和动力设备操作教员须满足下列条件之一:

(1)具有不少于 1 年的大管轮或轮机长海上任职资历;

(2)具有相关专业中级及以上职称并具有 2 年及以上的教学经历的机电相关专业教师。

5. 机舱资源管理教员应满足下列条件之一:

(1)具有不少于 2 年的相应等级大管轮及以上任职资历;

(2)具有相关专业副高级及以上职称,并具有不少于 1 年海上服务资历的专业教师。

其他要求

1. 理论教员须自有。

2. 承担主推进动力装置、船舶辅机、船舶管理(轮机)教员至少各 1 名。

3. 金工工艺实训教员至少 4 名。

4. 机舱资源管理教员中至少 1 名为轮机长,且实训教员按照师生比 1:10 配备。其他实训教员按照师生比 1:20 配备,可外聘。

表 6.17（续 2）

培训课程（项目）	750 kW 及以上二、三管轮《主推进动力装置》课程

二、师资配备情况

序号	姓名	学历	所持证书	教学资历/月	船上服务资历/月	教学科目	是否自有	是否通过考试
1	DSX	本科	甲类轮机长	120	132	主推进动力装置	是	是
2	GB	研究生	甲类三管轮/副教授	120	18	主推进动力装置	是	是
3	LTY	本科	甲类轮机长	100	150	主推进动力装置	是	是
4	CWB	本科	轮机讲师	240	15	主推进动力装置	是	是
5	TRS	本科	副教授	330	12	主推进动力装置	是	是
6	ZJX	研究生/本科	甲类二管轮/工程师	72	28	船舶辅机	是	是

三、培训师资论证结论

目前配备 6 名教员，6 名教员均符合师资要求条件，全部为自有教员，教学人员 80% 以上通过中华人民共和国海事局组织的师资考试。

结论：师资符合《中华人民共和国船员培训管理规则》教学人员的要求，能满足公司目前培训规模（40 人/班 ×4）的培训教学要求。

资源保障

1. 目前配备教学管理人员 23 人，能保障教学与培训日常教学管理。

2. 根据《中华人民共和国船员培训管理规则》对课程要求配备了规定的场地、设施及设备，保障课程开展教学与培训所需的场地、设施及设备。

3. 按要求建立了船员教育和培训质量体系，并建立相关规章制度和应急预案，保障课程培训安全及培训教学的正常开展。

4. 制订完善的教学实施计划，确保培训的教学质量。

通过对该课程以上资源的论证，该课程培训采用的培训教材和培训内容满足培训大纲和水上交通安全、防治船舶污染要求；教学人员的数量满足培训规模的需要，教学能力能胜任课程的培训目标；培训内容的理论和实操课时安排合理，符合培训大纲的相应要求；培训采用的培训方式合理，资源保障科学、有效，完成课程后能达到课程规定的适任标准，资源保障满足要求。

组长：

2020 年 8 月 17 日

表 **6.17**(续 3)

培训课程(项目)	750 kW 及以上二、三管轮"主推进动力装置"课程

对课程论证报告中提及的改进措施及完成日期:

培训机构负责人签名:

2020 年 8 月 17 日

注:1. 论证报告应包括课程确认各个方面并进行具体评价,对每一方面的符合性分别出具结论,可另附页。

　　2. 论证人员不少于 3 人,人员资格应附表说明。

6.9.2　课程论证人员资格情况

"主推进动力装置"课程论证人员资格情况见表 6.18。

表 6.18　"主推进动力装置"课程论证人员资格情况

序号	姓名	单位	性别	专业	职称	所持证书	签名
1							
2							

6.10　动力设备操作

6.10.1　课程论证情况

"动力设备操作"课程论证情况见表 6.19。

表 6.19　"动力设备操作"课程论证情况

培训课程(项目)	750 kW 及以上二、三管轮"动力设备操作"课程		
编制人员	GB、DSX、WL、ZSM、LTY、JZX 等		
论证人员	YWQ、SWL、YTM、HX、CM	论证时间	2020.8.17

培训内容

通过对该课程以下各模块的培训进行论证:

一、课程培训内容

包括船舶主柴油机操作管理、船舶辅锅炉、冷炉点火的操作与管理、发电柴油机的操作与管理、活塞式空气压缩机操作与管理、分油机的操作和运行管理、油水分离器的操作和运行管理、造水机的操作和运行管理、

表 6.19（续 1）

培训课程（项目）	750 kW 及以上二、三管轮"动力设备操作"课程

液压甲板机械操作管理、泵系操作等章节内容。

具体包含培训大纲中的：

1.4.2 推进装置及控制系统的安全操作

1.4.2.1 主机的安全保护项目与安全保护功能

1.4.2.2 主锅炉的安全保护项目与安全保护功能

1.4.2.3 电力故障（全船停电）

1.4.2.4 其他设备及装置的应急程序

1.5 燃油系统、滑油系统、压载水系统和其他泵系及其相关控制系统的操作

1.5.1 泵与管系的工作特性（包括控制系统）

1.5.2 泵系统的操作

1.5.3 油水分离器及类似设备的操作

4.1.2 防污染程序及相关设备

4.1.2.1 排油控制

4.1.2.4 污水处理装置、焚烧炉和压载水处理装置的操作程序

二、课程采用教材

(1)《轮机动力设备操作与管理》(978 – 7 – 5632 – 3524 – 7)，李忠辉、王永坚、刘建华主编，大连海事大学出版社于 2017 年出版

(2)《动力设备操作》，WHS 等自编，2020 年

教材内容满足国家规定的培训大纲和水上交通安全、防治船舶污染的要求。

课程内容符合《海船船员培训大纲》(2016 版)750 kW 及以上二、三管轮的培训内容要求，培训内容覆盖《海船船员培训大纲》(2016 版)的内容要求。

结论：培训内容满足大纲和评估规范的要求。

培训课时：

大纲规定的培训课时为 38 课时，其中理论 0 课时，实操 38 课时。

本课程计划培训 46 课时，其中理论 0 课时，实操 46 课时。

培训课时和实操课时达到培训大纲的要求，能确保培训教学质量达到的适任要求。

结论：培训课时符合要求。

培训方式

培训方式目前采用理论与实操相结合，理论以集中进行培训方式为主，实操分组交叉同时进行培训。理论教学在多媒体教室进行，采用 PPT、影像资料、教学卡片等培训方式进行教学；实操以现场教学、实船训练等，先示范后训练的培训方式进行培训教学，能确保培训教学质量。

结论：培训方式可行。

培训师资

一、师资要求

根据《＜中华人民共和国船员培训管理规则＞实施办法》的要求，教员须满足下列条件：

表 6.19(续 2)

培训课程(项目)	750 kW 及以上二、三管轮"动力设备操作"课程

1. 主推进动力装置、船舶辅机、船舶管理(轮机)教员须满足下列条件之一:

(1)具有不少于 1 年的相应等级大管轮任职资历,并具有不少于 2 年的教学经历;

(2)具有中级及以上职称,海上服务资历不少于 3 个月的机电专业教师。

2. 轮机英语和轮机英语听力与会话教员须满足下列条件之一:

(1)具有英语专业本科及以上学历,海上资历不少于 3 个月的专业教师;

(2)具有航海专业本科及以上学历,不少于 1 年的无限航区三管轮及以上任职资历,并具有不少于 1 年的专业英语教学/助教经验。

3. 船舶电气与自动化、电气和自动控制、船舶电工工艺和电气设备操作教员须满足下列条件之一:

(1)具有电子电气相关专业大专及以上学历,并具有不少于 2 年的海船电机员(持有船舶电机员证书)/电子电气员任职资历;

(2)具有船舶电气专业本科以上学历,具有中级及以上职称的专业教师,并具有不少于 1 年的教学经历;

(3)具有中级及以上职称,海上服务资历不少于 3 个月的电气自动化相关专业教师。

4. 动力设备拆装和动力设备操作教员须满足下列条件之一:

(1)具有不少于 1 年的大管轮或轮机长海上任职资历;

(2)具有相关专业中级及以上职称并具有 2 年及以上的教学经历的机电相关专业教师。

5. 机舱资源管理教员应满足下列条件之一:

(1)具有不少于 2 年的相应等级大管轮及以上任职资历;

(2)具有相关专业副高级及以上职称,并具有不少于 1 年海上服务资历的专业教师。

其他要求

1. 理论教员须自有。

2. 承担主推进动力装置、船舶辅机、船舶管理(轮机)教员至少各 1 名。

3. 金工工艺实训教员至少 4 名。

4. 机舱资源管理教员中至少 1 名为轮机长,且实训教员按照师生比 1:10 配备。其他实训教员按照师生比 1:20 配备,可外聘。

二、师资配备情况

序号	姓名	学历	所持证书	教学资历/月	船上服务资历/月	教学科目	是否自有	是否通过考试
1	DSX	本科	甲类轮机长	120	132	动力设备操作	是	是
2	LTY	本科	甲类轮机长	100	150	动力设备操作	是	是
3	GB	研究生	甲类三管轮/副教授	120	18	动力设备操作	是	是
4	WHS	轮机管理	实验师/内河二等轮机长	136	84	动力设备操作	是	是
5	HFP	大专	轮机实验师	168	24	动力设备操作	是	是
6	ZMQ	中专	轮机实验师	156	36	动力设备操作	是	是

表 6.19（续 3）

培训课程（项目）	750 kW 及以上二、三管轮"动力设备操作"课程

三、培训师资论证结论

目前配备 6 名教员,6 名教员均符合教员要求条件,全部为自有教员,教学人员 80% 以上通过中华人民共和国海事局组织的师资考试。

结论:师资符合《中华人民共和国船员培训管理规则》教学人员的要求,能满足公司目前培训规模(40 人/班×4)的培训教学要求。

资源保障

1. 目前配备教学管理人员 23 人,能保障教学与培训日常教学管理。

2. 根据《中华人民共和国船员培训管理规则》对课程要求配备了规定的场地、设施及设备,保障课程开展教学与培训所需的场地、设施及设备。

3. 按要求建立了船员教育和培训质量体系,并建立相关规章制度和应急预案,保障课程培训安全及培训教学的正常开展。

4. 制订完善的教学实施计划,确保培训的教学质量。

通过对该课程以上资源的论证,该课程培训采用的培训教材和培训内容满足培训大纲和水上交通安全、防治船舶污染要求;教学人员的数量满足培训规模的需要,教学能力能胜任课程的培训目标;培训内容的理论和实操课时安排合理,符合培训大纲的相应要求;培训采用的培训方式合理,资源保障科学、有效,完成课程后能达到课程规定的适任标准,资源保障满足要求。

组长:

2020 年 8 月 17 日

对课程论证报告中提及的改进措施及完成日期:

培训机构负责人签名:

2020 年 8 月 17 日

注:1. 论证报告应包括课程确认各个方面并进行具体评价,对每一方面的符合性分别出具结论,可另附页。

　　2. 论证人员不少于 3 人,人员资格应附表说明。

6.10.2　课程论证人员资格情况

"动力设备操作"课程论证人员资格情况见表 6.20。

表 6.20　"动力设备操作"课程论证人员资格情况

序号	姓名	单位	性别	专业	职称	所持证书	签名
1							
2							

6.11　电工电子技术

6.11.1　培训课程论证情况

"电工电子技术"培训课程论证情况见表 6.21。

表 6.21　"电工电子技术"培训课程论证情况

培训课程(项目)	750 kW 及以上二、三管轮"电工电子技术"课程		
编制人员	GB、DSX、WL、ZSM、LTY、JZX 等		
论证人员	YWQ、SWL、YTM、HXCM	论证时间	2020.8.17

培训内容

通过对该课程以下各模块的培训进行论证:

一、课程培训内容

包括交流信息,燃油和备件的供给、修理、接船、船检、防污等章节内容。

具体包含培训大纲中的:

2.1.1 电气工程基础

2.1.1.1 电气理论

2.1.1.2 交流电基础

二、课程采用教材

(1)《船舶电气与自动化(船舶电气)》(978 – 7 – 5632 – 2734 – 1),张春来、林叶春主编,大连海事大学出版社/人民交通出版社于 2012 年出版

(2)《船舶电气与自动化(船舶自动化)》(978 – 7 – 5632 – 2704 – 4),林叶锦、徐善林主编,大连海事大学出版社/人民交通出版社于 2012 年出版

(3)《船舶电气设备管理与工艺》(第 3 版)(978 – 7 – 5632 – 3182 – 9),张春来、吴浩峻主编,大连海事大学出版社于 2016 年出版

(4)《船舶通信技术与业务》(978 – 7 – 5632 – 3882 – 8),王化民、李建民主编,大连海事大学出版社于 2020 年出版

教材内容满足国家规定的培训大纲和水上交通安全、防治船舶污染的要求。

课程内容符合《海船船员培训大纲》(2016 版)750 kW 及以上二、三管轮的培训内容要求,培训内容覆盖《海船船员培训大纲》(2016 版)的内容要求。

结论:培训内容满足大纲和评估规范的要求。

培训课时:

大纲规定的培训课时为 46 课时,其中理论 46 课时,实操 0 课时。

本课程计划培训 46 课时,其中理论 46 课时,实操 0 课时。

培训课时和实操课时达到培训大纲的要求,能确保培训教学质量达到的适任要求。

结论:培训课时符合要求。

表 6.21（续 1）

培训课程（项目）	750 kW 及以上二、三管轮"电工电子技术"课程

培训方式

培训方式目前采用理论与实操相结合,理论以集中进行培训方式为主,实操分组交叉同时进行培训。理论教学在多媒体教室进行,采用 PPT、影像资料、教学卡片等培训方式进行教学;实操以现场教学、实船训练等,先示范后训练的培训方式进行培训教学,能确保培训教学质量。

结论:培训方式可行。

培训师资

一、师资要求

根据《<中华人民共和国船员培训管理规则>实施办法》的要求,教员须满足下列条件:

1. 主推进动力装置、船舶辅机、船舶管理(轮机)教员须满足下列条件之一:

(1)具有不少于 1 年的相应等级大管轮任职资历,并具有不少于 2 年的教学经历;

(2)具有中级及以上职称,海上服务资历不少于 3 个月的机电专业教师。

2. 轮机英语和轮机英语听力与会话教员须满足下列条件之一:

(1)具有英语专业本科及以上学历,海上资历不少于 3 个月的专业教师;

(2)具有航海专业本科及以上学历,不少于 1 年的无限航区三管轮及以上任职资历,并具有不少于 1 年的专业英语教学/助教经验。

3. 船舶电气与自动化、电气和自动控制、船舶电工工艺和电气设备操作教员须满足下列条件之一:

(1)具有电子电气相关专业大专及以上学历,并具有不少于 2 年的海船电机员(持有船舶电机员证书)/电子电气员任职资历;

(2)具有船舶电气专业本科以上学历,具有中级及以上职称的专业教师,并具有不少于 1 年的教学经历;

(3)具有中级及以上职称,海上服务资历不少于 3 个月的电气自动化相关专业教师。

4. 动力设备拆装和动力设备操作教员须满足下列条件之一:

(1)具有不少于 1 年的大管轮或轮机长海上任职资历;

(2)或具有相关专业中级及以上职称并具有 2 年及以上的教学经历的机电相关专业教师。

5. 机舱资源管理教员应满足下列条件之一:

(1)具有不少于 2 年的相应等级大管轮及以上任职资历;

(2)具有相关专业副高级及以上职称,并具有不少于 1 年海上服务资历的专业教师。

其他要求

1. 理论教员须自有。

2. 承担主推进动力装置、船舶辅机、船舶管理(轮机)教员至少各 1 名。

3. 金工工艺实训教员至少 4 名。

4. 机舱资源管理教员中至少 1 名为轮机长,且实训教员按照师生比 1:10 配备。其他实训教员按照师生比 1:20 配备,可外聘。

二、师资配备情况

序号	姓名	学历	所持证书	教学资历/月	船上服务资历/月	教学科目	是否自有	是否通过考试
1	ZSM	研究生	教授	204	15	船舶电气与自动化	是	是

表 6.21(续 2)

培训课程(项目)	750 kW 及以上二、三管轮"电工电子技术"课程

(续)

序号	姓名	学历	所持证书	教学资历/月	船上服务资历/月	教学科目	是否自有	是否通过考试
2	ZJX	研究生	甲类二管轮/工程师	72	28	船舶电气与自动化	是	是
3	DSX	本科	甲类轮机长	120	132	船舶电气与自动化	是	是
4	LHW	研究生	高级工程师	12	0	船舶电气自动化	是	是
5	ZXL	本科	电子电气员	12	50	船舶电气自动化	是	是

三、培训师资论证结论

目前配备 5 名教员,5 名教员均符合师资要求条件,全部为自有教员,教学人员 80% 通过中华人民共和国海事局组织的师资考试。

结论:师资符合《中华人民共和国船员培训管理规则》教学人员的要求,能满足公司目前培训规模(40 人/班×4)的培训教学要求。

资源保障

1. 目前配备教学管理人员 23 人,能保障教学与培训日常教学管理。

2. 根据《中华人民共和国船员培训管理规则》对课程要求配备了规定的场地、设施及设备,保障课程开展教学与培训所需的场地、设施及设备。

3. 按要求建立了船员教育和培训质量体系,并建立相关规章制度和应急预案,保障课程培训安全及培训教学的正常开展。

4. 制订完善的教学实施计划,确保培训的教学质量。

通过对该课程以上资源的论证,该课程培训采用的培训教材和培训内容满足培训大纲和水上交通安全、防治船舶污染要求;教学人员的数量满足培训规模的需要,教学能力能胜任课程的培训目标;培训内容的理论和实操课时安排合理,符合培训大纲的相应要求;培训采用的培训方式合理,资源保障科学、有效,完成课程后能达到课程规定的适任标准,资源保障满足要求。

组长:

2020 年 8 月 17 日

表 6.21(续 3)

培训课程(项目)	750 kW 及以上二、三管轮"电工电子技术"课程

对课程论证报告中提及的改进措施及完成日期：

培训机构负责人签名：

2020 年 8 月 17 日

注:1. 论证报告应包括课程确认各个方面并进行具体评价,对每一方面的符合性分别出具结论,可另附页。

　　2. 论证人员不少于 3 人,人员资格应附表说明。

6.11.2　课程论证人员资格情况

"电工电子技术"课程论证人员资格情况见表 6.22。

表 6.22　"电工电子技术"课程论证人员资格情况

序号	姓名	单位	性别	专业	职称	所持证书	签名
1							
2							

6.12　船舶电工工艺与电气设备

6.12.1　培训课程论证情况

"船舶电工工艺与电气设备"培训课程论证情况见表 6.23。

表 6.23　"船舶电工工艺与电气设备"培训课程论证情况

培训课程(项目)	750 kW 及以上二、三管轮"船舶电工工艺与电气设备"课程		
编制人员	GB、DSX、WL、ZSM、LTY、JZX 等		
论证人员	YWQ、SWL、YTM、HX、CM	论证时间	2020.8.17

培训内容

通过对该课程以下各模块的培训进行论证:

一、课程培训内容

包括万用表的使用、钳形电流表的使用、交流电压表和电流表的使用、便携式兆欧表的使用、继电器与接触器的维护和参数调整、电气控制箱的维护与保养、常见电机的维护保养等章节内容。

表 6.23(续 1)

培训课程(项目)	750 kW 及以上二、三管轮"船舶电工工艺与电气设备"课程

具体包含培训大纲中的:

2.1.1 电气工程基础

2.1.2 电子设备

2.1.2.1 基本电子电路元件

2.1.2.2 电子控制设备

2.1.2.3 自动控制系统流程图

2.2.2.1 维护保养原理

2.2.2.2 发电机

2.2.2.3 配电盘

2.2.2.4 电动机

2.2.2.5 启动器

2.2.2.6 配电系统

2.2.2.7 直流电力系统及设备

2.2.6 电路图及简单电子电路图

二、课程采用教材

(1)《船舶电工工艺与电气设备》(978 – 7 – 5632 – 2968 – 0),鲍军晖主编,大连海事大学出版社于 2014 年出版

(2)《船舶电气设备管理与工艺》(第 3 版)(978 – 7 – 5632 – 3182 – 9),张春来、吴浩峻主编,大连海事大学出版社于 2016 年出版

教材内容满足国家规定的培训大纲和水上交通安全、防治船舶污染的要求。

课程内容符合《海船船员培训大纲》(2016 版)750 kW 及以上二、三管轮的培训内容要求,培训内容覆盖《海船船员培训大纲》(2016 版)的内容要求。

结论:培训内容满足大纲和评估规范的要求。

培训课时:

大纲规定的培训课时为 36 课时,其中理论 0 课时,实操 36 课时。

本课程计划培训 36 课时,其中理论 0 课时,实操 36 课时。

培训课时和实操课时达到培训大纲的要求,能确保培训教学质量达到的适任要求。

结论:培训课时符合要求。

培训方式

培训方式目前采用理论与实操相结合,理论以集中进行培训方式为主,实操分组交叉同时进行培训。理论教学在多媒体教室进行,采用 PPT、影像资料、教学卡片等培训方式进行教学;实操以现场教学、实船训练等,先示范后训练的培训方式进行培训教学,能确保培训教学质量。

结论:培训方式可行。

表 6.23(续 2)

培训课程(项目)	750 kW 及以上二、三管轮《船舶电工工艺与电气设备》课程

培训师资

一、师资要求

根据《<中华人民共和国船员培训管理规则>实施办法》的要求,教员须满足下列条件:

1. 主推进动力装置、船舶辅机、船舶管理(轮机)教员须满足下列条件之一:

(1)具有不少于 1 年的相应等级大管轮任职资历,并具有不少于 2 年的教学经历;

(2)具有中级及以上职称,海上服务资历不少于 3 个月的机电专业教师。

2. 轮机英语和轮机英语听力与会话教员须满足下列条件之一:

(1)具有英语专业本科及以上学历,海上资历不少于 3 个月的专业教师;

(2)具有航海专业本科及以上学历,不少于 1 年的无限航区三管轮及以上任职资历,并具有不少于 1 年的专业英语教学/助教经验。

3. 船舶电气与自动化、电气和自动控制、船舶电工工艺和电气设备操作教员须满足下列条件之一:

(1)具有电子电气相关专业大专及以上学历,并具有不少于 2 年的海船电机员(持有船舶电机员证书)/电子电气员任职资历;

(2)具有船舶电气专业本科以上学历,具有中级及以上职称的专业教师,并具有不少于 1 年的教学经历;

(3)具有中级及以上职称,海上服务资历不少于 3 个月的电气自动化相关专业教师。

4. 动力设备拆装和动力设备操作教员须满足下列条件之一:

(1)具有不少于 1 年的大管轮或轮机长海上任职资历;

(2)具有相关专业中级及以上职称并具有 2 年及以上的教学经历的机电相关专业教师。

5. 机舱资源管理教员应满足下列条件之一:

(1)具有不少于 2 年的相应等级大管轮及以上任职资历;

(2)具有相关专业副高级及以上职称,并具有不少于 1 年海上服务资历的专业教师。

其他要求

1. 理论教员须自有。

2. 承担主推进动力装置、船舶辅机、船舶管理(轮机)教员至少各 1 名。

3. 金工工艺实训教员至少 4 名。

4. 机舱资源管理教员中至少 1 名为轮机长,且实训教员按照师生比 1∶10 配备。其他实训教员按照师生比 1∶20 配备,可外聘。

二、师资配备情况

序号	姓名	学历	所持证书	教学资历/月	船上服务资历/月	教学科目	是否自有	是否通过考试
1	LHZ	大专	轮机高级实验师	120	12	船舶电工工艺与电气设备	是	是
2	DSX	本科	甲类轮机长	120	132	船舶电工工艺与电气设备	是	是
3	ZJX	研究生	甲类二管轮/工程师	72	28	船舶电气与自动化	是	是

表 6.23(续3)

培训课程(项目)	750 kW 及以上二、三管轮"船舶电工工艺与电气设备"课程

(续)

序号	姓名	学历	所持证书	教学资历/月	船上服务资历/月	教学科目	是否自有	是否通过考试
4	LTY	本科	甲类轮机长	100	150	船舶电工工艺与电气设备	是	是
5	HFP	大专	轮机实验师	168	24	船舶电工工艺与电气设备	是	是

三、培训师资论证结论

目前配备 5 名教员,5 名教员均符合师资要求条件,全部为自有教员,教学人员 80% 通过中华人民共和国海事局组织的师资考试。

结论:师资符合《中华人民共和国船员培训管理规则》教学人员的要求,能满足公司目前培训规模(40 人/班×4)的培训教学要求。

资源保障

1. 目前配备教学管理人员 23 人,能保障教学与培训日常教学管理。

2. 根据《中华人民共和国船员培训管理规则》对课程要求配备了规定的场地、设施及设备,保障课程开展教学与培训所需的场地、设施及设备。

3. 按要求建立了船员教育和培训质量体系,并建立相关规章制度和应急预案,保障课程培训安全及培训教学的正常开展。

4. 制订完善的教学实施计划,确保培训的教学质量。

通过对该课程以上资源的论证,该课程培训采用的培训教材和培训内容满足培训大纲和水上交通安全、防治船舶污染要求;教学人员的数量满足培训规模的需要,教学能力能胜任课程的培训目标;培训内容的理论和实操课时安排合理,符合培训大纲的相应要求;培训采用的培训方式合理,资源保障科学、有效,完成课程后能达到课程规定的适任标准,资源保障满足要求。

组长:
2020 年 8 月 17 日

对课程论证报告中提及的改进措施及完成日期:

培训机构负责人签名:

2020 年 8 月 17 日

注:1. 论证报告应包括课程确认各个方面并进行具体评价,对每一方面的符合性分别出具结论,可另附页。

　　2. 论证人员不少于 3 人,人员资格应附表说明。

6.12.2　课程论证人员资格情况

"船舶电工工艺与电气设备"课程论证人员资格情况见表6.24。

表6.24　"船舶电工工艺与电气设备"课程论证人员资格情况

序号	姓名	单位	性别	专业	职称	所持证书	签名
1							
2							

6.13　电气与自动控制

6.13.1　培训课程论证情况

"电气与自动控制"培训课程论证情况见表6.25。

表6.25　"电气与自动控制"培训课程论证情况

培训课程(项目)	750 kW 及以上二、三管轮"电气与自动控制"课程		
编制人员	GB、DSX、WL、ZSM、LTY、JZX 等		
论证人员	YWQ、SWL、YTM、HX、CM	论证时间	2020.8.17

培训内容
通过对该课程以下各模块的培训进行论证:
一、课程培训内容
包括万用表的使用、钳形电流表的使用、交流电压表和电流表的使用、便携式兆欧表的使用、继电器与接触器的维护和参数调整、电气控制箱的维护与保养、常见电机的维护保养等章节内容。
具体包含培训大纲中的:
2.1.3 控制系统
2.1.3.1 自动控制原理
2.1.3.2 自动控制方法
2.1.3.3 双位控制
2.1.3.4 时序控制
2.1.3.5 PID 控制
2.1.3.6 程序控制
2.1.3.7 过程值测量
2.1.3.8 信号变送
2.1.3.9 执行元件

表 6.25(续 1)

培训课程(项目)	750 kW 及以上二、三管轮"电气与自动控制"课程

2.2.3 电气系统故障诊断及防护

2.2.3.1 故障保护

2.2.3.2 故障定位

2.2.4 电气检测设备的结构及操作

二、课程采用教材

(1)《电气与自动控制》,WHS 等自编,2020 年

(2)《电气与自动控制》(978 - 7 - 5632 - 3043 - 3),张亮主编,大连海事大学出版社于 2014 年出版

教材内容满足国家规定的培训大纲和水上交通安全、防治船舶污染的要求。

课程内容符合《海船船员培训大纲》(2016 版)750 kW 及以上二、三管轮的培训内容要求,培训内容覆盖《海船船员培训大纲》(2016 版)的内容要求。

结论:培训内容满足大纲和评估规范的要求。

培训课时:

大纲规定的培训课时为 36 课时,其中理论 0 课时,实操 36 课时。

本课程计划培训 36 课时,其中理论 0 课时,实操 36 课时。

培训课时和实操课时达到培训大纲的要求,能确保培训教学质量达到的适任要求。

结论:培训课时符合要求。

培训方式

培训方式目前采用理论与实操相结合,理论以集中进行培训方式为主,实操分组交叉同时进行培训。理论教学在多媒体教室进行,采用 PPT、影像资料、教学卡片等培训方式进行教学;实操以现场教学、实船训练等,先示范后训练的培训方式进行培训教学,能确保培训教学质量。

结论:培训方式可行。

培训师资

一、师资要求

根据《<中华人民共和国船员培训管理规则>实施办法》的要求,教员须满足下列条件:

1. 主推进动力装置、船舶辅机、船舶管理(轮机)教员须满足下列条件之一:

(1)具有不少于 1 年的相应等级大管轮任职资历,并具有不少于 2 年的教学经历;

(2)具有中级及以上职称,海上服务资历不少于 3 个月的机电专业教师。

2. 轮机英语和轮机英语听力与会话教员须满足下列条件之一:

(1)具有英语专业本科及以上学历,海上资历不少于 3 个月的专业教师;

(2)具有航海专业本科及以上学历,不少于 1 年的无限航区三管轮及以上任职资历,并具有不少于 1 年的专业英语教学/助教经验。

3. 船舶电气与自动化、电气和自动控制、船舶电工工艺和电气设备操作教员须满足下列条件之一:

(1)具有电子电气相关专业大专及以上学历,并具有不少于 2 年的海船电机员(持有船舶电机员证书)/电子电气员任职资历;

(2)具有船舶电气专业本科以上学历,具有中级及以上职称的专业教师,并具有不少于 1 年的教学经历;

(3)具有中级及以上职称,海上服务资历不少于 3 个月的电气自动化相关专业教师。

表 6.25(续 2)

培训课程(项目)	750 kW 及以上二、三管轮"电气与自动控制"课程

4. 动力设备拆装和动力设备操作教员须满足下列条件之一:

(1)具有不少于 1 年的大管轮或轮机长海上任职资历;

(2)具有相关专业中级及以上职称并具有 2 年及以上的教学经历的机电相关专业教师。

5. 机舱资源管理教员应满足下列条件之一:

(1)具有不少于 2 年的相应等级大管轮及以上任职资历;

(2)具有相关专业副高级及以上职称,并具有不少于 1 年海上服务资历的专业教师。

其他要求

1. 理论教员须自有。

2. 承担主推进动力装置、船舶辅机、船舶管理(轮机)教员至少各 1 名。

3. 金工工艺实训教员至少 4 名。

4. 机舱资源管理教员中至少 1 名为轮机长,且实训教员按照师生比 1∶10 配备。其他实训教员按照师生比 1∶20 配备,可外聘。

二、师资配备情况

序号	姓名	学历	所持证书	教学资历/月	船上服务资历/月	教学科目	是否自有	是否通过考试
1	ZMZ	大专	轮机管理	204	16	电气与自动控制	是	是
2	ZJX	研究生/本科	甲类二管轮/信息工程师	72	28	电气与自动控制	是	是
3	ZSM	研究生/本科	计算机技术/轮机管理	204	15	电气与自动控制	是	是
4	LTY	本科	轮机长	100	150	电气与自动控制	是	是
5	WHS	大专	实验师/内河二等轮机长	136	84	电气与自动控制	是	是

三、培训师资论证结论

目前配备 5 名教员,5 名教员均符合师资要求条件,全部为自有教员,教学人员 80% 通过中华人民共和国海事局组织的师资考试。

结论:师资符合《中华人民共和国船员培训管理规则》教学人员的要求,能满足公司目前培训规模(40 人/班×4)的培训教学要求。

表 6.25(续 3)

培训课程(项目)	750 kW 及以上二、三管轮"电气与自动控制"课程

资源保障

1. 目前配备教学管理人员 23 人,能保障教学与培训日常教学管理。

2. 根据《中华人民共和国船员培训管理规则》对课程要求配备了规定的场地、设施及设备,保障课程开展教学与培训所需的场地、设施及设备。

3. 按要求建立了船员教育和培训质量体系,并建立相关规章制度和应急预案,保障课程培训安全及培训教学的正常开展。

4. 制订完善的教学实施计划,确保培训的教学质量。

通过对该课程以上资源的论证,该课程培训采用的培训教材和培训内容满足培训大纲和水上交通安全、防治船舶污染要求;教学人员的数量满足培训规模的需要,教学能力能胜任课程的培训目标;培训内容的理论和实操课时安排合理,符合培训大纲的相应要求;培训采用的培训方式合理,资源保障科学、有效,完成课程后能达到课程规定的适任标准,资源保障满足要求。

组长:

2020 年 8 月 17 日

对课程论证报告中提及的改进措施及完成日期:

培训机构负责人签名:

2020 年 8 月 17 日

注:1. 论证报告应包括课程确认各个方面并进行具体评价,对每一方面的符合性分别出具结论,可另附页。

　　2. 论证人员不少于 3 人,人员资格应附表说明。

6.13.2　课程论证人员资格情况

"电气与自动控制"课程论证人员资格情况见表 6.26。

表 6.26　"电气与自动控制"课程论证人员资格情况

序号	姓名	单位	性别	专业	职称	所持证书	签名
1							
2							

6.14 金工工艺

6.14.1 培训课程论证情况

"金工工艺"培训课程论证情况见表6.27。

表6.27 "金工工艺"培训课程论证情况

培训课程(项目)	750 kW 及以上二、三管轮"金工工艺"课程		
编制人员	GB、DSX、WL、ZSM、LTY、JZX 等		
论证人员	YWQ、SWL、YTM、HX、CM	论证时间	2020.8.17

培训内容

通过对该课程以下各模块的培训进行论证:

一、课程培训内容

包括焊接、车工、钳工等章节内容。

具体包含培训大纲中的:

3.1.6 使用手动工具、机床及测量仪器

3.1.6.1 手动工具

3.1.6.2 动力工具

3.1.6.3.1 钻床

3.1.6.3.2 磨床

3.1.6.3.3 普通车床

3.1.6.3.4 焊接和钎焊

3.1.6.4 测量仪器

二、课程采用教材

(1)《金工工艺实习》(978 - 7 - 5632 - 1422 - 8),陈振肖主编,大连海事大学出版社于2010年出版

(2)《船舶金工工艺实训》(978 - 7 - 5632 - 3059 - 4),何宏康主编,大连海事大学出版社于2014年出版

教材内容满足国家规定的培训大纲和水上交通安全、防治船舶污染的要求。

课程内容符合《海船船员培训大纲》(2016版)750 kW 及以上二、三管轮的培训内容要求,培训内容覆盖《海船船员培训大纲》(2016版)的内容要求。

结论:培训内容满足大纲和评估规范的要求。

培训课时:

大纲规定的培训课时为100课时,其中理论16课时,实操84课时。

本课程计划培训100课时,其中理论16课时,实操84课时。

培训课时和实操课时达到培训大纲的要求,能确保培训教学质量达到的适任要求。

结论:培训课时符合要求。

表 6.27(续 1)

培训课程(项目)	750 kW 及以上二、三管轮"金工工艺"课程

培训方式

培训方式目前采用理论与实操相结合,理论以集中进行培训方式为主,实操分组交叉同时进行培训。理论教学在多媒体教室进行,采用 PPT、影像资料、教学卡片等培训方式进行教学;实操以现场教学、实船训练等,先示范后训练的培训方式进行培训教学,能确保培训教学质量。

结论:培训方式可行。

培训师资

一、师资要求

根据《<中华人民共和国船员培训管理规则>实施办法》的要求,教员须满足下列条件:

1. 主推进动力装置、船舶辅机、船舶管理(轮机)教员须满足下列条件之一:

(1)具有不少于 1 年的相应等级大管轮任职资历,并具有不少于 2 年的教学经历;

(2)具有中级及以上职称,海上服务资历不少于 3 个月的机电专业教师。

2. 轮机英语和轮机英语听力与会话教员须满足下列条件之一:

(1)具有英语专业本科及以上学历,海上资历不少于 3 个月的专业教师;

(2)具有航海专业本科及以上学历,不少于 1 年的无限航区三管轮及以上任职资历,并具有不少于 1 年的专业英语教学/助教经验。

3. 船舶电气与自动化、电气和自动控制、船舶电工工艺和电气设备操作教员须满足下列条件之一:

(1)具有电子电气相关专业大专及以上学历,并具有不少于 2 年的海船电机员(持有船舶电机员证书)/电子电气员任职资历;

(2)具有船舶电气专业本科以上学历,具有中级及以上职称的专业教师,并具有不少于 1 年的教学经历;

(3)具有中级及以上职称,海上服务资历不少于 3 个月的电气自动化相关专业教师。

4. 动力设备拆装和动力设备操作教员须满足下列条件之一:

(1)具有不少于 1 年的大管轮或轮机长海上任职资历;

(2)具有相关专业中级及以上职称并具有 2 年及以上的教学经历的机电相关专业教师。

5. 机舱资源管理教员应满足下列条件之一:

(1)具有不少于 2 年的相应等级大管轮及以上任职资历;

(2)具有相关专业副高级及以上职称,并具有不少于 1 年海上服务资历的专业教师。

其他要求

1. 理论教员须自有。

2. 承担主推进动力装置、船舶辅机、船舶管理(轮机)教员至少各 1 名。

3. 金工工艺实训教员至少 4 名。

4. 机舱资源管理教员中至少 1 名为轮机长,且实训教员按照师生比 1:10 配备。其他实训教员按照师生比 1:20 配备,可外聘。

二、师资配备情况

序号	姓名	学历	所持证书	教学资历/月	船上服务资历/月	教学科目	是否自有	是否通过考试
1	LHZ	大专	实验师	120	12	金工工艺	是	是
2	HFP	大专	实验师	168	24	金工工艺	是	是

表 6.27(续 2)

培训课程(项目)	750 kW 及以上二、三管轮"金工工艺"课程

(续)

序号	姓名	学历	所持证书	教学资历/月	船上服务资历/月	教学科目	是否自有	是否通过考试
3	DSX	本科	甲类轮机长	120	132	金工工艺	是	是
4	WHS	大专	实验师/内河二等轮机长	136	84	金工工艺	是	是
5	LTY	本科	轮机管理	100	150	金工工艺	是	是
6	ZMQ	中专	轮机实验师	156	36	金工工艺	是	是

三、培训师资论证结论

目前配备 6 名教员,6 名教员符合师资要求条件,全部为自有教员,教学人员 80% 通过中华人民共和国海事局组织的师资考试。

结论:师资符合《中华人民共和国船员培训管理规则》教学人员的要求,能满足公司目前培训规模(40 人/班×4)的培训教学要求。

资源保障

1. 目前配备教学管理人员 23 人,能保障教学与培训日常教学管理。

2. 根据《中华人民共和国船员培训管理规则》对课程要求配备了规定的场地、设施及设备,保障课程开展教学与培训所需的场地、设施及设备。

3. 按要求建立了船员教育和培训质量体系,并建立相关规章制度和应急预案,保障课程培训安全及培训教学的正常开展。

4. 制订完善的教学实施计划,确保培训的教学质量。

通过对该课程以上资源的论证,该课程培训采用的培训教材和培训内容满足培训大纲和水上交通安全、防治船舶污染要求;教学人员的数量满足培训规模的需要,教学能力能胜任课程的培训目标;培训内容的理论和实操课时安排合理,符合培训大纲的相应要求;培训采用的培训方式合理,资源保障科学、有效,完成课程后能达到课程规定的适任标准,资源保障满足要求。

组长:

2020 年 8 月 17 日

对课程论证报告中提及的改进措施及完成日期:

培训机构负责人签名:

2020 年 8 月 17 日

注:1.论证报告应包括课程确认各个方面并进行具体评价,对每一方面的符合性分别出具结论,可另附页。

2.论证人员不少于 3 人,人员资格应附表说明。

6.14.2　课程论证人员资格情况

"金工工艺"课程论证人员资格情况见表6.28。

表6.28　"金工工艺"课程论证人员资格情况

序号	姓名	单位	性别	专业	职称	所持证书	签名
1							
2							

6.15　动力设备拆装

6.15.1　培训课程论证情况

"动力设备拆装"培训课程论证情况见表6.29。

表6.29　"动力设备拆装"培训课程论证情况

培训课程(项目)	750 kW 及以上二、三管轮"动力设备拆装"课程		
编制人员	GB、DSX、WL、ZSM、LTY、JZX 等		
论证人员	YWQ、SWL、YTM、HX、CM	论证时间	2020.8.17

培训内容

通过对该课程以下各模块的培训进行论证:

一、课程培训内容

包括工具及常用量具,拆装的安全规则,柴油机拆装与操作,增压器拆装,分油机拆装与操作,制冷压缩机拆装,活塞式空气压缩机拆装与操作等章节内容。

具体包含培训大纲中的:

3.1.7 各类密封剂及填料的使用

3.2.3 船舶机械和设备的维护与修理

3.2.4 正确使用专用工具和测量仪器

二、课程采用教材

(1)《轮机动力设备操作与管理》(978 – 7 – 5632 – 3524 – 7),李忠辉、王永坚、刘建华主编,大连海事大学出版社于 2017 年出版

(2)《动力设备操作》,WHS 等自编,2020 年

教材内容满足国家规定的培训大纲和水上交通安全、防治船舶污染的要求。

课程内容符合《海船船员培训大纲》(2016 版)750 kW 及以上二、三管轮的培训内容要求,培训内容覆盖《海船船员培训大纲》(2016 版)的内容要求。

结论:培训内容满足大纲和评估规范的要求。

表 6.29(续 1)

培训课程(项目)	750 kW 及以上二、三管轮"动力设备拆装"课程

培训课时:

大纲规定的培训课时为 74 课时,其中理论 0 课时,实操 74 课时。

本课程计划培训 74 课时,其中理论 0 课时,实操 74 课时。

培训课时和实操课时达到培训大纲的要求,能确保培训教学质量达到的适任要求。

结论:培训课时符合要求。

培训方式

培训方式目前采用理论与实操相结合,理论以集中进行培训方式为主,实操分组交叉同时进行培训。理论教学在多媒体教室进行,采用 PPT、影像资料、教学卡片等培训方式进行教学;实操以现场教学、实船训练等,先示范后训练的培训方式进行培训教学,能确保培训教学质量。

结论:培训方式可行。

培训师资

一、师资要求

根据《<中华人民共和国船员培训管理规则>实施办法》的要求,教员须满足下列条件:

1. 主推进动力装置、船舶辅机、船舶管理(轮机)教员须满足下列条件之一:

(1)具有不少于 1 年的相应等级大管轮任职资历,并具有不少于 2 年的教学经历;

(2)具有中级及以上职称,海上服务资历不少于 3 个月的机电专业教师。

2. 轮机英语和轮机英语听力与会话教员须满足下列条件之一:

(1)具有英语专业本科及以上学历,海上资历不少于 3 个月的专业教师;

(2)具有航海专业本科及以上学历,不少于 1 年的无限航区三管轮及以上任职资历,并具有不少于 1 年的专业英语教学/助教经验。

3. 船舶电气与自动化、电气和自动控制、船舶电工工艺和电气设备操作教员须满足下列条件之一:

(1)具有电子电气相关专业大专及以上学历,并具有不少于 2 年的海船电机员(持有船舶电机员证书)/电子电气员任职资历;

(2)具有船舶电气专业本科以上学历,具有中级及以上职称的专业教师,并具有不少于 1 年的教学经历;

(3)具有中级及以上职称,海上服务资历不少于 3 个月的电气自动化相关专业教师。

4. 动力设备拆装和动力设备操作教员须满足下列条件之一:

(1)具有不少于 1 年的大管轮或轮机长海上任职资历;

(2)具有相关专业中级及以上职称并具有 2 年及以上的教学经历的机电相关专业教师。

5. 机舱资源管理教员应满足下列条件之一:

(1)具有不少于 2 年的相应等级大管轮及以上任职资历;

(2)具有相关专业副高级及以上职称,并具有不少于 1 年海上服务资历的专业教师。

其他要求

1. 理论教员须自有。

2. 承担主推进动力装置、船舶辅机、船舶管理(轮机)教员至少各 1 名。

3. 金工工艺实训教员至少 4 名。

4. 机舱资源管理教员中至少 1 名为轮机长,且实训教员按照师生比 1:10 配备。其他实训教员按照师生比 1:20 配备,可外聘。

表 6.29(续 2)

培训课程(项目)	750 kW 及以上二、三管轮"动力设备拆装"课程

二、师资配备情况

序号	姓名	学历	所持证书	教学资历/月	船上服务资历/月	教学科目	是否自有	是否通过考试
1	TRS	本科	副教授	330	12	动力设备拆装	是	是
2	WHS	大专	实验师/内河二等轮机长	136	84	动力设备拆装	是	是
3	DSX	本科	甲类轮机长	120	132	动力设备拆装	是	是
4	GB	研究生	甲类三管轮/副教授	120	18	动力设备拆装	是	是
5	LTY	本科	甲类轮机长	100	150	动力设备拆装	是	是
6	WHS	轮机管理	实验师/内河二等轮机长	136	84	动力设备操作	是	是
7	HFP	大专	轮机实验师	168	24	动力设备操作	是	是
8	ZMQ	中专	轮机实验师	156	36	动力设备操作	是	是

三、培训师资论证结论

目前配备 8 名教员,8 名教员均符合师资要求条件,全部为自有教员,教学人员 80% 通过中华人民共和国海事局组织的师资考试。

结论:师资符合《中华人民共和国船员培训管理规则》教学人员的要求,能满足公司目前培训规模(40 人/班 ×4)的培训教学要求。

资源保障

1. 目前配备教学管理人员 23 人,能保障教学与培训日常教学管理。

2. 根据《中华人民共和国船员培训管理规则》对课程要求配备了规定的场地、设施及设备,保障课程开展教学与培训所需的场地、设施及设备。

3. 按要求建立了船员教育和培训质量体系,并建立相关规章制度和应急预案,保障课程培训安全及培训教学的正常开展。

4. 制订完善的教学实施计划,确保培训的教学质量。

通过对该课程以上资源的论证,该课程培训采用的培训教材和培训内容满足培训大纲和水上交通安全、防治船舶污染要求;教学人员的数量满足培训规模的需要,教学能力能胜任课程的培训目标;培训内容的理论和实操课时安排合理,符合培训大纲的相应要求;培训采用的培训方式合理,资源保障科学、有效,完成课程后能达到课程规定的适任标准,资源保障满足要求。

组长:

2020 年 8 月 17 日

表 6.29（续 3）

培训课程（项目）	750 kW 及以上二、三管轮"动力设备拆装"课程

对课程论证报告中提及的改进措施及完成日期：

培训机构负责人签名：

2020 年 8 月 17 日

注：1. 论证报告应包括课程确认各个方面并进行具体评价，对每一方面的符合性分别出具结论，可另附页。

　　2. 论证人员不少于 3 人，人员资格应附表说明。

6.15.2　课程论证人员资格情况

"动力设备拆装"课程论证人员资格情况见表 6.30。

表 6.30　"动力设备拆装"课程论证人员资格情况

序号	姓名	单位	性别	专业	职称	所持证书	签名
1							
2							

6.16　机　械　制　图

6.16.1　培训课程论证情况

"机械制图"培训课程论证情况见表 6.31。

表 6.31　"机械制图"培训课程论证情况

培训课程（项目）	750 kW 及以上二、三管轮"机械制图"课程		
编制人员	GB、DSX、WL、ZSM、LTY、JZX 等		
论证人员	YWQ、SWL、YTM、HX、CM	论证时间	2020.8.17

培训内容

通过对该课程以下各模块的培训进行论证：

一、课程培训内容

主要介绍机械制图国家标准、投影法、三视图、尺寸、公差和配合等内容。

表 6.31(续 1)

培训课程(项目)	750 kW 及以上二、三管轮"机械制图"课程

包含培训大纲中的:

3.2.6 船舶设备图纸及手册的阐释

3.2.6.1 图纸种类

3.2.6.2 线型

3.2.6.3 立体投影图

3.2.6.4 展开图

3.2.6.5 尺寸

3.2.6.6 几何公差

3.2.6.7 公差和配合

二、课程采用教材

《船舶辅机》(978 – 7 – 5632 – 3385 – 4),陈海泉主编,大连海事大学出版社于 2017 年出版

教材内容满足国家规定的培训大纲和水上交通安全、防治船舶污染的要求。

课程内容符合《海船船员培训大纲》(2016 版)750 kW 及以上二、三管轮的培训内容要求,培训内容覆盖《海船船员培训大纲》(2016 版)的内容要求。

结论:培训内容满足大纲和评估规范的要求。

培训课时:

大纲规定的培训课时为 42 课时,其中理论 26 课时,实操 16 课时。

本课程计划培训 42 课时,其中理论 26 课时,实操 16 课时。

培训课时和实操课时达到培训大纲的要求,能确保培训教学质量达到的适任要求。

结论:培训课时符合要求。

培训方式

培训方式目前采用理论与实操相结合,理论以集中进行培训方式为主,实操分组交叉同时进行培训。理论教学在多媒体教室进行,采用 PPT、影像资料、教学卡片等培训方式进行教学;实操以现场教学、实船训练等,先示范后训练的培训方式进行培训教学,能确保培训教学质量。

结论:培训方式可行。

培训师资

一、师资要求

根据《<中华人民共和国船员培训管理规则 >实施办法》的要求,教员须满足下列条件:

1. 主推进动力装置、船舶辅机、船舶管理(轮机)教员须满足下列条件之一:

(1)具有不少于 1 年的相应等级大管轮任职资历,并具有不少于 2 年的教学经历;

(2)具有中级及以上职称,海上服务资历不少于 3 个月的机电专业教师。

2. 轮机英语和轮机英语听力与会话教员须满足下列条件之一:

(1)具有英语专业本科及以上学历,海上资历不少于 3 个月的专业教师;

(2)具有航海专业本科及以上学历,不少于 1 年的无限航区三管轮及以上任职资历,并具有不少于 1 年的专业英语教学/助教经验。

表 6.31（续 2）

培训课程（项目）	750 kW 及以上二、三管轮"机械制图"课程

3. 船舶电气与自动化、电气和自动控制、船舶电工工艺和电气设备操作教员须满足下列条件之一：

（1）具有电子电气相关专业大专及以上学历，并具有不少于 2 年的海船电机员（持有船舶电机员证书）/电子电气员任职资历；

（2）具有船舶电气专业本科以上学历，具有中级及以上职称的专业教师，并具有不少于 1 年的教学经历；

（3）具有中级及以上职称，海上服务资历不少于 3 个月的电气自动化相关专业教师。

4. 动力设备拆装和动力设备操作教员须满足下列条件之一：

（1）具有不少于 1 年的大管轮或轮机长海上任职资历；

（2）具有相关专业中级及以上职称并具有 2 年及以上的教学经历的机电相关专业教师。

5. 机舱资源管理教员应满足下列条件之一：

（1）具有不少于 2 年的相应等级大管轮及以上任职资历；

（2）具有相关专业副高级及以上职称，并具有不少于 1 年海上服务资历的专业教师。

其他要求

1. 理论教员须自有。

2. 承担主推进动力装置、船舶辅机、船舶管理（轮机）教员至少各 1 名。

3. 金工工艺实训教员至少 4 名。

4. 机舱资源管理教员中至少 1 名为轮机长，且实训教员按照师生比 1∶10 配备。其他实训教员按照师生比 1∶20 配备，可外聘。

二、师资配备情况

序号	姓名	学历	所持证书	教学资历/月	船上服务资历/月	教学科目	是否自有	是否通过考试
1	TRS	本科	副教授	330	12	机械制图	是	是
2	WL	研究生	轮机讲师	24	6	机械制图	是	是
3	LLH	本科	轮机副教授	204	15	机械制图	是	是
4	GB	研究生	甲类三管轮/副教授	120	18	机械制图	是	是
5	LTY	本科	甲类轮机长	100	150	机械制图	是	是

三、培训师资论证结论

目前配备 5 名教员，5 名教员均符合师资要求条件，全部为自有教员，教学人员 80% 通过中华人民共和国海事局组织的师资考试。

结论：师资符合《中华人民共和国船员培训管理规则》教学人员的要求，能满足公司目前培训规模（40 人/班×4）的培训教学要求。

资源保障

1. 目前配备教学管理人员 23 人，能保障教学与培训日常教学管理。

2. 根据《中华人民共和国船员培训管理规则》对课程要求配备了规定的场地、设施及设备，保障课程开展教学与培训所需的场地、设施及设备。

表 6.31（续 3）

培训课程（项目）	750 kW 及以上二、三管轮"机械制图"课程

3. 按要求建立了船员教育和培训质量体系，并建立相关规章制度和应急预案，保障课程培训安全及培训教学的正常开展。

4. 制订完善的教学实施计划，确保培训的教学质量。

通过对该课程以上资源的论证，该课程培训采用的培训教材和培训内容满足培训大纲和水上交通安全、防治船舶污染要求；教学人员的数量满足培训规模的需要，教学能力能胜任课程的培训目标；培训内容的理论和实操课时安排合理，符合培训大纲的相应要求；培训采用的培训方式合理，资源保障科学、有效，完成课程后能达到课程规定的适任标准，资源保障满足要求。

组长：

2020 年 8 月 17 日

对课程论证报告中提及的改进措施及完成日期：

培训机构负责人签名：

2020 年 8 月 17 日

注：1. 论证报告应包括课程确认各个方面并进行具体评价，对每一方面的符合性分别出具结论，可另附页。

　　2. 论证人员不少于 3 人，人员资格应附表说明。

6.16.2　课程论证人员资格情况

"机械制图"课程论证人员资格情况见表 6.32。

表 6.32　"机械制图"课程论证人员资格情况

序号	姓名	单位	性别	专业	职称	所持证书	签名
1							
2							

第7章 与培训课程确认
相关的其他说明材料

7.1 课程论证的其他情况说明

船员专业合格证书培训课程已通过论证,具体见专业合格证的论证材料。

7.2 教学管理人员配备一览表

船员培训项目管理人员配置情况见表7.1。

表 7.1 船员培训项目管理人员配置情况表

序号	姓名	学历	职称 (院校系列)	所持船员证书	教学资历/年	海上资历/年	职责
1	LYQ	博士	教授		25		教学管理人员
2	TYZ	本科	会计师		26		教学管理人员
3	WQX	本科	副教授		20		教学管理人员
4	YCA	本科	高工	大管轮	22	7	教学管理人员
5	MJ	硕士	副教授		15		教学管理人员
6	LHP	本科	讲师		18		教学管理人员
7	JZX	硕士	教授		28		教学管理人员
8	LQ	本科	讲师		30		教学管理人员
9	TJJ	硕士	副教授		12		教学管理人员
10	TRJ	本科	实验师		30		培训发证管理人员
11	HF	本科	实验师	船长	25	11	培训发证管理人员
12	WZP	本科	实验师		29		档案管理人员
13	YPF	本科	助讲		10		档案管理人员
14	YQ	本科	实验师	二副	18	5	教学设施设备管理人员
15	LZY	本科	实验师		23	2	教学设施设备管理人员
16	LGJ	本科	实验师	电报员	20	7	教学设施设备管理人员
17	LXY	本科	实验师		10		教学设施设备管理人员
18	LHZ	本科	高级实验师		12		教学设施设备管理人员
19	ZMZ	本科	高级实验师		25		教学设施设备管理人员

表 7.1(续)

序号	姓名	学历	职称 （院校系列）	所持船 员证书	教学资历 /年	海上资历 /年	职责
20	ZMQ	本科	实验师	三管	18		教学设施设备管理人员
21	ZXL	本科		电子电气员	1	7	教学设施设备管理人员
22	WHS	本科	实验师	轮机长	18	8	教学设施设备管理人员
23	HFP	本科	实验师		22		教学设施设备管理人员

注:管理人员分4类,一是教学管理人员,二是教学设施设备管理人员,三是培训发证管理人员,四是档案管理人员。

7.3 质量管理体系证书

质量管理体系证书如图 7.1 所示。

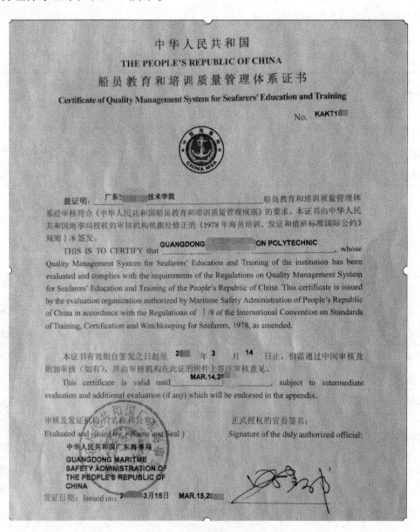

图 7.1 质量管理体系证书

7.4　培训许可证

2013 年中华人民共和国海事局根据《中华人民共和国船员培训管理规则》（交通运输部 2009 年 10 号令）、《关于实施＜中华人民共和国船员培训管理规则＞有关事项的通知》（海船员〔2010〕42 号）和《关于做好 STCW 公约马尼拉修正案履约准备工作有关事项的通知》（海船员〔2011〕923 号）的规定，海事局组织专家对该院校申请的船员培训项目进行了现场核验，核验结果表明该院校已满足开展相应船员培训许可条件，签发了《船员培训许可证》。该院校获准开展的船员培训项目包含：基本安全、三管轮、值班机工、精通救生艇筏和救助艇、高级消防、精通急救、保安意识、负有指定保安职责船员、高级值班水手等。

7.5　专业合格证的论证材料

本专业合格证的课程有以下 6 门，专业合格证的课程论证已于 2017 年 6 月 5 日通过论证，论证材料已报主管机关。6 门合格证的课程情况见表 7.2。

表 7.2　6 门合格证的课程情况

序号	专业合格证名称	2016 年大纲规定课时			本专业培训课时（课程论证课时）			备注
		总课时	理论	实操	总课时	理论	实操	
1	基本安全(Z01)	76	43	33	100	60	40	
2	精通救生艇筏和救助艇(Z02)	28	10	18	40	14	26	
3	船舶高级消防(Z04)	36	16	20	46	20	26	
4	精通急救(Z05)	30	18	12	32	18	14	
5	保安意识培训(Z07)	6	6		8	8		
6	负有指定保安职责培训(Z08)	12	11	1	16	14	2	
	合计	188	104	84	242	134	108	

附录 三管轮培训课程覆盖值班机工培训大纲情况说明

广东某高等职业院校三管轮的培训课程,已覆盖值班机工培训大纲要求。根据《中华人民共和国海船船员适任考试和发证规则》等法规文件精神,申请参加值班机工支持级船员适任考试可免于相应的岗位适任培训。

广东某高等职业院校三管轮培训课程覆盖值班机工培训大纲对照情况见附表1。

附表1 广东某高等职业院校三管轮培训课程覆盖值班机工培训大纲对照情况

750 kW及以上船舶值班机工培训内容	机工培训大纲总课时	机工大纲理论课时	机工大纲实操课时	对应三管轮培训课程	实际课时数	理论课时	实操课时
职能1:轮机工程	164	102	62		186	118	68
1.1 船员日常生活和船上日常工作用语(此项仅适用于无限航区),掌握普通船员日常生活和工作的英语用语	28	0	28		28	0	28
1.1.1 正确理解并使用日常生活用语(8 h)		0	8	轮机英语、轮机英语听力与会话		0	8
1.1.2 正确理解并使用船舶结构与设施、船员职务名称(4 h)		0	4	轮机英语、轮机英语听力与会话		0	4
1.1.3 正确理解并使用机舱常用设备及其主要零部件名称(8 h)		0	8	轮机英语、轮机英语听力与会话		0	8
1.1.4 正确理解并使用日常检修工具、物料名称(8 h)		0	8	轮机英语、轮机英语听力与会话		0	8
1.2 轮机业务用语(此项仅适用于无限航区)	12	0	12		12	0	12
1.2.1 掌握机舱业务日常用语(4 h)		0	4	轮机英语听力与会话		0	4

附表1(续1)

750 kW 及以上船舶值班机工培训内容	机工培训大纲总课时	机工大纲理论课时	机工大纲实操课时	对应三管轮培训课程	实际课时数	理论课时	实操课时
1.2.2 掌握与驾驶台联系用语(4 h)		0	4	轮机英语听力与会话		0	4
1.2.3 掌握加油操作用语(4 h)		0	4	轮机英语听力与会话		0	4
1.3 执行适合于组成机舱值班部分的普通船员职责的日常值班任务	102	88	14		122	102	20
1.3.1 了解海员职业道德、心理素质、船员纪律的一般知识(2 h)		2	0	船舶管理		2	0
1.3.2 了解国内外移民、海关、卫生检疫等相关知识(1 h)		1	0	船舶管理		1	0
1.3.3 了解国内外劳务契约、劳资关系的一般知识(1 h)		1	0	船舶管理		1	0
1.3.4 了解机械制图的基础知识(4 h)		4	0	机械制图		8	0
1.3.5 了解典型零件(轴与孔、螺纹等)和一般装配图的知识(6 h)		6	0	机械制图		6	0
1.3.6 了解机械传动机构、传动件的构造及传动原理(6 h)		6	0	主推进动力装置(机械基础)		6	0
1.3.7 了解轮机主要零部件材料(4 h)		4	0	主推进动力装置(机械基础)		4	0
1.3.8 掌握轮机常用热工仪表种类和用途(2 h)		2	0	船舶辅机(热工与流力)		2	0
1.3.9 了解轮机常用测量仪器(1 h)		1	0	船舶辅机(热工与流力)		1	0

附表1(续2)

750 kW 及以上船舶值班机工培训内容	机工培训大纲总课时	机工大纲理论课时	机工大纲实操课时	对应三管轮培训课程	实际课时数	理论课时	实操课时
1.3.10 了解船舶动力装置基本知识(2 h)	2	0		主推进动力装置		2	0
1.3.11 了解船用柴油机基本工作原理(4 h)	4	0		主推进动力装置		8	0
1.3.12 了解筒状活塞式柴油机主要零件(7 h)	7	0		主推进动力装置		8	0
1.3.13 了解船舶动力系统(燃油系统、滑油系统、冷却系统、压缩空气系统)的组成、主要设备、功用(5 h)	5	0		主推进动力装置		6	0
1.3.14 掌握柴油机的运行管理(启动操作、运转中的检查项目和方法、停车操作)(2 h)	2	0		主推进动力装置		2	0
1.3.15 了解船用泵的分类和性能参数(2 h)	2	0		船舶辅机		4	0
1.3.16 掌握往复泵的基本结构、工作原理和操作要点(2 h)	2	0		船舶辅机		2	0
1.3.17 掌握齿轮泵的基本结构、工作原理和操作要点(2 h)	2	0		船舶辅机		2	0
1.3.18 掌握离心泵的基本结构、工作原理和操作要点(2 h)	2	0		船舶辅机		2	0
1.3.19 了解喷射泵的基本结构、工作原理和操作要点(1 h)	1	0		船舶辅机		1	0

附表1(续3)

750 kW 及以上船舶值班机工培训内容	机工培训大纲总课时	机工大纲理论课时	机工大纲实操课时	对应三管轮培训课程	实际课时数	理论课时	实操课时
1.3.20 了解螺杆泵的基本结构、工作原理和操作要点(1 h)	1	0		船舶辅机		1	0
1.3.21 了解船用空压机的基本结构、工作原理和操作要点(4 h)	4	0		船舶辅机		6	0
1.3.22 了解液压设备的基本知识(4 h)	4	0		船舶辅机		4	0
1.3.23 了解其他辅助机械的基本知识(2 h)	2	0		船舶辅机		2	0
1.3.24 了解分油机的基本结构、工作原理和操作要点(2 h)	2	0		船舶辅机		2	0
1.3.25 掌握配备及其岗位职责、值班制度、交接班制度、轮机部与甲板部联系制度(3 h)	3	0		船舶管理		3	0
1.3.26 掌握轮机部安全作业注意事项(油漆作业、高空作业、拆装作业、封闭场所作业、钳工作业、电焊气焊作业、清洗作业、风险评估作业及其他作业安全注意事项)(6 h)	6	0		船舶管理		6	0
1.3.27 了解防止海洋污染的有关国际公约、法规的相关内容(2 h)	2	0		船舶管理		2	0
1.3.28 了解防止海洋污染的有关国内公约、法规的相关内容(2 h)	2	0		船舶管理		2	0
1.3.29 了解防污染设备的种类及作用(4 h)	4	0		船舶管理		4	0

附表 1(续 4)

750 kW 及以上船舶值班机工培训内容	机工培训大纲总课时	机工大纲理论课时	机工大纲实操课时	对应三管轮培训课程	实际课时数	理论课时	实操课时
1.3.30 掌握船内通信工具和信号装置的组成和作用以及使用船内通信系统的注意事项(1 h)	1	0		船舶电气与自动化		1	0
1.3.31 掌握机舱报警系统的分类、组成以及各类报警设备的使用方法,特别是固定灭火设备的警报(1 h)	1	0		船舶电气与自动化		1	0
1.3.32 能对发电柴油机进行启动、停车及运行管理操作(6 h)	0	6		动力设备操作、电气与自动控制		0	8
1.3.33 能对分油机进行正确地操作与运行管理(4 h)	0	4		动力设备操作		0	6
1.3.34 能正确识别热工及其他仪表并能够正确读数与记录(4 h)	0	4		动力设备拆装、船舶电工工艺与电气设备、动力设备操作		0	6
1.4 值锅炉班	10	6	4		12	8	4
1.4.1 掌握锅炉的种类、功用(1 h)	1	0		船舶辅机		2	0
1.4.2 了解锅炉的主要附属设备(1 h)	1	0		船舶辅机		2	0
1.4.3 掌握锅炉的燃油、汽、水系统的基本组成(2 h)	2	0		船舶辅机		2	0
1.4.4 掌握锅炉运行的管理要点(2 h)	2	0		船舶辅机		2	0

附表1(续5)

750 kW 及以上船舶值班机工培训内容	机工培训大纲总课时	机工大纲理论课时	机工大纲实操课时	对应三管轮培训课程	实际课时数	理论课时	实操课时
1.4.5 能正确进行船舶辅锅炉的操作与管理(点火前的准备工作;点火、升汽;运行监控与调节;停炉操作)(4 h)		0	4	动力设备操作		0	4
1.5 操作应急设备和应用应急程序	4	4	0		4	4	0
1.5.1 掌握船舶应变部署表及其应急职责(包括各种警报的识别)(2 h)		2	0	船舶管理		2	0
1.5.2 掌握机舱应急设备的种类及功用(0.5 h)		0.5	0	船舶管理		0.5	0
1.5.3 掌握船舶应急逃生路线及正确操作水密门的方法(0.5 h)		0.5	0	船舶管理		0.5	0
1.5.4 掌握机舱灭火器材、堵漏设备的布置及使用(0.5 h)		0.5	0	船舶管理		0.5	0
1.5.5 掌握机舱释放固定灭火设备(二氧化碳、泡沫灭火装置)的应急程序(0.5 h)		0.5	0	船舶管理		0.5	0
1.6 泵的日常操作	8	4	4		8	4	4
1.6.1 掌握船舶管系的基本组成、基本标识(0.5 h)		0.5	0	船舶辅机		0.5	0
1.6.2 了解船舶压载水系统的功用、组成、操作及管理要点(1 h)		1	0	船舶辅机		1	0

附表 1(续 6)

750 kW 及以上船舶值班机工培训内容	机工培训大纲总课时	机工大纲理论课时	机工大纲实操课时	对应三管轮培训课程	实际课时数	理论课时	实操课时
1.6.3 掌握船舶舱底水系统的功用、组成、操作及管理要点(1 h)	1	0	船舶辅机		1	0
1.6.4 掌握船舶消防水系统的功用、组成、操作及管理要点(1 h)	1	0	船舶辅机		1	0
1.6.5 了解船舶日用海淡水系统的功用、组成、操作及管理要点(0.5 h)	0.5	0	船舶辅机		0.5	0
1. 能对船舶消防水系统进行正确地操作与参数监控(1 h)	0	1	动力设备操作		0	1
2. 能对舱底水系统进行正确地操作与参数监控(2 h)	0	2	动力设备操作		0	2
3. 能对压载水系统进行正确地操作与参数监控(1 h)	0	1	动力设备操作		0	1
职能 2:电气、电子和控制工程	4	4	0		8	8	0
2.1 电气装置及其危险性的基本知识	4	4	0		8	8	0
1. 熟练掌握安全用电常识(2 h)	2	0	电工电子技术、船舶电气与自动化		4	0
2. 熟练掌握电气火灾的预防措施(2 h)	2	0	电工电子技术、船舶电气与自动化		4	0

附表 1(续 7)

750 kW 及以上船舶值班机工培训内容	机工培训大纲总课时	机工大纲理论课时	机工大纲实操课时	对应三管轮培训课程	实际课时数	理论课时	实操课时
职能 3:维护和修理	120	2	118		124	2	122
3.1 机舱维护保养用语(此项仅适用于无线电航区)	4	0	4		8	0	8
1.正确理解并使用日常维护和保养用语(2 h)		0	2	轮机英语、轮机英语听力与会话		0	4
2.正确理解并使用机器检修用语(2 h)		0	2	轮机英语、轮机英语听力与会话		0	4
3.2 有助于船上的维护和修理	116	2	114		116	2	114
3.3 掌握机工常用工具的使用和维护(2 h)		2	0	主推进动力装置、船舶辅机		2	0
1.能按照工作程序和注意事项开展轮机日常维护修理工作(2 h)		0	2	动力设备拆装、动力设备操作		0	2
2.能正确使用油漆、润滑和清洁材料与设备(4 h)		0	4	动力设备操作		0	4
3.能正确清理零部件表面(2 h)		0	2	动力设备操作		0	2
4.能正确进行四冲程柴油机吊缸拆装、零部件检查与测量(汽缸盖的拆装;气阀的研磨与密封面检查;活塞连杆组件的拆装;活塞环的拆装;连杆大端的拆装;喷油器的解体与装复)(10 h)		0	10	动力设备拆装		0	10
5.能正确拆装离心泵(4 h)		0	4	动力设备拆装		0	4
6.能正确拆装齿轮泵(4 h)		0	4	动力设备拆装		0	4

附表 1(续 8)

750 kW 及以上船舶值班机工培训内容	机工培训大纲总课时	机工大纲理论课时	机工大纲实操课时	对应三管轮培训课程	实际课时数	理论课时	实操课时
7. 能正确拆装和清晰分油机(4 h)		0	4	动力设备拆装		0	4
8. 能正确拆装和清洗过滤器(1 h)		0	1	动力设备拆装		0	1
9. 能正确拆装管系(1 h)		0	1	动力设备拆装		0	1
10. 能正确选择管系堵漏器材和绑扎止漏(1 h)		0	1	动力设备拆装		0	1
11. 能正确拆装和清洗冷却器(1 h)		0	1	动力设备拆装		0	1
12. 车工(20 h)　能正确使用三爪卡盘和量具,能正确磨制和安装车刀,能正确使用刻度盘,能正确使用车削台阶轴,能正确车削锥体,能正确车削螺纹柱		0	20	金工工艺		0	20
13. 钳工(20 h)　使用钳工夹具和量具,能正确进行方铁的划线、钻孔、攻丝操作,能正确进行方铁的錾切、锯割、锉削操作,能正确拆装和紧固螺栓,能正确装卸轴承,能进行螺纹表面修复,能拆卸断节螺栓;能加工螺帽		0	20	金工工艺		0	20
14. 电焊(20 h)　能正确进行钢板对接平焊操作,能正确进行滚动水平管子对接焊操作,能正确进行管板垂直焊接操作		0	20	金工工艺		0	20

附表 1(续 9)

750 kW 及以上船舶值班机工培训内容	机工培训大纲总课时	机工大纲理论课时	机工大纲实操课时	对应三管轮培训课程	实际课时数	理论课时	实操课时
15.气焊(20 h) 能够正确进行钢板的补焊操作;能够正确进行钢板对接平焊操作;能正确进行滚动水平管子对接焊操作,能正确进行 8 mm 厚钢板的气割操作	0		20	金工工艺		0	20
职能 4:船舶控制操作和船上人员管理	18	2	16		18	2	16
4.1 船舶应急和国际检查用语(此项仅适用于无限航区)	16	0	16		16	0	16
1.正确理解并使用主机故障、失电、消防应急用语(4 h)		0	4	轮机英语、轮机英语听力与会话		0	4
2.正确理解并使用碰撞、机舱进水、撤离现场与弃船应急用语(4 h)		0	4	轮机英语、轮机英语听力与会话		0	4
3.正确理解并使用溢油、人员伤亡与救护应急用语(4 h)		0	4	轮机英语、轮机英语听力与会话		0	4
4.正确理解并使用 PSCO 详细检查时机器设备操作、救生演习、消防演习用语(2 h)		0	2	轮机英语、轮机英语听力与会话		0	2
5.正确理解并使用 ISM/ISPS 检查时有关内容的问答用语(2 h)		0	2	轮机英语、轮机英语听力与会话		0	2
4.2 有助于物料管理	2	2	0		2	2	0

附表 1(续 10)

750 kW 及以上船舶值班机工培训内容	机工培训大纲总课时	机工大纲理论课时	机工大纲实操课时	对应三管轮培训课程	实际课时数	理论课时	实操课时
1. 了解机舱常用物料的种类(0.5 h)		0.5	0	船舶管理		0.5	0
2. 了解机舱物料申请的方法(0.5 h)		0.5	0	船舶管理		0.5	0
3. 掌握物料安全存放、固定的基本方法与使用要求(1 h)		1	0	船舶管理		1	0
课时合计	306	110	196		336	130	206